P. LE HELLO

LE
PUR SANG ANGLAIS
ET SES DÉRIVÉS

AVEC 28 FIGURES DANS LE TEXTE

PARIS
RUEFF ET Cⁱᵉ, ÉDITEURS
106, BOULEVARD SAINT-GERMAIN, 106

1898

Paris. — Typ. Chamerot et Renouard. — 36072

BIBLIOTHÈQUE DE CHIMIE PRATIQUE

PUBLIÉE SOUS LA DIRECTION

DE MM.

G. DAREMBERG	CH. GIRARD
Correspondant de l'Académie de Médecine	Chef du Laboratoire Municipal

VOLUMES PARUS

Arthus. — Coagulation des liquides organiques.

A. Martha. — Les Intoxications alimentaires.

Alfred Held. — Les Alcaloides de l'Opium.

Doumerc. — La Législation concernant les falsifications alimentaires.

Granger. — Guide du Photographe amateur.

Le Hello. — Le Pur Sang Anglais.

F. Mourot. — La Chimie et la Pharmacie du Vétérinaire.

EN PRÉPARATION

Victor Génin. — Applications de la micrographie à l'analyse chimique.

E. Auscher. — Les Céramiques cuisant a haute température.

E. Gérard. — Huiles et Graisses comestibles. 2 vol.

E. Bourquelot. — Les Ferments solubles.

G. Meillère. — Analyse chimique de l'eau.

Petit. — Sucres et Dextrines.

Paget. — Blanchiment.

Sonnié-Moret. — Chimie clinique.

LE
PUR SANG ANGLAIS
ET SES DÉRIVÉS

PAR

P. LE HELLO

AVEC 28 FIGURES DANS LE TEXTE

PARIS

RUEFF ET Cⁱᵉ, ÉDITEURS

106, BOULEVARD SAINT-GERMAIN, 106

—

1898

PRÉFACE

Grâce à Y. Youatt, à de Lagondie et à l'auteur de l'ouvrage publié sous le pseudonyme S. F. Touchstone, nous possédons des renseignements largement suffisants sur l'institution des courses et sur la description des généalogies des chevaux de galop. Un vaste domaine restait à parcourir : *l'explication du résultat de l'expérience ainsi réalisée par la spécialisation méthodique des forces d'un organisme, dans une longue suite de générations;* c'est cette question que j'ai cru utile de traiter avec quelques détails.

Avant tout, je tiens à tracer le point où j'ai pris les études hippologiques. Aussi bien, cet historique sommaire me conduit-il à réparer une grande injustice qui s'est établie au détriment d'Alasonière, qui doit être placé au premier rang parmi les hippologues ayant produit quelque chose de réellement intéressant.

a

Au moment où, après une vie entièrement consacrée à l'étude du cheval, notre collègue de la Roche-sur-Yon a entrepris de modifier les idées admises dans la conception des types de moteurs, les zootechnistes les plus en vue considéraient qu'en ce qui concerne les adaptations aux services économiques, les connaissances enseignées par les hippologues devaient être rejetées comme absolument inacceptables. La parole de l'éminent praticien, d'abord dédaignée, peut-être en raison de l'insuffisance scientifique de son exposition, a fini par être entendue, et ses indications jugées excellentes ; il n'y aurait donc plus de réclamation à faire à cet égard si, par suite de confusions des plus regrettables, des auteurs récents ne l'avaient en partie dépouillé de ce qui lui revient[1]. A la lecture des passages suivants, empruntés à l'*Amélioration de l'espèce chevaline par des accouplements raisonnés*, on jugera de la justesse des réclamations ainsi formulées :

« L'espèce chevaline, écrit cet observateur perspicace, a des caractères généraux qui appartiennent à deux types que nous présentons en établissant pour chacun d'eux une taille grande, moyenne et petite : le *type à étendue de contraction* et le *type à intensité de contraction*[2]. »

___

1. Voir les notes de notre livre : *Principales données qui servent de base à la connaissance du cheval.*

2. « Il est une espèce où les types sont bien tranchés, où celui *d'étendue de contraction* possède des formes bien différentes de celui *à intensité de contraction,* et même les véritables connais-

« La poitrine du *cheval à étendue de contraction* est profonde de haut en bas et d'avant en arrière ; bien que ses côtes soient plates, elle peut avoir une grande capacité, seulement elle diffère de forme de celle qui appartient au *type à intensité de contraction*. Les poumons qu'elle contient ont une organisation qui est propre au type à étendue de contraction ; les bronches ont une arborisation particulière qui accélère l'introduction de l'air (?) jusqu'aux extrémités bronchiques et vésiculaires [1]... La poitrine du *cheval à intensité de contraction* est toujours fortement musclée ; ses côtes sont arrondies ; les poumons qu'elle contient ont une organisation qui est propre au type à intensité de contraction... »

« Il ne faut pas toujours supposer, écrit encore notre confrère, que chaque race aura la même conformation dans tous ses individus, et qu'en désignant simplement telle race on aura pour cela trouvé

seurs de cette espèce s'efforcent de conserver chaque type intact, sans croisement, avec sa forme primitive ; mais cette espèce ne présente pas un intérêt aussi grand que l'espèce chevaline. Nous voulons parler de l'espèce canine, dans laquelle on distingue très facilement les types qui nous occupent. Par exemple, les lévriers de toute taille sont sans contredit doués de *l'étendue de contraction*, tandis que les dogues, depuis le boule jusqu'au gros chien, présentent les caractères de *l'intensité de contraction*. Jamais il ne viendra à la pensée de qui que ce soit d'accoupler un lévrier, de quelque provenance qu'il soit, avec un dogue, quand même ils seraient tous les deux de la meilleure race. »

1. S'il y a dans la dernière partie de cet alinéa beaucoup à reprendre, il faut au moins constater que la première est tout à fait conforme à l'observation ; on verra que j'ai exposé une théorie plus correcte de la fonction respiratoire.

l'élément propre à accoupler avec une autre race ; il faut encore que dans chacune d'elles on distingue exactement le type dont on a besoin pour l'accoupler à un type correspondant à celui d'une autre race [1]... »

Alasonière, avec sa distinction générale en *moteurs à intensité de contraction et à étendue de contraction*, aussi bien que M. Baron dans celle correspondante des *longilignes*, des *médiolignes* et des *brévilignes*, restent cependant trop exclusivement dans des données générales. Il en est de même de la distinction correspondant aux *styles architecturaux* des mêmes auteurs, particulièrement dans ce qui a trait aux *rapports entre les profils et les aplombs*, dans les écrits du distingué professeur d'Alfort ; ces observateurs négligent trop de tenir compte du déterminisme qui établit les adaptations d'une portée plus limitée, mais qui n'en sont pas moins de première importance dans bien des cas. Comment, en effet, concevrait-on, en ne s'appuyant que sur ces vues, la conformation du pur sang anglais (*race horse*), à tête courte et plane, court dans le tronc et long dans l'encolure et les membres, avec les angles de ceux-ci ouverts ? Où trouvera-t-on également l'idée d'harmonicité prise

1. Cette opposition entre l'importance des caractères corporels ou zootechniques et des caractères céphaliques distinctifs des races est très suggestive. Alasonière le premier perçoit donc bien qu'il est moins important d'établir un mélange des caractères crâniologiques, que de rendre la conformation générale disharmonique.

dans son sens absolu chez le cheval barbe dont la conformation rappelle celle du poulain des autres races[1]? Enfin, pour qui connaît le cheval de trait léger breton, court dans les rayons extrêmes (croupe, épaule, etc...) et dans les membres, long dans le dessus, il sera impossible d'établir pour lui une place dans les catégories générales précédentes.

En ce qui me concerne, je pense que la mécanique musculaire doit seule donner complète satisfaction sur ces points spéciaux et que l'étude des adaptations qui constituent nos races sera à reprendre sur ces nouvelles bases. C'est là la raison qui m'a fait m'attacher tout particulièrement à l'étude de cette dernière question qui, de l'aveu des auteurs classiques (G. Colin, H. Beaunis, A. Sanson), était complètement à résoudre. A tort ou à raison, le lecteur en sera juge, je crois pouvoir penser avoir réalisé quelques progrès sérieux sur ce point, et c'est là du reste l'opinion de M. le professeur Marey, qui est un peu le physiologiste le plus compétent en cette matière[2].

Le lecteur non prévenu pourrait trouver que je ne tiens pas assez compte des plus récentes publications. Ce défaut apparent de mon livre semblera excusable quand on saura que, par des circonstances indépendantes de ma volonté, la publication de cet ouvrage a

1. L'analogie de la tête est aussi en ce cas très suggestive; peut-être y aurait-il beaucoup à tirer de là, relativement à l'origine des formes céphaliques distinctives des races.
2. J. MAREY. *Relation au Congrès des sciences* (1897). *Comptes rendus des séances de l'Académie des sciences* (mai 1808).

été retardée bien au delà des limites ordinaires, bien que les épreuves en fussent tirées. D'ailleurs, ceux de ces travaux qui ont une portée un peu importante sont dus à M. Chauveau; ils peuvent se résumer, comme acception générale, à l'établissement d'une certaine identification, au point de vue de la conception de l'origine de l'énergie vitale, entre les principes azotés et ternaires[1], ce dont l'importance est limitée, en ce qui concerne les données pratiques, par la subordination de l'absorption aux *relations nutritives*. Pour ce qui est de mes propres recherches relatées dans ces derniers temps[2], je puis présenter une excuse analogue : en ajoutant un contingent de preuves non négligeable, justifiant les interprétations

---

1. M. CHAUVEAU vient de préciser exactement ses vues sur les phénomènes de la nutrition; d'après lui, il faut admettre :

1° Que ce n'est pas la chaleur qui se transforme en mouvement dans l'animal comme dans la machine à vapeur; la force potentialisée dans les aliments se manifeste successivement sous les formes travail physiologique et chaleur. En sorte que *la chaleur est un élément résiduel, excrémentitiel, qui n'a aucun rôle physiologique autre que celui d'entretenir la chaleur animale;*

2° Que, s'il faut une certaine quantité de principes immédiats azotés pour l'entretien des tissus vivants, la proportion excédante de ces principes alimentaires qui entre dans l'organisme est transformée en *glycogène* avant son utilisation dans le travail physiologique. Une transformation analogue doit aussi précéder l'utilisation vitale des principes gras, de telle façon que *l'égalité du pouvoir énergétique, servant de base aux substitutions alimentaires, doit surtout être la conséquence de la faculté isoglycogénique.* La richesse en sucre serait par suite la qualité par excellence des aliments propres à être distribués aux animaux de travail. A. CHAUVEAU. *Comptes rendus des séances de l'Académie des sciences,* juin, juillet, août 1896, janvier 1898.

2. P. LE HELLO. *Comptes rendus des séances de l'Académie des sciences,* juin 1896, mai 1897. Journal *l'Anatomie,* juillet, août 1897.

que j'ai adoptées dans ce volume, elles n'en changent
pas fondamentalement le sens. Somme toute, encore
à l'heure actuelle, ce livre remplit entièrement le but
que je m'étais proposé, c'est pourquoi j'accepte de le
laisser livrer à la publicité.

Pin-au-Haras, le 15 avril 1898.

LE
PUR SANG ANGLAIS
ET SES DÉRIVÉS

LE
PUR SANG ANGLAIS

PREMIÈRE PARTIE

FONCTIONNEMENT ORGANIQUE
CONSIDÉRÉ
COMME AGENT PRIMORDIAL
DE L'UTILISATION DES CHEVAUX DE VITESSE

Du fonctionnement organique en général.

Dans l'utilisation des animaux machines, tout comme dans celle des machines brutes, on ne peut déterminer la valeur et la forme du travail disponible, qu'en acquérant la connaissance complète de leur mode de fonctionnement.

****

Bien que d'une complexité différente, les procédés employés par les organismes vivants et les organismes inertes ne sont pas, au fond, absolument opposés : pour tous, il y a une création ou plutôt un dégagement de puissances

1

et des mutations plus ou moins compliquées dans leur emploi, mais il n'en n'est pas qui ne soient régis, comme
conditions fondamentales, par les lois de la physique et de
la chimie.

Ce qui distingue tout particulièrement les machines
inanimées des êtres vivants, c'est que les premières obéissent à des règles immuables dépendant de leur forme,
tandis que les seconds sont sensibles et formés de tissus
modifiables dans leur nature et leurs propriétés, ce qui
leur permet de s'adapter ou autrement dit de se confor-
mer en répondant aux conditions impressionnelles qui les
affectent, de façon à être modifiés, à chaque instant, par
les milieux qui les entourent.

Dans le problème que nous nous sommes proposé de
résoudre, les fonctions ou ensembles d'actes propres aux
organes qui composent les êtres vivants, sont surtout intéressantes à étudier en tant que résultats matériels et
c'est dans ce sens spécial que nous les examinerons.

*
* *

De toutes les propriétés vitales, la plus mystérieuse et
la plus fondamentale est celle qui préside à la formation
de l'organisme : *l'évolutilité*.

Les organismes vivants une fois constitués, on s'explique assez bien en effet les propriétés distinctives des
divers tissus. Que le muscle se contracte, que les glandes
sécrètent, que les nerfs perçoivent des sensations ou provoquent des mouvements, il n'y a là qu'un fait pour ainsi dire
mécanique : ces organes fonctionnent conformément à
leur structure. Mais ce qui est bien plus profondément
inexplicable, c'est la réalisation de cet état particulier de
texture.

Parmi les fonctions propres aux tissus vivants, le *travail
locomoteur*, qui est la forme principale mais non exclusive
de l'action musculaire, a pour nous une importance toute

particulière, aussi croyons-nous devoir lui donner la première place dans l'exposé que nous avons à faire.

D'un autre côté, on ne peut oublier que le travail locomoteur est immédiatement subordonné aux fonctions de nutrition : l'**alimentation**, l'**oxygénation**, la **circulation sanguine**, la **dépuration**, la **réparation organique** s'effectuant plus particulièrement pendant le sommeil et le repos, et la **calorification**.

Enfin, ces différents points du fonctionnement organique étant connus, il restera à traiter de la fonction dominatrice et régulatrice : l'*innervation*.

CHAPITRE PREMIER

ÉVOLUTILITÉ

On réunit sous ce nom l'ensemble des phénomènes organiques que présentent les êtres vivants pendant le cours de leur existence ; on y reconnaît les principales subdivisions d'étude suivantes :

1° L'accroissement et la décrépitude ;

2° L'origine des différenciations organiques ;

3° Les lois générales qui président aux variations organiques ;

4° La détermination de l'importance que présentent les différenciations organiques au point de vue zootechnique ;

5° Les lois de la génération.

I

ACCROISSEMENT ET DÉCRÉPITUDE

Tous les êtres organisés naissent d'un germe qui a une constitution identique pour tous les animaux dont l'organisation offre un degré de complication un peu élevé, et qui reçoit le nom d'*œuf*.

Chaque organisme vivant pris isolément ressemble aux individualités qui appartiennent aux familles, races, genres ou classes les plus voisins. La ressemblance est d'autant plus absolue qu'on l'examine dans ses caractères les plus généraux qui servent à établir les groupes les plus étendus : un mammifère a une forme parfaitement distincte de celle de l'oiseau. Cependant, il existe des types transitoires où la distinction n'est pas toujours aussi nette et quelquefois dans les groupes les moins élevés les différences ne sont pas toujours faciles à percevoir.

Quand on est spécialiste, on arrive presque toujours à pousser très loin l'aptitude qui permet de saisir les caractères des individualités. Dans l'espèce humaine cette notion est des plus vulgaires, chaque membre d'une famille a une taille, des traits et une physionomie générale qui permettent de le reconnaître, et qui justifient parfaitement sa distinction par un prénom.

Les différenciations qui séparent les êtres vivants apparaissent successivement à mesure que leur évolution s'effectue, et elles exigent, pour se manifester, un temps plus ou moins long qui constitue ce qu'on nomme l'**existence** ou la **durée de la vie**, dont les degrés sont indiqués par l'âge ou nombre d'années écoulées depuis que le phénomène a pris naissance.

Ce mouvement évolutif comprend deux grandes périodes formant ce que l'on a appelé, chez les animaux supérieurs, la vie *intra-utérine* et la *vie visible* ou *extra-utérine*. Cette dernière partie de l'évolution comprend ce que le vulgaire entend par le mot vie employé seul.

Dans la vie intra-utérine on trouve, comme états principaux, la formation du germe ou *ovulation*, l'état *embryonnaire* et le *développement fœtal*. A partir du moment où il jouit d'une vie indépendante ou à peu près indépendante, chaque animal parcourt successivement l'**enfance**, l'**adolescence**, l'**âge mûr**, la **période de déclin** et la **vieil-**

lesse, et dans chacune de ces périodes il offre des caractères spéciaux.

Jusqu'au sevrage, vers six mois, le produit de la jument porte le nom de *poulain* ou de pouliche; de six à dix-huit mois, on l'appelle *yearling;* de dix-huit mois à cinq ans, on le nomme *jeune cheval*, c'est entre cinq et douze ans que le cheval est dans l'**âge adulte**, et entre douze et dix-huit ans, il parcourt la *période de déclin*, qui se continue par la **vieillesse**.

*
* *

A tous les degrés de l'existence, il s'établit une distinction fondamentale entre le mâle et la femelle, résidant dans les caractères dits *sexuels*. Dans la race que nous étudions ici, comme dans tous les équidés, ces différences sont relativement moins marquées que dans la plupart des espèces animales.

On observe presque toujours une plus grande irritabilité chez la jument que chez le cheval. En outre, les individus du sexe mâle présentent une moyenne de taille plus élevée, un plus fort développement proportionnel de l'avant-main, surtout de l'encolure et moins de volume dans l'arrière-main.

Ajoutons encore que le poids du système nerveux, des os et des muscles est en général plus élevé chez le mâle.

Toutes ces questions ont été traitées à fond par M. Cornevin ; on trouvera le résumé de ses recherches dans sa *Zootechnie générale* (p. 197 et suiv.).

II

ORIGINE DES DIFFÉRENCIATIONS ORGANIQUES

L'accroissement résulte d'une prédominance de l'assimilation sur la désassimilation. Mais il y a autre chose, car, en même temps que le volume augmente, les organes utilisés par les fonctions diverses apparaissent par la formation de leurs tissus particuliers.

Quand ces phénomènes se passent sous nos yeux, nous pouvons en distinguer les degrés, mais la cause véritable nous échappe. Est-ce un ordre établi par un Créateur, ou au contraire ne doit-on y voir qu'une longue habitude, la répétition constante d'actes que le hasard ou les conditions de l'existence ont créés ? A toutes ces questions il est bien difficile de donner, quant à présent, une réponse vraiment satisfaisante.

Il est cependant impossible de ne pas reconnaître que les distinctions de texture qui s'établissent dans les organismes, paraissent relever directement de l'influence de l'adaptation, dont les lois vont être étudiées dans les pages suivantes, mais dont les éléments principaux d'action, les milieux et la gymnastique peuvent être indiqués dès maintenant.

Dans tous les cas, malgré l'autorité d'Agassiz, on ne peut guère être créationniste sans admettre tout au moins que les êtres vivants sont dotés d'une assez large *puissance de variabilité*, quelle que soit l'origine dont on la fait dériver : qu'on la rattache à une tendance naturelle ou complexe, ou qu'on y voie l'expression d'une malléabilité particulière qui fait que les organismes conservent le souvenir des impressions produites par les milieux.

En ce qui concerne la question du volume, on a voulu la subordonner trop exclusivement à l'action des agents extérieurs ; nous essayerons de montrer que la gymnastique est peut-être encore dominante dans cet état organique.

On se rend compte de l'importance modificatrice des conditions mésologiques en examinant les populations animales dans les différentes conditions que les climats et les localités peuvent présenter. Quand les climats sont chauds et les localités sèches, la vie organique est impossible : c'est ce

qui arrive dans le centre de l'Afrique. Au contraire, dans
les lieux humides et chauds, ainsi qu'on l'observe au Séné-
gal, la végétation atteint des proportions gigantesques,
mais les animaux manquent de vigueur. Dans les pays
froids, en Laponie, par exemple, comme on peut le voir
par les hommes, dont tout le monde connaît la taille peu
élevée, le développement des végétaux et des animaux est
beaucoup moins actif.

En Algérie et dans le midi de la France, pays déjà tempérés et relativement secs, la végétation est peu développée et riche en principes excitants ; les animaux ont une
taille peu élevée et sont très nerveux. Le tempérament
nerveux s'obtient aussi, dans les pays froids, chez les La-
pons entre autres, par l'exercice que provoque la température extérieure. Dans l'ouest de l'Europe, on trouve, avec
un climat tempéré et humide, une belle végétation et des
animaux de grande taille et sanguins, qui deviennent nerveux sous l'influence de l'exercice et d'une nourriture
riche en principes excitants.

La culture tend à donner aux localités une constitution
uniforme et aussi favorable que possible pour la vie végétale ; elle établit une composition à peu près uniforme de
la couche superficielle du sol, et assure l'écoulement régulier des eaux. Il faut cependant admettre que le pouvoir
améliorateur de l'homme a des limites ; il ne pourra jamais changer l'action des conditions générales de la topographie et les modifications atmosphériques que ces agents
produisent : vents, humidité, degré de pression atmosphérique, etc.

La détermination du mode d'action des milieux est rendue difficile par plusieurs faits contradictoires. L'observation a démontré que les contrées granitiques, la Bretagne
et l'Irlande, par exemple, ont des animaux de petite taille
et qu'il en est ainsi des climats marins. A côté de cela on

voit qu'en Normandie les chevaux du Calvados sont de taille proportionnellement beaucoup plus élevée que ceux de l'Orne (variété du Merlerault), bien qu'appartenant à la même race, et également élevés dans des pâturages très riches.

Ce que nous avons vu au haras de Kernevel, près de Lorient, sur le voisinage immédiat de la mer, où l'élevage a toujours péché par le manque de taille des produits, quoi qu'on ait fait, nous dispose à penser que l'influence du climat maritime est réelle, mais n'agit peut-être que dans un rayon très restreint.

A ces observations déjà d'une interprétation presque impossible, il s'en joint d'autres plus complexes encore, telles que celle sur laquelle M. Cornevin attire l'attention, que constitue le voisinage dans la vallée du Rhône d'équidés de petite taille et des bovins les plus grands du genre. Peut-être y a-t-il là une question de tempérament, de degré de lymphatisme, de différences d'alimentation ou un caractère ethnique particulier !

On peut pousser les choses beaucoup plus loin encore en envisageant la recherche des raisons déterminantes du format dans les différents groupes zoologiques ainsi que pour le *nanisme* et le *géantisme* qui s'observent côte à côte, sans aucune différence apparente dans les habitats.

Si, sous le rapport des causes modificatrices du volume, nous avons encore beaucoup à apprendre, que dirons-nous donc quand il s'agira des durées d'évolution ? On sait bien que c'est là un phénomène réel, on a pu déterminer la valeur moyenne de l'existence pour chaque genre, espèce ou famille ; mais il faut l'avouer, les causes du *processus* physiologique qui s'établit ainsi sont à peu près inconnues.

D'après nos connaissances actuelles, il semblerait cependant qu'on doive trouver quelques renseignements à cet égard dans l'analyse du déterminisme qui préside à l'apparition de la *précocité* et du volume général. On sait, par exemple, que la précocité diminue la taille. Il est égale-

ment bien établi que la durée de la vie est en raison directe
du format ainsi que la durée de la gestation, tandis que
pour le nombre des petits dans chaque portée ce rapport
est inverse.

*
* *

Nous avons cru pouvoir émettre l'idée d'une subdivision des caractères distinctifs des organismes, qui se par-
tageraient en trois groupes : 1° ceux qui résident dans le
tempérament ou la forme de la nutrition; 2° la morphologie dont dépendent les formes du fonctionnement vital;
3° les dispositions organiques qui n'ont, au moins à première vue, aucune relation avec les facultés biologiques,
ce qui les fait appeler *caractères accidentels* (?).

Les tempéraments semblent s'harmoniser complètement
avec les conditions mésologiques, et la même facilité
d'adaptation paraît exister fondamentalement pour les
caractères organiques qui ont un rôle fonctionnel. De sorte
que ce serait dans la dernière des catégories établies ci-
dessus qu'on pourrait rencontrer la fixité. Aussi est-ce
précisément là que les partisans de l'immutabilité des types
se sont retranchés.

On est naturellement porté à penser et à faire remarquer
que la persistance dont on argue dans ce sens, dérive en
apparence de l'indifférence qu'a, au point de vue biologique, pour la lutte pour la vie ou dans les fonctions
économiques, cette perpétuation.

C'est ce qui arrive pour quelques formes céphaliques
qui sont probablement le produit d'influences accidentelles
et peuvent être placées à côté de certaines monstruosités
ne dérivant pas de l'atavisme. Dès lors, on s'expliquerait
surtout leur conservation par l'intervention de la sélection sexuelle et humaine, leur origine probable devant être
prise dans une analogie avec celle des monstruosités qu'on
fait naître expérimentalement en impressionnant les
germes (Tératologie expérimentale).

De même, les différenciations générales existant harmoniquement dans toutes les parties de l'organisme et résultant de différenciations très anciennement fixées, doivent être très persistantes et difficilement modifiables dans la tête comme dans le reste de l'organisme.

**

On trouve dans la division adoptée par M. Baron : 1° les volumes (l'*hétérométrie*); 2° les proportions des diverses dimensions (l'*anamorphose*); 3° les contours (l'*alloïdisme*).

Notre ex-professeur admet que les types purs sont harmoniques, autrement dit construits dans les mêmes styles dans toutes leurs parties et il subdivise chacun des groupes ou catégories de caractères différentiels en trois degrés, le moyen qu'il note 0 (*optimum, prototype*) d'où on peut s'écarter dans le sens négatif indiqué par le signe — ou dans le sens positif, figuré par +.

Dans la classification définitive on trouve donc :

a. L'hétérométrie, avec un format moyen, *eumétrique* noté 0 ou avec un volume au-dessous de la norme, *ellipométrique* indiqué par —, enfin un développement excédant la mesure ordinaire, *hypermétrique*, avec le représentatif +.

b. L'alloïdisme ou *quid proprium* fondamental de la silhouette, dont le pototype, plus ou moins plan, rectiligne, orthoïde, est représenté par 0, tandis que sa variation négative, concave, excentrique, ectotrope, camarde, ensellée, panarde, cœloïde, s'indique par — et son éloignement dans le sens du positif, du concentrique, de l'endotrope, du busqué, du voussé, du cagneux, du cyrtoïde, prend le signe +.

c. L'anamorphose avec un prototype classique médioligne *mésomorphe*, noté 0, des lignes plus raccourcies, plus trapues, le bréviligne, *brachymorphe*, figuré par —, et des formes sveltes, longilignes, *dolichomorphes* répondant au signe +.

Le trigramme déterminatif des types peut ainsi affecter $3 \times 3 \times 3 = 27$ arrangements différents.

On peut donner comme exemple le cheval percheron (+00) avec deux anamorphoses (+0—), le boulonnais, et (+0+), le flamand.

Le cheval arabe (000) est le prototype général, et ce degré moyen explique son cosmopolitisme relatif et la haute faculté d'adaptation dont il est doué[1].

Le point tout à fait intéressant, se serait d'arriver à déterminer l'origine et la valeur de chacun des termes énoncés. Où l'on sait fort peu de chose, c'est surtout relativement au déterminisme qui domine l'alloïdisme

---

1. Cette nouvelle taxinomie ethnique est, en somme, un très grand progrès, car elle embrasse les points essentiels de la différenciation organique : c'est une *classification naturelle*, qui remplacera avantageusement les *systèmes de classification* adoptés jusqu'ici, quelle que soit d'ailleurs l'importance physiologique de l'organe où siègent les particularités regardées comme caractéristiques, fussent même les organes nerveux centraux, comme pour M. Sanson.

Il y a bien peut-être encore quelque chose à redire, surtout pour les ruminants domestiques et aussi chez le cheval à propos du tempérament et des allures. Mais, pour ceux qui connaissent bien les travaux du professeur d'Alfort, qui se sont donné la peine de chercher à en mesurer l'étendue d'action, cette critique perd beaucoup de terrain. Relativement aux moteurs animés, dont il est question ici, une heureuse comparaison avec les styles architecturaux arrive à faire pressentir bien des choses. On conçoit, par exemple, que la conformation du type cyrthoïde est comparable au style ogival, qu'il y a là une disposition bien marquée à supporter du poids et aux déplacements étendus, en raison d'une exiguïté proportionnelle de la base de sustentation. De même pour les variations cœloïdes, il peut s'établir un rapprochement avec le style en voûtes surbaissées, faisant prédominer la force de résistance latérale et l'adaptation à la traction. Entre ces extrêmes, le genre arthoïde, assimilable au style plein cintre, trouve naturellement sa place, et est, en effet, le propre des adaptations mixtes.

Il resterait, il est vrai, à donner l'interprétation des adaptations aux allures galactopoïétiques (aptitude à produire du lait), stéatopoïétique (disposition à l'engraissement), ainsi que celle des divers aspects présentés par les phanères et la peau. Mais il est des plus évidents que ce sont là des conditions relativement secondaires au point de vue biologique, car elles dérivent assez rapidement de l'action des milieux, du climat et de la gymnastique fonctionnelle.

Des notes inédites que M. Baron a bien voulu nous communiquer semblent devoir éclairer cette question d'un jour tout nouveau.

que nous rapportons tout de suite à la première catégorie de notre classification. L'hétérométrie est en relation avec les conditions mésologiques, l'évolutilité et quelques autres causes déjà énoncées. Quant à l'anamorphose, il n'y a guère de doute possible, la gymnastique en est la cause déterminante.

Il y a là les principaux caractères distinctifs des formes vivantes, cela n'est pas douteux, seulement, en admettant qu'on arrive à énoncer exactement le rapport qui peut lier ce genre de morphologie avec les services économiques, il restera encore à s'assurer que la gymnastique n'a pas une puissance modificatrice dominant absolument cet état de choses. Autrement dit, il faudra examiner s'il y a là des causes d'une persistance absolue, déterminant la naissance d'instincts particuliers qui assureraient la prédominance d'une conformation spéciale. Puis ce ne sera pas encore tout; il faudra mesurer l'influence que peut avoir la volonté de l'homme par l'action directe qu'elle exerce dans la forme des actes accomplis et la nourriture.

III

LOIS GÉNÉRALES
QUI PRÉSIDENT AUX VARIATIONS ORGANIQUES

1. — Des lois d'adaptation ou d'accommodation.

Les données précédentes énoncent implicitement que les organismes sont modifiés par les agents extérieurs, directement et par les mouvements qui en sont la conséquence. Mais, si cela est admis comme acception générale par à peu près tout le monde, les naturalistes aussi bien que les zootechnistes sont loin d'être d'accord sur l'importance et l'étendue de ce phénomène de variabilité.

On sait déjà que pour les créationnistes, la malléabilité organique est fort restreinte, et que, au contraire, les évolutionnistes ne trouvent pas qu'il soit possible de lui assigner des limites. Ces derniers sont loin de s'entendre sur la cause déterminante des modifications obtenues : pour les uns c'est une *tendance constante au changement*, tandis que les autres croient qu'il y a là simplement une *réaction contre les influences extérieures*, s'opérant d'une façon plus ou moins compliquée, directement ou en établissant des mouvements et des actes divers.

Ce sur quoi tout le monde est d'accord, c'est en ce qui concerne l'inégale malléabilité des tissus d'un organisme donné, et sur les relations du même genre agissant dans les espèces différentes. Plus un tissu est d'une constitution rapprochée de la forme cellulaire, plus les modifications y sont faciles : c'est ce qui arrive pour les hématies, les globules lymphatiques, les glandes, les phanères, le tissu conjonctif et les os. Des conditions inverses s'observent dans les tissus plus différenciés, dans les muscles et les organes nerveux.

Dans les espèces c'est la relation inverse qui existe : le complexe établit une tendance naturelle vers l'accentuation de la différenciation. Cela s'explique à la fois par une sorte de malléabilité naturelle plus grande et par la perception plus facile des changements survenus.

Les exigences particulières aux individus, aux races et aux espèces établissent aussi des états très particuliers des propriétés d'adaptation : le mouton, exigeant en calorique et peu apte à supporter l'humidité, se couvre d'une toison épaisse.

2. — Lois de la solidarité organique ou de la subordination des variations.

La principale de ces lois est celle dite d'*harmonie* ou de *corrélation organique*, en vertu de laquelle une modification dans un sens retentit ou s'accentue dans la même direction dans tous les points de l'organisme[1].

1. Le déterminisme de cette loi réside probablement dans un mou-

L'étude des *proportions* ou *canons hippiques* de Bourgelat répond précisément à l'une des formes de cette loi. L'idée qui guidait dans cette voie a été grandement modifiée par les travaux récents. On a à citer, entre autres, les faits indiqués par M. le professeur Baron sur le triple ordre de modifications consécutives et inverses : la longueur d'une part, la largeur et l'épaisseur de l'autre (allongement et rétrécissement latéral dans les types de vitesse). A cela il faut aussi ajouter des observations tirées de la zoologie, spécialement l'indépendance des transformations du corps et des membres, qu'on voit des plus accentuées dans les chiens bassets, mais qui se retrouve dans tous les animaux à corps allongé[1]. Nous y joindrons aussi nos propres recherches sur la brièveté de certaines régions dans les longilignes et réciproquement.

Directement à côté de données fournies par les dimensions squelettiques et des plus parallèlement avec elles, se placent celles qui tiennent à la direction des axes osseux. Les travaux si vilipendés du général Morris sur le parallélisme des angles sont, dans cet ordre, absolument comparables à ce que sont les proportions dans le premier genre d'harmonicité. Ici, comme là, il y a seulement qu'il existe des conditions modificatrices, principalement l'adaptation aux différentes formes de la locomotion, dont on avait négligé de tenir compte. Le manque d'exactitude anatomique reproché à cet auteur est loin de lui être propre.

En regard de la loi des variations corrélatives se place celle du *balancement organique*, que Gœthe a énoncée en disant que le budget de la nature étant constant, ce qu'elle perd d'un côté, elle doit le regagner de l'autre.

---

vement organique s'opérant dans le même sens pour tous les organes, par suite de l'unité dans le but poursuivi.

1. Notons, néanmoins, que c'est là un fait qui semble plutôt d'origine accidentelle, comme beaucoup de caractères ethniques et spécifiques du même ordre.

On en trouvera des exemples dans la subordination du développement du tronc et l'affaiblissement des extrémités chez les races de boucherie, ainsi que dans la variation générale inverse qui existe chez le cheval de pur sang anglais. Les compensations qui résident dans le triple canon hippique, mentionné plus haut, peuvent également être classées comme des phénomènes obéissant à la même règle. Enfin, le rapport opposé se trouve comme résultat de la gymnastique des fonctions de nutrition, puisque l'alimentation *maxima* peut aussi bien conduire à l'accélération du processus évolutif qu'aux effets de l'entraînement (races précoces, chevaux de course) et que combinée avec le repos elle produit l'expansion dans le tronc, avec la régression dans les organes locomoteurs, spécialement dans les membres, la tête et la queue.

La loi des *adaptations parallèles*, qui affecte les races et les espèces vivant dans un même milieu, est aussi facilement appréciable. C'est elle qui fait que tous les animaux doués d'une grande vitesse d'allure ont de grands points de ressemblance, de même d'ailleurs que les hommes de la même profession.

Avant de terminer, citons encore la loi *d'amorcement* ou la tendance à l'accentuation des différenciations dans un sens particulier, qui dérive de ce qu'il existe dans le mouvement organique une sorte d'impulsion dans un certain sens, qui tend à se continuer. Mentionnons également les conséquences de la *rupture de l'équilibre physiologique héréditaire* par le croisement ou simplement par des changements apportés dans l'état organique des reproducteurs, sous l'influence des conditions mésologiques. Cet ébranlement ouvre la porte aux modifications ultérieures, en faisant l'individualité et la race sortir du moule dans lequel elle avait des tendances à se maintenir, par suite d'une longue habitude héréditaire.

REMARQUE. — Les lois générales dont l'acception vient d'être résumée arrivent à se combattre plus ou moins direclement, et il en résulte des effets complexes. C'est ainsi qu'à l'encontre des faits de corrélation, l'adaptation raccourcit certaines régions chez les chevaux de vitesse. Cependant, dans ce dernier cas, il est probable que la modification est plus accentuée d'une façon *relative* que d'une manière *absolue*. A ce dernier point de vue, qui devrait être établi sur une comparaison ayant pour base le format, aucune recherche n'a été publiée, du moins à notre connaissance.

<h1 style="text-align:center">IV</h1>

IMPORTANCE QUE PRÉSENTENT LES DIFFÉRENCIATIONS ORGANIQUES AU POINT DE VUE ZOOTECHNIQUE

La naissance des caractères individuels a une importance dominante dans toutes les questions zootechniques, puisque cette science a pour but, non seulement d'empêcher la dégénérescence, ainsi qu'on la cru pendant longtemps, mais autant et plus, d'améliorer les animaux que les services économiques utilisent, et la formation du pur sang en a largement fait usage.

Dans la formation des races, des caractères apparaissent accidentellement, procédant d'un déterminisme qui nous échappe. Ces modifications ont été utilisées par les éleveurs, quelle que soit leur spécialité. Malheureusement, malgré leur importance dans la création des types différenciés, ces influences modificatrices dont les effets ont été très probablement plus larges qu'on ne le pense communément (WEISMAN), sont en dehors de nos moyens d'action et présentent généralement un plus grand intérêt philosophique qu'utilitaire. Ceci revient à dire que nous devons nous intéresser plus particulièrement à l'aide que nous pouvons fournir aux conditions accidentelles en employant la *gymnastique fonctionnelle*.

Les êtres vivants possèdent la remarquable propriété de

pouvoir être transformés par l'exercice. Tout fonctionnement physiologique attire le sang vers la partie exercée, les vaisseaux sanguins s'y gonflent, et si l'acte est répété, ils prennent plus de volume. A la longue, l'organe dont on se sert habituellement se développe. Inversement la cessation plus ou moins complète du travail organique amène une dégénérescence proportionnelle par un mécanisme analogue.

L'observation et la pathologie nous offrent une foule de faits qui sont autant de preuves du pouvoir modificateur de la gymnastique. Sans aller plus loin, examinez la puissante impulsion dont est susceptible le cheval de vitesse comparé à celle des races orientales qui lui ont donné naissance, ainsi que l'affaiblissement des parties musculaires dans les régions immobilisées par des lésions organiques. Ces exemples sont tellement convaincants et l'idée en est si bien admise aujourd'hui qu'il est inutile de lui consacrer une longue démonstration. M. Marey a ajouté l'autorité des faits d'expérimentation à ceux qui viennent d'être notés [1].

Nous étudierons en temps et lieu l'effet de la gymnastique sur l'appareil locomoteur. Ce qu'il importe de considérer plus spécialement en ce moment, c'est l'effet général : l'action se répercutant sur les appareils nutritifs, amenant un accroissement correspondant des fonctions circulatoires, respiratoires, digestives, etc., en même temps que les modifications locales. Il va de soi que l'augmentation du rôle que remplissent les appareils de la nutrition entraîne, en même temps, l'exagération du volume des tissus qui en font partie.

1. — Effets du volume général.

L'analyse des effets du volume général peut avantageusement être examinée à cet endroit. Pour en faire concevoir

1. MAREY. *Recherches expérimentales sur la morphologie des muscles.*

l'importance, nous allons retracer une citation empruntée à M. Baron qui est, avec Crevat, l'auteur qui a le mieux senti toute l'importance zootechnique que peuvent offrir les différences dans les volumes présentés par les organismes.

« S'il s'agit, dit-il, de traîner une énorme charge, le gros cheval montrera sans doute la supériorité qu'il tire de sa bonne alimentation relativement aux minuscules qui ne pourront peut-être pas démarrer. Mais s'il s'agit d'un véhicule léger, personne n'hésitera à passer un pronostic inverse du précédent : l'hercule enlève la résistance en haussant tout doucement les épaules, c'est vrai; mais il ne pourra tout de même point, comme disent les paysans, « faire courir un cabriolet plus vite que lui »! Au contraire, les petits chevaux, bien assez forts cette fois pour tirer le cabriolet en question, pourront le faire courir aussi vite qu'eux; et, sans donner des chiffres, on sait que le cheval hypermétrique est battu d'avance [1]. »

Un peu plus loin, parlant d'un débit commun de 106 kilogrammes, le même auteur ajoute :

« Mais qu'est-ce qu'un *débit* de 106 kilogrammètres? Cela peut tout aussi bien être un effort de 106 kilogrammes à la vitesse de 1 mètre, qu'un effort de 26 kilogrammes à la vitesse de $4^m,07$.

« De nouveau et *a fortiori*, la question est jugée pour tous les praticiens : Avec un tirage de 26 kilogrammes deux poneys bien nourris trotteront fort bien, tandis que le gros cheval trottera lourdement. Si l'on regarde le temps du service journalier, dans l'un et l'autre cas, ce sera bien pis. Et si l'on regarde la carrière complète des deux attelages, c'est le comble !!! »

En prenant en considération l'influence des fonctions de la peau sur la calorification, la sensibilité, l'élimination de l'acide carbonique, des produits sudoriques, etc., on est

---

1. M. Baron, *Zootechnie générale de M. Cornevin*, p. 877.

frappé de l'importance que peut avoir le développement des téguments.

Or, sous ce rapport, dans le cas des petits animaux comparés aux gros, la preuve de l'état favorable du moindre volume sur le développement de la surface du corps s'établit avec la plus grande facilité.

Supposez un petit cube de un centimètre de côté; l'étendue de la surface extérieure sera de 4 centimètres carrés.

Pour 125 parallélipipèdes semblables, la surface se me-

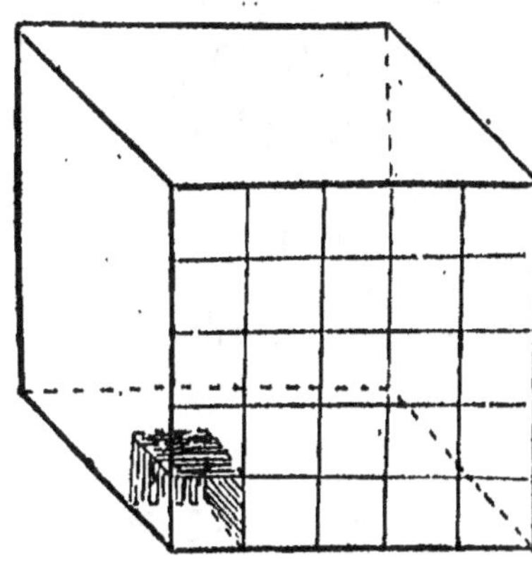

Fig. 1.

surera en multipliant 4 par 125, ce qui conduit au résultat 400 centimètres carrés.

Que maintenant on réunisse les 125 petits polyèdres en un seul, formant ainsi une masse cubique de 5 centimètres de côté, sa superficie extérieure ne sera plus que $5 \times 5 \times 5 = 125$ centimètres carrés.

D'ailleurs, la figure ci-contre montre bien comment se passent ces transformations [1].

Au même point de vue, la réalisation des divers degrés de la forme elliptique a une grande importance.

1. Voir, en plus, les travaux de Bergmann (1843).

Qu'on prenne, en effet, un cylindre et qu'on l'aplatisse, on trouvera invariablement qu'à mesure que sa coupe transversale représente une ellipse plus allongée, sa capa-

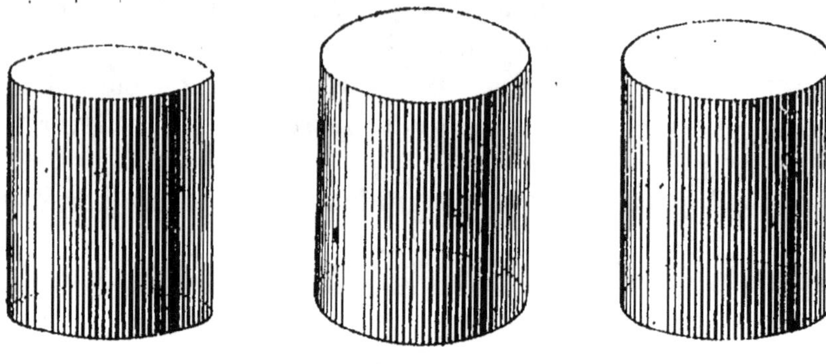

Fig. 2.

cité diminue, les surfaces externes et internes restant les mêmes (Fig. 2).

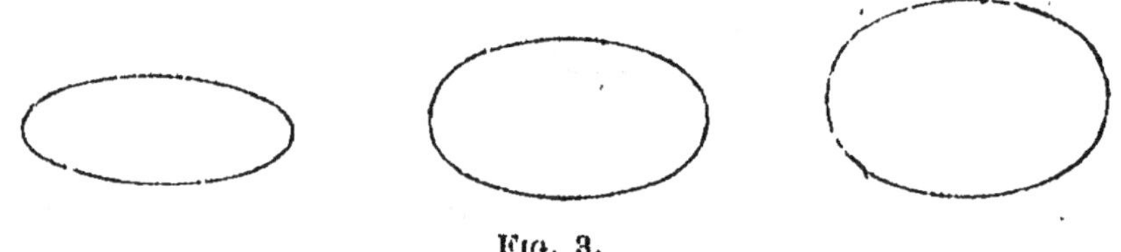

Fig. 3.

Dans le sens longitudinal on arrive absolument au même résultat (Fig. 3).

2. — Influence de la pesanteur dans les mouvements.

Il ne faudrait pas conduire les déductions précédentes à leurs limites extrêmes, et conclure que l'amélioration des chevaux de vitesse doit poursuivre avant tout la diminution de poids et chercher à l'obtenir par tous les moyens. On ne peut pas oublier de tenir compte de la nécessité du développement des organes locomoteurs et d'une façon générale de la taille. Même quand on réunit dans les meilleures conditions les éléments surface, développement musculaire et osseux, etc., on trouve encore que le poids agit d'une autre façon, par son mode de répartition, non seulement absolu ou organique, mais par celui réalisé instinctivement dans les allures.

Fig. 4.

Avant de passer à l'analyse des variations d'équilibre et à la détermination de leur genre d'action, il est utile qu'on possède une idée exacte du mode d'intervention de la gravitation dans les mouvements. A cet effet, nous avons été mis accidentellement en présence d'une démonstration expérimentale qui, pour être fournie par un appareil d'une grande simplicité, n'en est pas moins très suggestive et d'un remarquable intérêt.

Si on étudie les jouets d'enfants figurant des animaux

à marche automatique, on arrive à des résultats très curieux qui peuvent se résumer en quelques lignes :

En pressant l'ampoule B (fig. 4), l'air est refoulé dans l'ampoule intérieure H et le levier AN opposant une résistance plus grande que le poids agissant en G, à cause de la soudure avec le membre figuré et rigide AM, la partie antérieure de l'appareil est soulevée ou plutôt tend à être soulevée, car à mesure il s'établit un mouvement de pivotement autour

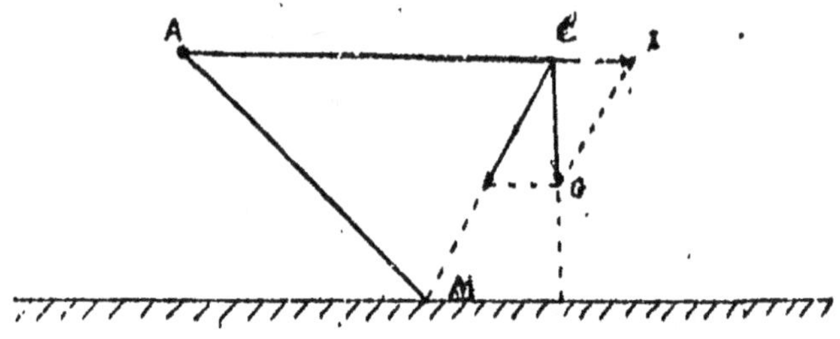

Fig. 5.

du point M, dans lequel le point A s'avance en avant, faisant progresser tout l'appareil.

Quand on cherche à expliquer mathématiquement les faits, on aboutit à des conceptions de la plus haute importance.

En premier lieu l'ensemble de forces qui agit peut parfaitement se représenter ainsi qu'il suit :

Un compas CAM (fig. 5) repose sur un plan par l'extrémité de sa plus petite branche AM, qui est oblique, tandis que l'autre a une direction horizontale, et supporte à son extrémité un poids G.

Alors qu'on regarde l'articulation des deux branches du compas comme tout à fait immobilisée, si, d'autre part, le métal qui le constitue est supposé avoir un poids négligeable relativement à la force G, on trouve qu'il faudrait, pour que l'équilibre fût maintenu, que la verticale passant par l'extrémité G rencontrât le point d'appui M. Dans toutes les autres circonstances, un déplacement se produit ;

en avant, si la ligne de gravitation est antérieure au point
d'appui et en arrière dans le cas contraire. En effet l'action
de la gravitation se décompose en deux secondaires, dont
l'une CM est détruite, et l'autre I est l'agent déterminan
du mouvement de pivotement.

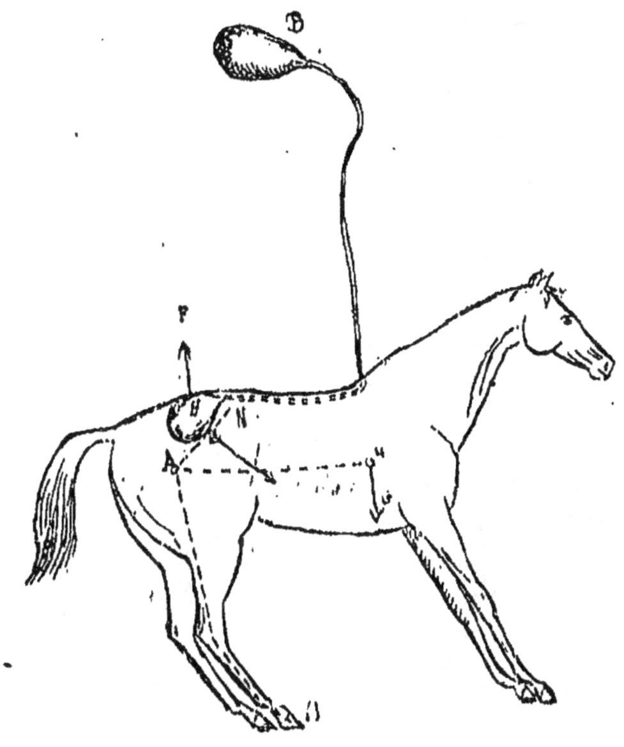

Fig. 6.

Ceci étant établi, revenons à l'étude de notre appareil.

Tout d'abord les branches du compas se trouvent figurées (fig. 6) par AC, — ligne qui joint l'articulation coxo-
fémorale au centre de gravité — et par AM, — directrice
générale des os du membre.

Dans l'état de choses indiqué par la figure, la chute en
avant de l'extrémité G de la branche du compas est immi-
nente, et si elle n'a pas lieu, c'est parce que les membres
antérieurs l'empêchent.

Pendant la progression, tout est changé, la force G est combattue par les actions F de l'ampoule de caoutchouc, qui ouvre les branches du compas, dont une est appuyée et par suite en situation fixe à une de ses extrémités.   .

Or, à mesure que G tend à produire la chute en avant, quand l'action de soutien des membres antérieurs cesse,

Fig. 7.

F empêche cet abaissement, et permet le pivotement autour de AN, ce qui amène la progression de l'articulation A pendant que la situation élevée du point G est maintenue.

En même temps que l'ampoule H représente l'action des fessiers, on pourrait en établir une seconde R (fig. 7) qui figurerait celle des ischio-tibiaux. Cela serait des plus facile, en ajoutant une tige GAI dont la partie AI correspondrait à l'axe de l'ischium et une autre tige CK transmettrait l'action des muscles de la fesse IT à la partie qui correspond à l'axe dorso-lombaire (ischio-tibiaux).

2

**

Nous voici en présence de données positives dont nous allons pouvoir faire notre profit dans l'étude de la connaissance de la conformation et des allures propres aux chevaux de vitesse.

Qu'on suppose, en effet, que le poids G augmente, il est hors de doute que la force qui fait pivoter AM est accrue de quantités directement proportionnelles, ce qui trouve immédiatement son application dans l'adaptation au service en mode de masse, fait qu'il est curieux de noter, bien qu'il n'en soit pas question ici. D'ailleurs, tout le résultat à en tirer n'est pas là, car on arrivera à la même conséquence que cette donnée par l'accroissement du poids, si on allonge le bras de levier AC. Mais puisque, alors, le poids n'a pas changé, pour que l'excédent d'effort ne soit pas perdu, il faut supposer un procédé spécial de consommation de la force musculaire en surplus, et la nature l'a réalisé en établissant une plus grande vitesse et la cessation momentanée de l'impulsion, dans ce qu'on appelle la projection ou détachement du sol qui s'observe aux allures vives.

Quant à ce qui est de l'allongement du bras de levier sur lequel opère la gravitation, il peut être réalisé d'une autre façon, par un mode de combinaison spécial des appuis dans les *allures*, et pour le galop, ainsi que chacun sait, cet élément offre ses dimensions maxima, par la chute sur les membres abdominaux à la fin de la projection, et la conservation de cet état favorable pendant une grande partie de la période d'impulsion.

Là ne se bornent pas les moyens employés par l'adaptation, car une augmentation de force peut résulter de la combinaison des éléments longueur générale du corps, et formes brèves des leviers locomoteurs, joints à une masse plus développée et à des allures lentes et réciproquement.

V

GÉNÉRATION

Les organismes ne se bornent pas à se développer et à se différencier dans leurs diverses parties, ils donnent naissance, en même temps, à des germes auxquels ils transmettent la propriété évolutive dont ils jouissent avec ses modalités particulières (*hérédité*).

En même temps que la fécondation provoque des transformations évolutives, elle tend à leur imprimer une impulsion particulière, une direction spéciale. Autrement dit, le produit que la femelle élabore dans son sein, au lieu de reproduire exclusivement son type, est modifié par l'acte de la fécondation qui vient lui communiquer, à un degré plus ou moins marqué, les caractères organiques du mâle auquel il doit sa naissance.

D'après cela, de nombreux moyens de perfectionnement nous sont offerts par la génération : la transmission et la multiplication des formes modifiées (sélection progressive), jointes aux mélanges des caractères permettant d'éliminer les défauts dont on craint les conséquences (appareillement et appatronnement), en essayant de conserver les améliorations réalisées. Tout cela ne s'opère pas nécessairement, on le sait très bien, mais on a la faculté de faire des essais multiples, et, à moins d'une réelle malchance, ou d'un manque complet de sens pratique, il aurait été bien extraordinaire qu'on ne fût pas arrivé à en tirer de sérieux bénéfices.

Pour bien mesurer, sans exagération, les progrès réalisés par le mode d'élevage appliqué aux chevaux de courses, il faut les comparer aux meilleurs types de leurs races originaires, ou au moins à ceux qui présentent le plus de qualités dans le sens du genre de perfectionnement qui leur est propre. Il est probable, en effet, que les importateurs des chevaux orientaux n'ont pas agi à la légère, et que dès le point de départ de la formation du type de course on a fait choix des genres de conformation qui avaient le plus de chance de donner de bons résultats.

1. — Hérédité ou loi des semblables.

Il faut constater tout d'abord que *tout ce qui fait partie du bagage propre à chaque être vivant, ses caractères organiques et ses aptitudes, même les fonctions encéphaliques, si mystérieuses qu'elles soient, est susceptible de se transmettre par voie de génération, des ascendants aux descendants* (R. BARON).

La première acception des lois de la descendance, et la plus générale, est celle qui régit la reproduction des formes particulières aux groupes zoologiques. On l'appelle *hérédité conservatrice, hérédité des caractères zoologiques.*

Cette règle générale se confond dans son origine avec une autre plus étendue, la *tendance à la persistance des phénomènes* (R. BARON), qui est nécessairement limitée ou plutôt s'adapte à une conception nouvelle, dès qu'il est démontré que les êtres organisés sont modifiables.

En procédant ainsi, on arrive à voir qu'une nouvelle loi doit intervenir pour expliquer les phénomènes nouveaux; on l'a désignée par la rubrique *hérédité individuelle, hérédité progressive (cœnomenèse,* Ch. CORNEVIN), de laquelle il n'y aurait rien à dire si tout changement avait nécessairement pour but une adaptation meilleure, ce qu'on ne peut tout à fait affirmer, bien que ce soit le cas le plus ordinaire (*Adaptations sexuelles et industrielles,* R. BARON). Le qualificatif *hérédité individuelle* paraît mieux convenir à cette forme spéciale de la perpétuation des formes, par la reproduction, car elle opère sur ce qui constitue les *individualités* ou les *personnalités*.

On ne devra pas oublier, d'ailleurs, que si les caractères de l'une ou l'autre forme d'*hérédité* ne sont pas toujours reproduits sous une forme *apparente*, ils sont quand même transmis à l'*état virtuel* et pourront reparaître plus tard, si les conditions redeviennent favorables, et, suivant la règle qui présidera à cette réapparition, ce sera de l'*hérédité latente* ou *alternante*, de l'*atavisme* ou de la *reversion*, ce qui s'appelle encore « les coups en arrière ».

*
* *

Ces trois formes générales de l'hérédité obéissent à des règles secondaires qu'il est utile de remémorer rapidement.

Il y a d'abord l'*hérédité homochrone* ou apparition des caractères à la même époque de la vie, l'*hérédité homotopique* ou reproduction des dispositions dans les mêmes régions, enfin, l'*hérédité homohiste* ou perpétuation des modifications organiques dans les tissus de même constitution, dont on a des exemples assez fréquents pour les tares osseuses.

On trouve aussi, dominant toutes les autres lois de la descendance, l'opposition de l'*hérédité unilatérale* ou *prépondérante*, à laquelle se rattache la puissance des bons raceurs, et l'*hérédité bilatérale*, qui peut être *directe*, c'est-à-dire suivre le sexe, ou croisée [1], *égale* pour les deux sexes

---

1. Ces lois de l'hérédité agissent d'une façon fort complexe et dans des conditions impossibles à prévoir exactement.

L'idée de prédominance du père ou de la mère est absolument insoutenable. C'est aussi à tort que l'on a cru à la constance de l'hérédité croisée (Girou de Buzareingues) : l'observation démontre que les enfants mâles se rapprochent souvent de leur père et qu'il en est de même pour l'autre sexe. Il y a seulement, dans certains cas, et dans des conditions imparfaitement connues, prédominance de quelques espèces, races ou variétés.

L'hypothèse d'après laquelle la mère donnerait à ses enfants les organes de nutrition, le père ceux de la locomotion, tandis qu'ils s'uniraient pour influer sur le système nerveux (Stephen) n'est pas plus fondée : la précocité et le tempérament dérivent aussi bien du père que de la mère.

2.

ou *inégale,* avec *fusion* ou *juxtaposition.* On connaît sous le dénominatif d'*hérédité réinvertie* celle où le produit ressemble primitivement à son père, puis plus tard à sa mère et réciproquement.

Nous ne parlerons qu'en passant de ce qu'on a décrit sous les noms d'*atavisme indirect, d'infection de la mère* ou d'hérédité *par influence,* phénomène consistant dans la reproduction, dans une gestation, des caractères propres aux pères des produits antérieurs provenant de la même mère. Ce sont là des faits très discutés, malgré l'importance qu'on leur a quelquefois accordée [1], et il faut avouer que les remarques qui ont été faites dans ce sens sont véritablement trop peu nombreuses et présentent trop de causes d'erreur pour qu'on puisse en tirer une conclusion absolument définitive. Il serait nécessaire de renouveler les expériences qui ont paru donner des résultats positifs, l'accouplement du couagga et de la jument, entre autres.

Mentionnons simplement l'hérédité sexuelle qui n'a, dans l'état actuel de la science, qu'un intérêt secondaire au point de vue zootechnique [2].

Remarque I. — Les éleveurs ont personnifié leurs vues sur la valeur des formes principales que présente l'hérédité — les lois d'hérédité conservatrice et les lois d'hérédité progressive, — dans l'importance qu'ils ont accordée à la *généalogie* ou *pedigree* des Anglais, et aux *performances* ou valeur individuelle, indiquée par les succès remportés sur le turf. En Allemagne et un peu moins en France, on accorde plus

L'opinion empruntée aux Arabes, que « la jument est un sac dans lequel on ne trouve que ce que l'on y met », est loin d'être générale chez les Asiatiques, et les faits scientifiques la contredisent de la façon la plus formelle.

1. Une remarque curieuse de Youatt et Cecil, c'est que, dès qu'une jument de sang a eu des poulains d'étalons communs, jamais ses produits n'ont eu des qualités de cheval de course, lors même qu'on lui donne les meilleurs pères de pur sang. (De Lagondie, t. II, p. 8.)

2. On ne connaît rien de positif sur le déterminisme de l'apparition des sexes.

d'autorité à l'hérédité individuelle (*individualpotenz* des auteurs allemands), au contraire, en Angleterre, on paie souvent très cher un reproducteur de bonne souche, parce qu'on pense que « *bon sang ne peut mentir* ». Il est difficile de se prononcer sur la valeur des raisons qui font préférer l'une ou l'autre forme d'hérédité, car les individus exceptionnels ont invariablement une bonne ascendance, et quelques sujets extraordinaires — Gladiateur entre autres — ont eu une descendance *directe* très médiocre.

Remarque II. — De nouvelles recherches sur la physiologie et surtout sur l'histologie de la transmission héréditaire ont fait admettre à Weismann que l'hérédité des formes acquises par la gymnastique est aussi illusoire que celle des mutilations [1]. Cette idée appuyée sur l'observation directe ne nous semble cependant pas admissible, et nous pensons que cela paraîtra indéniable quand on aura considéré que le développement des organes génitaux impressionne puissamment l'organisme au moment de la puberté, et qu'il n'y a rien qui empêche qu'un courant inverse puisse se produire. D'ailleurs, on a pu suivre l'influence de l'entraînement chez les chevaux de galop et de trot, où les résultats obtenus sont une confirmation expérimentale de la notion d'hérédité.

Conclusion. — La conclusion à laquelle on doit s'arrêter, c'est que, actuellement, bien que les lois générales de la transmission des particularités organiques soient connues, il existe encore bien des obscurités sur la détermination des puissances héréditaires; l'éleveur constate avec étonnement que les produits du même étalon et de la même jument sont souvent fort différents extérieurement, et dans leur valeur réelle, sans qu'aucune modification organique apparente se soit montrée dans l'état des générateurs.

---

1. Pour les mutilations, il n'y a pas d'exemple certain de transmission.

2. — Influence des degrés de différenciation dans les conjugaisons sexuelles.

Dès le début de cette étude nous nous trouvons en présence des questions de controverse signalées antérieurement (p. 14), ce qui veut dire qu'il sera difficile de s'entendre sur tous les points.

Où tout le monde est à peu près d'accord, c'est quand il s'agit de la reproduction dans les groupes appelés *races*, composés d'individualités homogènes, se ressemblant dans leurs traits généraux. Alors on admet que les conditions de la fécondité sont bien réalisées (*eugénésie*), et il n'y a aucun écueil grave à redouter, le rejeton devant avoir sûrement le type général que possèdent les générateurs.

Si le degré de ressemblance est plus rapproché, si les mariages se font entre parents, tout de suite une séparation s'établit entre les zootechnistes, car on se trouve en présence d'une sorte d'entité métaphysique, la *consanguinité*, à laquelle on reconnaît une influence fort différente suivant la conception plus ou moins scientifique où l'on se place.

On n'a guère de vues communes qu'en ce qui concerne le degré de chance de perpétuation des caractères organiques par ce genre d'union, en considérant que les puissances héréditaires agissent « ainsi que deux forces parallèles appliquées dans le même sens » (E. GUYOT), ou que « l'hérédité est élevée à sa plus haute puissance » (A. SANSON), et alors on sous-entend, cela va de soi, que chacune des forces dont il est parlé est un élément complexe, comprenant l'action des diverses influences héréditaires.

Sorti de là, on tombe immédiatement dans les discussions sur l'innocuité ou l'influence morbide des rapprochements consanguins avec de grandes divergences dans les appréciations. Cependant, il faut le reconnaître, en suivant la naissance de l'idée d'influence nocive dans l'histoire on voit qu'elle se greffe sur des considérations étrangères à l'observation et à la physiologie, de l'ordre intellectuel et politique.

En outre, les faits fournis par la formation de nos meilleures races d'animaux domestiques sont là avec leur autorité scientifique[1], et la race de pur sang se place précisément en première ligne pour prouver que ni les dégénérations nerveuses, ni l'ensemble des maux dont on place l'origine dans les mariages entre parents n'y résident forcément. Il y a surtout, semble-t-il, qu'on oublie que, en raison même de la concentration héréditaire, les chances de transmission des états morbides acquièrent leur sommum de probabilité.

C'est particulièrement quand on envisage la tendance à la stérilité que l'étude des conséquences des unions consanguines paraît intéressante aujourd'hui, et encore, même à cet égard, les plus savants zootechnistes n'admettent qu'une action toute relative.

« Il n'est pas besoin, écrit M. Cornevin, de faire remarquer que, dans le règne animal, on ne trouve aucune trace du sentiment si épuré qui fait regarder avec horreur les unions incestueuses ou simplement consanguines par les peuples civilisés, puisqu'il vient d'être dit que, pour quelques espèces, l'accouplement en consanguinité est la règle, la loi naturelle. Dans la classe des Oiseaux, nous citerons comme exemple l'espèce du Pigeon. Généralement à chaque couvée, la femelle pond et couve deux œufs, desquels sortent un mâle et une femelle, frère et sœur germains, qui grandissent ensemble, s'accouplent quand l'âge en est venu et perpétuent à leur tour l'espèce par le même procédé. La reproduction est toujours adelphogamique, à moins de disparition de l'un des reproducteurs, auquel cas le survivant s'accouple comme il peut et devient même une cause de trouble dans le colombier. La repro-

---

1. On peut se reporter à l'histoire des animaux précoces et à celle de la formation de la race de moutons mérinos dite de Mauchamp; on trouvera un ensemble de faits tout à fait démonstratif.

duction est souvent adelphogamique aussi dans plusieurs autres espèces de basse-cour, sans que ce soit pourtant la règle ; ainsi font les cygnes, les canards, les oies, les faisans et les pintades. »

Le même auteur rappelle que la reproduction entre parents est la règle dans les groupes d'animaux à l'état de formation, et qu'il en a été ainsi dans les premières populations humaines. Après avoir fait remarquer que l'infécondité apparaît dans les races de boucherie précoces, comme « conséquence de l'aptitude à prendre de la graisse poussée au maximum par l'accouplement de deux reproducteurs la présentant au même degré », le professeur de Lyon fait observer que, « lorsqu'on opère sur des races de bœufs et de moutons ne présentant point cette aptitude prédominante, nul effet fâcheux ne se montre », au moins, ajoute-t-il, dans un laps de temps relativement court qu'a duré l'application du procédé.

En passant, nous signalerons aussi les indices que le zootechniste dont il est question regarde comme les signes qui doivent mettre en garde contre l'influence des mariages entre parents : la diminution de la fécondité et l'apparition de la décoloration et du ladre qui s'y lient.

M. Baron a des vues un peu différentes de celles de son collègue et, comme lui, il les appuie sur des exemples tirés de la biologie générale.

Avec beaucoup de vraisemblance, le professeur d'Alfort fait remarquer que la séparation des sexes que produit le progrès organique, donné par la division des fonctions, révèle que par la reproduction consanguine, « la polarité sexuelle diminue pour faire place à une sorte de neutralité sexuelle », et, ajoute-t-il, « c'est ce défaut d'aimantation qui amène la stérilité ».

La plupart des entraîneurs émettent qu'on ne doit pas poursuivre les unions dans la famille au delà de deux générations, — Smith disait une seule. — Mais, outre que cette opinion n'est pas générale, il faudrait qu'elle n'eût jamais

été infirmée ou au moins qu'elle fût basée sur un ensemble
de faits bien constatés. Ce qui s'est produit à l'origine de
la formation du « race horse » est un peu en opposition
avec la formule ainsi tracée.

D'autre part, si les observations de M. Cornevin relatives
aux pigeons, au sujet desquels il se prononce catégorique-
ment, sont vraies dans leur sens général, il n'y a pas
moins des exceptions assez nombreuses. Nous ne sommes
pas spécialiste à cet égard, loin de là, mais nous croyons
cependant savoir que les cas d'apparition du même sexe
chez les produits de la même couvée sont assez fréquents. De plus, il est commun que les pigeons qui sortent
s'accouplent avec ceux d'un pigeonnier voisin, et que des
troubles surviennent entre les couples, en dehors de la
question d'isolement sexuel. En tout cela il faut donc voir
seulement des faits relatifs[1].

Quand, après s'être éloigné des degrés moyens de différenciation dans les conjugaisons sexuelles — la reproduction dans la race, en dehors de la famille, ce que l'on connaît généralement sous le nom de *sélection zootechnique* —
pour se rapprocher de la ressemblance organique réalisée
dans les parents, on s'en éloigne en sens inverse, par l'exagération des dissemblances, les dissidences entre les auteurs se multiplient et deviennent infiniment plus profondes. C'est là un sujet des plus intéressants au point de
vue pratique, qui demande à être médité très sérieusement.

Ici aussi, il est cependant un ensemble de conditions qui
paraît parfaitement établi, c'est quand il s'agit de la faculté

1. A propos des pigeons, nous citerons le témoignage si considérable
de Boitard et Corbié. Ils recommandent de croiser les races dans tous les
colombiers où l'on entretient les oiseaux pour le profit et non pour la
fantaisie, afin d'élever le nombre des naissances. (CH. CORNEVIN, *loc. cit.*,
p. 601.)

reproductive. Les meilleurs auteurs (DARWIN, NATHASIUS, BA-
RON, CORNEVIN) reconnaissent que les croisements entre les
races peu éloignées augmentent le pouvoir génésique. Mais,
en allant plus loin, on arrive à une diminution de la fécondité
(*dysgénésie*), puis on la voit s'éteindre, ce qui conduit à cette
conclusion, qu'il est avantageux de se tenir aux degrés
moyens (*eugénésie*). A ce point de vue on doit donc s'arrêter à égale distance de la *consanguinité* étroite et de
l'*hybridation* (*Optimum*, BARON).

Où les différentes écoles se trouvent en complète opposition, c'est lorsqu'il s'agit de la fusion des formes ethniques
ou spécifiques. Pour les partisans de la fixité de l'espèce,
les métis ne peuvent être que des « mosaïques vivantes »,
dont les parties tendent constamment à se dissocier, et les
populations que l'on soumet au métissage sont forcément
en état de *variation désordonnée* ou d'*affolement jusqu'à ce
qu'elles soient revenues à l'une des formes génératrices*
(NAUDIN).

L'idée de Naudin, vraie jusqu'à un certain point dans les
végétaux sur lesquels il a expérimenté, ne l'est plus ou
l'est beaucoup moins dans une foule de conditions différentes. Puisque l'individuation ne perd jamais ses droits, il
est tout d'abord évident que la réversion s'observe jusque
dans la reproduction entre les individus liés par un grand
nombre de points de ressemblance, même si c'est entre des
sujets d'un groupe ethnique, et jusque dans la consanguinité. A un point de vue très général, il n'en est cependant
pas ainsi, car chacun sait que M. de Vilmorin a pu créer
des races de blé métis possédant une fixité parfaite. D'autre
part les races de porcs Yorkshire, Berkshire et d'Essex
offrent la même particularité, ainsi que les chiens danois,
les lapins russes, etc. Dans certains groupes de moutons
métis et dans les chevaux provenant du croisement du
cheval de course, avec les variétés de la race germanique,
on retrouve le même phénomène, bien que moins précis.
Les anthropologistes savent aussi très bien que les popu-

lations humaines métis sont douées d'un ensemble de caractères qu'elles se transmettent avec la plus parfaite fixité, lorsque les croisements dont elles dérivent sont suffisamment éloignés.

Dans tous les cas où l'on veut tenir compte des effets de la différenciation, il est nécessaire d'être renseigné sur ses degrés.

Dans la même famille, les individus peuvent descendre les uns des autres, ce qui constitue la *consanguinité directe*, ou, tout en appartenant à une souche unique, n'avoir qu'une parenté *collatérale*, comme l'oncle et la nièce. Encore faut-il distinguer les produits du même père et de la même mère, ce qu'on appelle les *frères germains;* ceux de la même mère, mais de pères différents dits *frères utérins*, et ceux qui sont issus du même père, tout en ayant des mères différentes, qu'on qualifie de *frères consanguins*.

En s'appuyant sur les lois de l'hérédité, on arrive à indiquer le degré de parenté : il est évident, par exemple, que les frères germains sont plus proches parents que le père et la mère avec leurs enfants (R. Baron).

De même, pour les groupes très éloignés morphologiquement, il y a bien des degrés dont les limites sont souvent très mal déterminées. D'abord on ne connaît encore rien de bien précis sur l'ancienneté des races et sur leur filiation réciproque. Les prédispositions spéciales à certains rapprochements et les facilités de fusion bien constatées dans certains cas et qu'on désigne par l'expression un peu métaphysique d'*affinité* en sont la preuve.

Ce n'est pas encore tout, car il est utile de tenir compte, comme élément modificateur, et par conséquent de différenciation, des conditions mésologiques dans lesquelles les individualités parentes ou très éloignées ont vécu pendant un temps plus ou moins prolongé.

« Darwin a donné un très curieux exemple de l'influence qu'un changement de condition peut avoir sur la fécondité dans le règne végétal. En Angleterre, le *Passiflora olata* ne produit pas de fruits quand il y a auto-fécondation; il faut l'intervention du pollen d'un pied étranger. Or, cette plante, greffée sur un autre végétal d'espèce distincte, se mit à porter des fruits après fécondation par son propre pollen. L'influence du porte-greffe s'était manifestée sur l'appareil reproducteur du sujet greffé[1]. »

Cette considération visant l'influence des changements de milieux trouve une application directe à l'égard du *rafraîchissement du sang*, autrement dit du retour à une forme différenciée pour combattre l'agénésie qui tend à s'établir. Dans la reproduction des chevaux d'hippodrome, quand on sort d'une famille créée par les conditions économiques, on ne va jamais chercher hors de la race. C'est à peine si on a pu penser qu'il pourrait être nécessaire de revenir à quelques croisements avec la race asiatique dans un avenir plus ou moins éloigné, afin de récupérer quelques-unes des qualités perdues, entre autres le fonds. Les essais faits par l'administration des haras, à Pompadour, dans un autre but, sont loin d'encourager à marcher dans cette voie. Les *pur-sang anglo-arabes* sont moins vites que les pur-sang anglais et ils ne tiennent même pas autant que ces derniers, dans les courses de grande distance qu'on établit sur le turf. Les éleveurs de pur-sang anglais doivent donc ne pas négliger l'élément de différenciation qui réside dans les habitats différents. Rien qu'à ce titre, l'importation des chevaux du « race horse » élevés en Angleterre serait parfaitement justifiée.

Ce qui vient d'être indiqué pour la consanguinité s'applique aussi à la *sélection zootechnique* et au *croisement proprement dit*, surtout au métissage.

---

1. CH. CORNEVIN, *loc. cit.*

**

D'ailleurs la valeur des degrés de différenciation, relativement à la reproduction, est forcément très différemment appréciée. Il a été dit que pour les zootechnistes qui croient à l'immutabilité des types, le mélange des caractères organiques ne peut jamais s'effectuer d'une manière absolue. Seulement, comme les naturalistes de cette école sont eux-mêmes fort divisés dans leur manière de voir, on est indécis sur le point où ils doivent s'arrêter dans la crainte de la réversion. Avec Agassiz on peut aller jusqu'à admettre que les forêts, les populations animales et les sociétés humaines ont été créées dans l'état où nous les voyons et que l'individualité est elle-même un simple « coup en arrière ».

Au contraire, les transformistes adopteront facilement les interprétations de M. Baron, qui regarde les modes de rapprochement sexuels comme des formes variées d'un même phénomène qu'il appelle invariablement *croisement*, et qu'il oppose à l'*auto-fécondation* ou fécondation de l'individu par lui-même (reproduction asexuée et hermaphrodisme). Avec cette dernière manière de voir, les différenciations ne sont que des degrés dont on indique les grands points par les termes : individu, famille, race, espèce, etc. La désignation des différents ordres de conjugaison sexuelle est alors très simple : on a les croisements consanguins ou croisements dans la famille, les croisements des familles, les croisements des races, etc. Pour éviter les recherches nous résumons ci-dessous les dénominations adoptées par les auteurs pour désigner les degrés de différenciation dans la reproduction sexuée des individus présentant des sexes séparés, ce qui est, on le sait, le cas des animaux supérieurs.

PRINCIPALES QUALIFICATIONS SERVANT A DÉNOMMER
LES DIFFÉRENTS GENRES DE CONJUGAISONS SEXUELLES

1° Reproduction entre parents : consanguinité. — Croisements consanguins ou croisements entre parents (BARON). — Unions en dedans.

2° Reproduction entre individus de la même race et n'ayant aucun lien de parenté : sélection zootechnique ou conservatrice. — Croisement des familles de race pure (BARON). — Union en dehors.

3° Reproduction entre individus de races différentes de type pur. — Croisement proprement dit. — Croisement des races (BARON).

4° Reproduction entre individus d'espèces différentes donnant des produits stériles ou doués d'une fécondité limitée. — Hybridation. — Croisement des espèces (BARON).

5° Reproduction entre individus mixtes. — Métissage. — Croisement des métis (BARON).

Observation. — Outre les mélanges opérés par la reproduction, ce procédé peut agir, ainsi que cela a été dit, en aidant les modifications organiques par la *disjonction des caractères*, et par l'augmentation d'impressionnabilité vis-à-vis des agents mésologiques ou zootechniques qui en est la conséquence.

VI

RÉSERVE ORGANIQUE

Nous ne pouvons pas nous étendre longuement sur les phénomènes qui ont trait à la réserve organique; malgré tout, il est cependant indispensable d'en dire quelques mots.

En ce qui concerne la réserve nourriture, dont la forme la plus générale est l'engraissement, l'élevage du cheval d'hippodrome ne s'en occupe que pour en éliminer les effets. La rapidité et la gravité des affections pathologiques, chez le cheval de pur sang, ne sont peut-être pas tout à fait étrangères à l'obligation où ces conditions le mettent de recourir immédiatement à des emprunts organiques, dès que l'alimentation est suspendue. Il y a là, dans tous les cas, un fait intéressant à examiner, dont nous nous proposons de compléter l'observation.

Quoi qu'il en soit, il est certain que le genre de chevaux que nous étudions présente à son plus haut degré la propriété d'accumuler les puissances nerveuse et motrice. Mais, contrairement à ce qu'on indique souvent, il ne faut voir dans cet état de choses rien de métaphysique. Ici, comme dans tous les actes organiques, la force est directement liée à son *substratum*, la matière. A mesure que les fonctions nerveuses se développent, sous quelque aspect que ce soit, le système nerveux augmente de volume, et il en est de même du système musculaire. La réciproque est absolument vraie : à une diminution de fonctionnement correspond un amoindrissement directement proportionnel de l'importance des organes actifs.

On a trop été frappé par les résultats du repos peu prolongé, pendant lequel les organes se reconstituent et reprennent leurs facultés. Évidemment, il faut consécutivement à l'exercice intensif un certain temps de suspension du fonctionnement, grâce auquel les organes se débarrassent des produits de dénutrition accumulés pendant le travail, et aussi, nous le répétons, que les tissus puissent se régénérer; mais il n'y a là formation d'aucune réserve dynamique, en dehors de la surabondance de nourriture résultant de la dilatation des vaisseaux sanguins, conséquence d'un surcroît d'activité qui amène une prédominance de l'assimilation sur la désassimilation.

Ainsi que dans beaucoup de cas, on se trouve en présence d'une forme particulière de la grande *loi de la tendance à la persistance des phénomènes*. Et la preuve, c'est que cette dilatation vasculaire et ce superdéveloppement organique consécutifs persistent jusqu'à ce qu'un repos prolongé intervienne pour en détruire l'effet, par une régression obéissant à un mécanisme absolument inverse.

A l'appui de notre conception, citons ce qui se passe dans le repos complet ou sommeil, qui amène une concentration bien connue dans les urines, et qu'on remarque, à côté de ce fait d'observation, celui qui résulte de la diminution de l'aptitude locomotrice, liée à la stabulation prolongée pendant plusieurs jours. C'est un hygiéniste et un anthropotechniste de premier ordre qui a établi comme règle de l'application du travail, pour le genre humain, le travail journalier avec le repos du dimanche.

CHAPITRE II

MOUVEMENTS

Dans les organismes supérieurs, comme les autres fonctions, la motricité est localisée, et son agent spécial est le tissu musculaire.

I

DE L'ACTION MUSCULAIRE EN GÉNÉRAL

Nous ne sommes pas plus renseignés sur la nature intime de la fonction musculaire que sur les autres fonctions vitales; il n'y a à ce sujet que des hypothèses dont aucune n'est réellement satisfaisante.

Au point de vue pratique, sous lequel nous envisageons les choses, ces recherches n'ont pas une importance très grande, mais il est cependant nécessaire qu'on sache au moins les conditions où les facultés propres aux muscles peuvent se manifester et le rapport établi entre la configuration extérieure de ces agents et leur puissance.

Tout d'abord, bien que tous les muscles soient doués de la même propriété fondamentale, ils présentent deux formes de texture qui les séparent en deux groupes distincts : ceux à fibres lisses, dont l'action s'effectue en dehors de la volonté, que l'on trouve dans les organes de la vie organique, et ceux dont les fibres sont striées, qui sont volontaires et appartiennent spécialement à l'appareil locomoteur. En cela, comme dans presque toutes les distinctions biologiques, il y a une sorte de transition, donnée par les fibres du cœur qui ont des caractères communs aux muscles lisses et aux muscles striés. On trouve aussi des fibres striées dans l'intestin de la tanche, dans le gésier des oiseaux et dans le pharynx de quelques gastéropodes.

Pendant que les muscles se contractent, il s'opère une modification assez grande, dans le liquide qui les imprègne, et probablement, quoi qu'on ait dit, dans leurs éléments intimes, à tel point qu'il arrive un moment où le repos devient nécessaire. Mais, bien avant que cette limite extrême soit atteinte, une sensation de *fatigue* peut se faire sentir, et nécessiter une interruption momentanée du travail, parce qu'une accumulation de produits de déchets s'est produite en raison d'une élimination insuffisante. Cela se démontre parfaitement sur un muscle que l'on a séparé du système circulatoire, tout en conservant l'artère qui l'irrigue, de façon à pouvoir y faire passer un courant d'eau salée et oxygénée. On voit ainsi que le muscle qui a cessé d'être impressionnable peut reprendre sa faculté propre, par ce mécanisme.

Nous n'insisterons pas sur la forme de la contraction musculaire, sur l'augmentation ou la diminution des dimensions qu'y ont trouvées les observateurs, pas plus que sur la disposition sinueuse des fibres et des faisceaux indiqués par eux; ce qui nous intéresse bien plus, c'est l'effet qu'elle produit : le raccourcissement, base de la puissance locomotrice.

Certains physiologistes ont indiqué le quart de la longueur des fibres musculaires comme le degré extrême de leur rétraction. D'après M. Colin, cette limite varie beaucoup; dans certains muscles elle est beaucoup moins étendue, dans d'autres, à l'encolure par exemple, elle

« égale le quart, le tiers, presque la moitié de la distance comprise entre les extrémités ».

Depuis longtemps Weber a démontré que la puissance du muscle est proportionnelle à son plus grand diamètre et que son étendue d'action varie suivant la longueur de ses fibres. Mais, cela va de soi, l'une et l'autre de ces formes de rétraction est subordonnée à la région musculaire qu'on examine, et cela résulte nécessairement de la texture générale des organes. Dans les muscles coupés d'intersections aponévrotiques, le nombre des fibres est multiplié, et ce procédé augmente la force au détriment de l'étendue de contraction.

Dans tous les cas, en dernière analyse, le résultat de la contraction musculaire peut être comparé à celui que provoquerait l'élasticité d'un fil de caoutchouc, qui aurait été préalablement soumis à un effort de tractionnement, faisant ainsi naître une force qui agirait sur les leviers osseux pour produire les mouvements.

II

DE L'EFFET LOCOMOTEUR DE LA CONTRACTION MUSCULAIRE CONSIDÉRÉ EN GÉNÉRAL

C'est surtout par ce côté que l'étude de la contraction musculaire a un but utilitaire, aussi sera-t-il celui qui nous occupera particulièrement.

Jusqu'à ces derniers temps, la mécanique musculaire n'offrait qu'un chaos inextricable. Avec le concours de M. Baron, nous avons publié sur ce sujet un long travail, et nous pensons qu'il y a là une clef du mécanisme si complexe qui régit les mouvements des animaux [1]. On comprend tout l'intérêt que ce sujet peut avoir à cette place, aussi nous allons le reprendre, et comme nous l'avons fait

1. Journal *l'Anatomie et la Physiologie*, janvier 1893.

antérieurement, l'examiner au double point de vue de l'explication de l'origine des mouvements et des phénomènes d'adaptation qui peuvent y être liés.

Voici, tout d'abord, les conclusions auxquelles nous nous sommes arrêtés, et que vont justifier l'exposé qu'on va lire :

1º Les muscles de la croupe et de la fesse, qui sont les plus puissants de l'économie, sont aussi les principaux agents locomoteurs, surtout les derniers, dont la direction oblique de haut en bas et d'arrière en avant permet, par une décomposition de forces que l'on conçoit facilement, une double action de soutènement et de propulsion, cette dernière s'ajoutant à l'effet de pivotement sur l'extrémité inférieure du membre dû à la gravitation et qui a été précédemment indiqué.

2º Dans ce rôle, les muscles des autres régions du membre servent surtout à établir la rigidité nécessaire à la production de l'effet des organes qui viennent d'être indiqués comme les agents essentiels des déplacements, et l'inclinaison des os amène un allongement auquel est liée une durée plus prolongée de la contraction.

3º Les membres antérieurs ont un rôle comparable à celui de l'élasticité qui fait rebondir, avec un changement de direction, une balle élastique qu'on lance obliquement contre le sol.

MÉCANISME DE L'ACTION DES ORGANES LOCOMOTEURS

DANS LE GALOP

1. — Rôle des membres postérieurs.

Après la projection qui termine les enjambées du galop, le corps arrive au sol avec un mouvement oblique de haut en bas et d'arrière en avant; la force qui agit au centre de gravité, CN (fig. 8), peut être décomposée en deux secondaires : V, horizontale, et G, verticale.

Le membre postérieur qui modifie la trajectoire suivie n'a aucune influence sur la force horizontale, mais il détruit l'élément vertical par l'intermédiaire des organes de soutènement, le levier CAI, sur lequel opèrent les muscles de la croupe et de la fesse.

Les fessiers ont alors leur insertion fixe au trochanter,

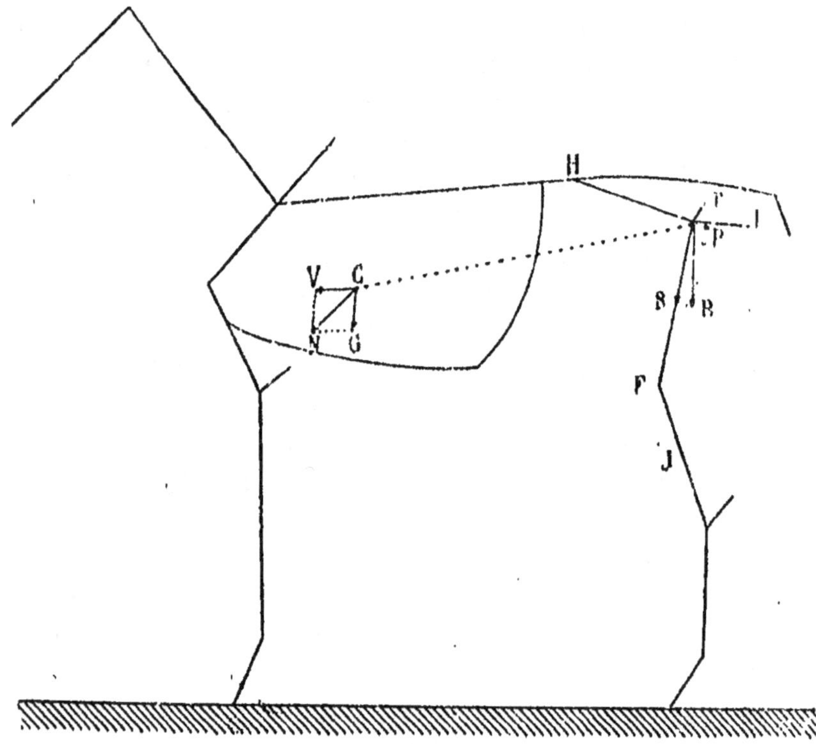

Fig. 8.

et ils agissent sur l'ilium pris comme levier du troisième genre; le biceps fémoral, le demi-tendineux et le demi-membraneux, comme dans le cabrer, transmettent leurs effets à un levier du premier genre.

La résultante des actions opposées, la gravitation et les efforts musculaires, est située en A, au niveau de la cavité cotyloïde et a une direction presque verticale. Cette force

ne peut être détruite par l'élasticité du sol, comme le sup-
posaient les anciens physiologistes, mais elle l'est facilement par les organes contractiles du membre agissant sur
les leviers osseux.

On se rend très bien compte de ce qui se passe alors :

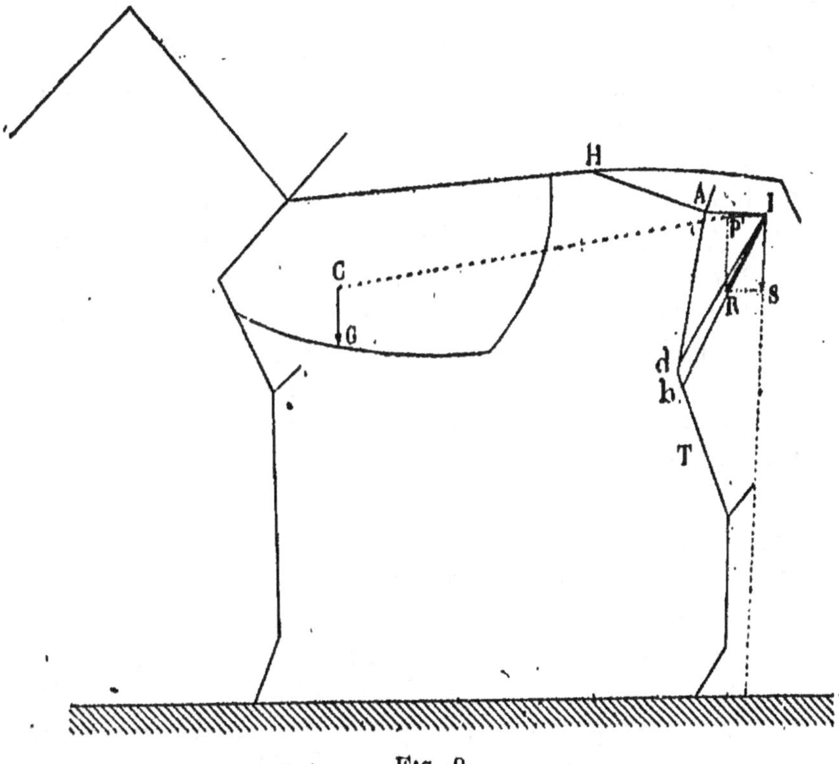

Fig. 9.

la ligne supposée du levier CAI et l'axe du fémur AF forment un angle obtus dans lequel se trouve la résultante
AR, qui se partage en deux actions secondaires, dont une
AP suivant l'axe de l'ischium, et l'autre AS s'exerçant dans
la direction du fémur.

La force qui agit dans le sens de l'axe ischial a comme
agents de destruction le moyen fessier, la portion postérieure du fessier superficiel et les ischio-tibiaux; car ces
muscles représentés par I*b* et I*d* (fig. 9) ont leur résultante R

oblique relativement à l'ischium, ce qui fait leur effort se décomposer en deux parties dont une IS sert au soutènement, tandis que l'autre IP, horizontale, est utilisée par l'amortissement.

La première articulation des membres abdominaux, qui supporte la plus grande partie de l'effet de l'arrêt du mouvement de descente, se trouve donc pourvue de muscles extrêmement volumineux, qui suffisent toujours assez facilement au rôle qui leur est dévolu.

La force laissée dans l'axe du fémur s'arrête à l'articulation fémoro-tibiale, et y subit un dédoublement analogue à celui qui vient d'être indiqué pour la jointure coxofémorale. L'élément perpendiculaire au levier formé par les os de la jambe et la rotule est absorbé par le triceps crural, et l'attache inférieure des ischio-tibiaux, pendant que l'autre prend la direction du tibia. La partie antérieure de l'ischio-tibial externe — d'après M. Chauveau, partie postérieure du fessier superficiel — est un des muscles les plus puissants de l'économie, le trajet qu'il suit est très remarquable et son rôle très complexe ; il représente assez exactement les efforts d'un homme qui pousserait l'extrémité supérieure du fémur de l'épaule, pendant que le bras du même côté tirerait la rotule en arrière. Le triceps crural, comme les fessiers sur le fémur, opère sur un levier du second genre, dont le point d'appui est au jarret, et la résistance au centre de l'articulation.

La partie de l'effet du choc absorbée par le jarret se répartit d'abord dans l'articulation, comme pour toutes les autres jointures, puis, toujours d'après le même procédé, sur les muscles qui s'insèrent sur la pointe du calcanéum et dans l'axe du canon, jusqu'au boulet, où le mécanisme de destruction continue.

Il ne faut pas oublier que la bride fibreuse tibio-prémétatarsienne, en venant de l'extrémité inférieure du fémur à la partie supérieure du métatarse et au tarse, contribue fortement à empêcher l'abaissement des os du canon.

Au boulet tout se passe suivant des procédés semblables avec des interventions bien connues.

Quand les organes locomoteurs ont déterminé l'amortissement complet des effets du choc, ils commencent un nouveau rôle, celui de la production de la force. La forme de leur effet n'a pas changé dans son sens général : c'est une véritable réaction redressant les rayons fléchis ; toujours les fessiers soutiennent la masse, de concert avec les ischio-tibiaux, mais la force perpendiculaire à l'axe de l'os de la cuisse et dont la direction est antérieure, tend à pousser en avant la tête du fémur, et par suite toutes les parties de l'organisme.

Ce qui se produit est si facile à comprendre qu'il est inutile de s'y arrêter bien longtemps. En se reportant à la figure qui indique la décomposition de la résultante des ischio-tibiaux, on verra comment les choses se passent. De même pour les fessiers, l'effort sur le trochanter s'opère avec le fémur agissant comme un levier du second genre, ayant son point d'appui à l'articulation du grasset.

La fixité de la jointure fémoro-tibiale est principalement assurée par les agents déjà indiqués : les muscles rotuliens, l'insertion inférieure des ischio-tibiaux, la forte bride fibreuse du tibio-prémétatarsien.

On se trouve alors en face du phénomène le plus intéressant de l'impulsion : le fémur maintenu inférieurement et poussé en avant par son extrémité supérieure tend à basculer, en déplaçant la masse du corps, par une propulsion transmise au centre de gravité.

De plus, pendant que le mouvement ouvre l'angle fémorotibial l'insertion supérieure des jumeaux de la jambe est élevée et ces muscles, bien que peu volumineux, sont cependant très résistants, à cause de l'importance des intersections tendineuses qui les traversent ; il en résulte donc que l'ouverture de l'angle du jarret est favorisée.

Le triceps crural ne peut guère, d'ailleurs, qu'élever le fémur dans sa direction plus ou moins modifiée par la propulsion, pas plus que les insertions inférieures des ischio-tibiaux. De même, l'articulation tarsienne ne peut s'ouvrir sans que l'attache inférieure de la bride du fléchisseur du métatarse soit tirée, de telle sorte que pendant que les os de la jambe sont élevés, le mouvement en avant est borné vers leur extrémité supérieure, et l'angle du grasset mieux soutenu. D'où plus de solidité offerte au point fixe du levier fémoral, et une plus grande ouverture de l'articulation de cet os avec le tibia.

Les mouvements du paturon, ainsi que ceux du canon et de la jambe, se transforment en un effet combiné d'allongement et d'élévation, qui met l'extrémité supérieure du tibia dans de bonnes conditions pour favoriser la continuation du rôle du levier fémoral.

La délimitation entre la période d'amortissement et la période d'impulsion a préoccupé tous les auteurs; aussi, bien que ce soit là une question de peu d'importance au point de vue pratique, il est nécessaire de s'y arrêter un instant.

Les dédoublements des forces qui ont été établis font croire, à première vue, que l'impulsion peut commencer dès que le membre arrive à l'appui, car la décomposition des résultantes nées de la contraction des fessiers et des ischio-tibiaux peut immédiatement donner les conditions du mouvement. Toutefois, il n'en est pas ainsi, à cause de l'intervention de l'amortissement; il y a un mélange fort complexe de la vitesse acquise et de l'action musculaire, où il est difficile de trouver des limites précises. On peut cependant supposer que l'élément horizontal de la force produite par les muscles de la croupe et de la fesse, subdivisée comme cela a été indiqué, est complètement absorbé tant que les analyses cinématiques indiquent une fermeture des angles, et que la progression ne continue, pendant la période initiale de l'appui, que grâce à la vitesse acquise.

2. — Rôle des membres antérieurs.

L'action impulsive des membres postérieurs étant terminée, la masse du corps se trouve soumise à l'action de deux forces, celle qui vient de lui être communiquée par la contraction musculaire, et la gravitation, qui reprend son influence par la cessation du soutènement de l'axe vertébral. En appliquant les lois de la dynamique, la composition de ces deux puissances donne une courbe uniformément abaissée, de forme parabolique, qui ramène le corps au sol. A cet instant commence l'action des extrémités thoraciques qui semblent s'interposer pour diminuer les réactions produites par le choc et dévier le mouvement, en y ajoutant une impulsion propre.

Avant d'arriver aux membres, l'amortissement agit sur le grand dentelé et les muscles pectoraux; la partie supérieure des épaules est alors ramenée violemment contre la région costale, et c'est probablement à cette compression qu'il faut attribuer le redressement de l'incurvation des côtes, surtout vers leur extrémité supérieure, chez les chevaux de galop du plus haut mérite.

Les réactions se reportent en grande partie sur l'os de l'épaule; cet organe est transformé en levier du second genre, ayant son point fixe à l'articulation scapulo-humérale; la puissance est représentée par le sus-épineux et le long fléchisseur de l'avant-bras.

En même temps que l'omoplate supporte l'action sur le grand dentelé, l'humérus reçoit celle qui impressionne le sterno-aponévrotique. Il est très remarquable que ces deux rayons, dont une extrémité, au niveau de l'articulation scapulo-humérale, est soutenue par le sterno-préscapulaire, le sus-épineux et le biceps, forment ainsi, avec le plus fort extenseur de l'avant-bras et même à un certain degré avec les autres, un appareil d'amortissement figurant un triangle d'une très grande solidité.

Il va de soi que les autres extenseurs des membres

apportent leur concours à l'amortissement, de même que les fléchisseurs des phalanges.

Les auteurs ont nié la participation du devant dans la production de l'impulsion, ou ne lui ont accordé qu'un rôle trop secondaire. Son intervention est cependant la conséquence forcée de la réaction musculaire, ou sorte d'élasticité qui naît, comme dans les membres postérieurs, à la suite de l'affaissement des rayons. D'ailleurs, une étude un peu approfondie paraît rendre cette interprétation absolument admissible; car si, quand on a en vue le redressement du boulet, du coude et de l'épaule, on trouve des conditions inférieures de transmission de l'effort, la conception change lorsqu'on admet que, par ce redressement, il est offert un point d'appui solide et plus élevé au sterno-trochinien et au grand dentelé, dont il n'est guère possible de ne pas reconnaître la puissance d'action.

Le paturon, avec les sésamoïdes, le radius et le cubitus, ainsi que l'humérus, sont, pendant l'appui, des leviers interrésistants, dont le point fixe est directement ou indirectement au sol, exactement comme pour le jarret, le grasset, l'articulation de la croupe, etc.

Si on examine l'humérus, par exemple, le point fixe est bien à l'articulation du coude, et la puissance, représentée par le biceps, le sus-épineux et le sterno-préscapulaire, agissant au niveau de la pointe de l'épaule, s'insère en avant de l'articulation scapulo-humérale.

On trouve, chez les quadrupèdes, une similitude d'action assez complète entre les membres antérieurs, jusqu'à l'angle de l'épaule, et les postérieurs, jusqu'au grasset; la bride fibreuse du long fléchisseur remplace la partie analogue du fléchisseur du métatarse, et, comme elle, change en allongement et élévation l'extension des os. Il y a, dans ce rapprochement, des faits très curieux, que l'on pourrait qualifier de *mimétisme fonctionnel* et qui, dans la suite des générations, ont même produit un *mimétisme ostéographique* que nous nous proposons d'étudier très prochainement.

L'extenseur de l'avant-bras qui s'attache au scapulum empêche le relèvement de cet os, de sorte que ce levier ne peut avoir de rôle impulsif.

Remarques. — 1° Dans l'analyse précédente, afin de simplifier l'exposé, il n'a été question que des principaux muscles actifs, et les effets opposés d'abduction et d'adduction ont été volontairement négligés, ainsi que la flexion, parce qu'il n'y a rien à ajouter à ce qui est communément admis.

2° Les régions musculaires n'agissent pas isolément, comme cela a été supposé pour que l'analyse fût possible, mais, au contraire, leur intervention est presque simultanée.

3° Au moment où le fémur pivote, avec l'articulation du grasset comme point fixe, il s'effectue dans tout le membre un mouvement général de rotation autour de son extrémité inférieure, comme les auteurs l'admettent.

INDICATION DES PROCÉDÉS DE VARIATION EMPLOYÉS POUR ADAPTER LES ORGANISMES AUX CONDITIONS DIFFÉRENTES D'ATTITUDES, DE VITESSE ET DE FORCE.

Ces éléments de variations sont au nombre de trois principaux, qui peuvent se classer dans l'ordre suivant :

1. — Conditions qui font varier l'utilisation de la force musculaire.

Le bras de levier de la pesanteur est modifié par la longueur du corps, les dimensions du levier cérébro-cervical et l'abaissement ou l'élévation du centre de gravité.

L'affaiblissement de l'influence du soutènement peut provenir de l'exiguïté de l'ischium et du trochanter, de l'obliquité de l'axe ischial, de l'ilium ou du fémur; l'importance de la direction a seule besoin d'être démontrée.

Suivant que le fémur et l'ischium sont horizontaux ou obliques (fig. 10), la résultante de l'effort des ischio-tibiaux R se partage inégalement, avec un élément vertical bien plus prononcé quand la croupe se rapproche de l'horizon, car l'angle CI'R', qu'elle forme avec le levier CAI, devenu CAI', par la rencontre en I de la direction de la force, dans le cas contraire, est beaucoup plus aigu.

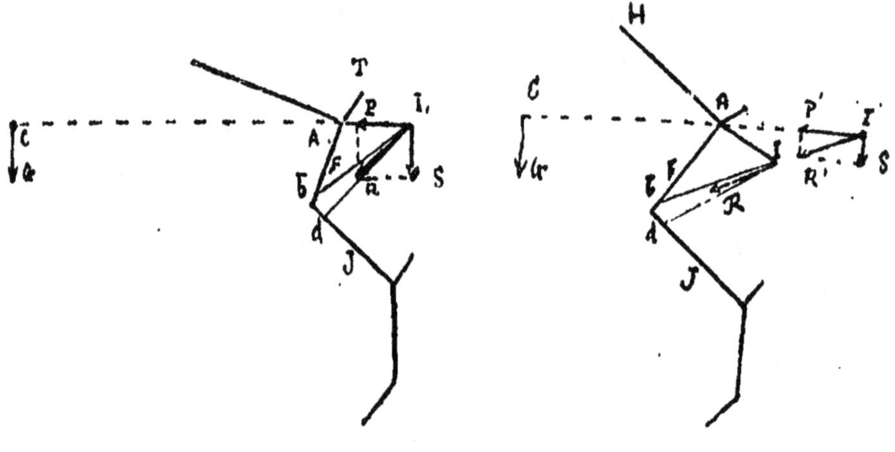

Fig. 10.

Pour l'action des fessiers, l'analyse est un peu plus compliquée :

Comme toujours, la force de soutènement S (fig. 11) est perpendiculaire au levier à élever, et son bras de levier AT' est fourni par la distance du point fixe A, l'angle inférieur de l'ilium, à la direction générale du muscle HFT.

Encore faut-il décomposer cette action S (b) en S', verticale, directement opposée à la pesanteur, et R' dirigée inférieurement, dans l'axe de l'os de la hanche.

D'un autre côté, il est évident que le bras de levier de la force F atteint le maximum de ses dimensions quand l'action musculaire est perpendiculaire au trochanter, ce qui peut s'obtenir par le relèvement de la partie antérieure du coxal, ilium oblique et fémur incliné, ou par le redressement de l'os de la cuisse, croupe horizontale, et fémur relevé.

Il s'ensuit que la croupe à ilium horizontal et à fémur se rapprochant de la verticale, est celle qui utilise le mieux les efforts musculaires pour produire le soutènement, et réciproquement.

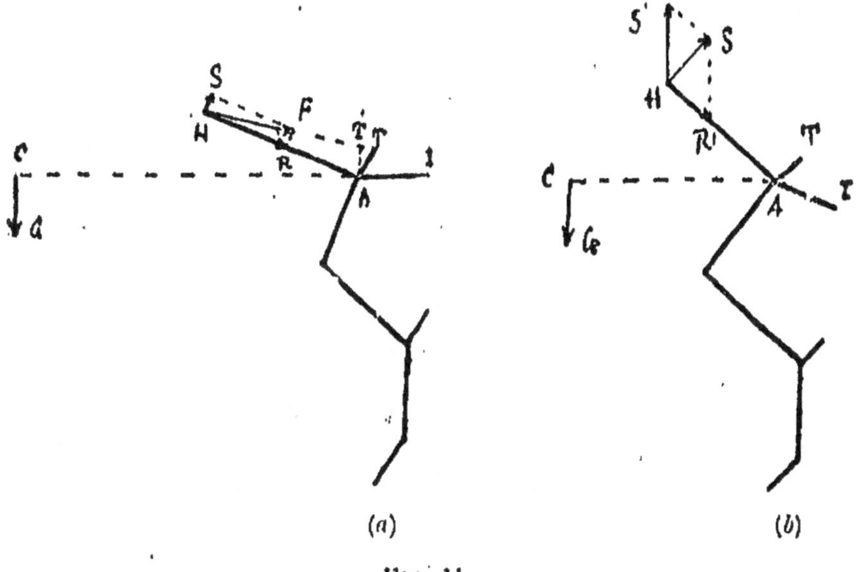

(a)   (b)

Fig. 11.

Relativement au trochanter, la division des efforts est encore plus complexe (fig. 12) :

Lorsque l'inclinaison de l'os de la hanche est exagérée (b), la force s'exerçant suivant TH se partage en donnant une action verticale TE beaucoup plus marquée que dans la forme inverse (a).

Le bras de levier de l'impulsion, représenté par la distance de l'extrémité inférieure du fémur à la direction de cette force, est aussi développé que possible quand l'axe de l'os est perpendiculaire à la droite TP, et la force TF est d'autant mieux employée au mouvement dans ce sens, qu'elle se rapproche davantage de l'horizontale, par suite

de l'abaissement de la hanche, ce qui n'est d'ailleurs
jamais complètement réalisé.

De sorte que, plus la coupe est oblique, moins est déve-

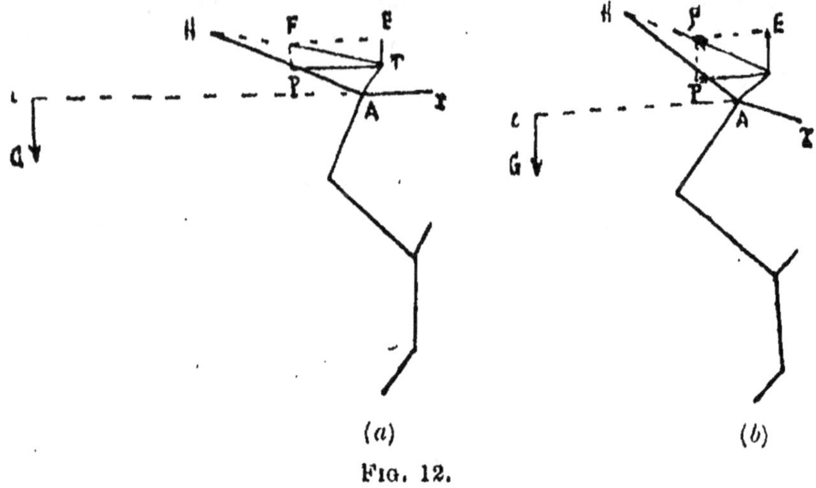

(a)   (b)

Fig. 12.

loppée la préparation utile à une grande amplitude des
mouvements, et plus la rigidité opposée à l'action de la
résultante du levier de soutènement est accrue, ensemble

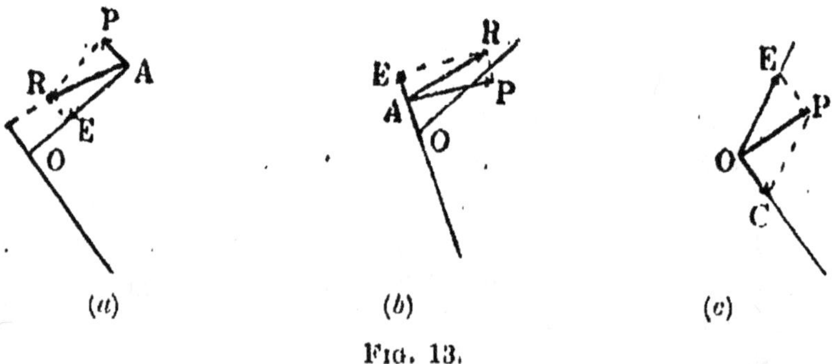

(a)   (b)   (c)

Fig. 13.

de conditions favorables à l'intensité d'action des ischio-
tibiaux et des fessiers.

Le fort soutènement qu'on rencontre chez le cheval de
galop n'a rien de suprenant, ainsi qu'on s'en rend compte
quand on pense à l'importance qu'il doit avoir pour inter-

rompre l'abaissement du train antérieur, au moment où le membre arrive au contact du sol. Il doit d'ailleurs être très puissant, à chaque instant de l'appui, à cause de l'étendue du bras de levier par lequel la pesanteur transmet son action, étant donné surtout que l'ischium est plus exigu.

Il est aussi digne de remarque que, dans le galop, le trochanter est presque perpendiculaire à la direction des fessiers au début de l'appui et au commencement de l'impulsion, c'est-à-dire quand l'amortissement doit être considérable, ou lorsque la direction des ischio-tibiaux est mieux disposée pour produire le mouvement en avant que le soutien. Cette direction favorable du fémur disparaît à mesure que la résultante de la fesse forme avec son **bras de levier** un angle qui se rapproche de 45°, et l'obliquité des fessiers, aux derniers moments de l'appui, semble favoriser plus particulièrement l'élévation à cet instant.

Pour le triceps crural et les jumeaux, la détermination exacte des effets peut également très bien être figurée.

Les efforts suivants AR (*a*) donnent une action de propulsion P et une autre AE dans le sens du fémur. Le soutènement de la rotule par l'effort R (*b*) se décompose en AP perpendiculaire, et AE d'allongement. OP (*c*) a comme éléments de subdivision E d'élévation du fémur et C venant agir au jarret.

Ce qui a lieu au jarret s'explique par des procédés analogues à ceux qui viennent d'être décrits.

Quand le cheval a le genre d'aplombs qui fait dire qu'il est sous lui du derrière, la direction de la fesse se rapproche encore plus de celle du levier qu'elle est appelée à mouvoir, et la force de propulsion est encore accentuée par cette disposition.

Remarque. — La fixité relative d'une des extrémités de chaque muscle dépend de la forme suivant laquelle opèrent les leviers lui offrant un point d'attache, et de l'étendue du bras de levier qu'elle utilise.

Exemples : Pour le triceps crural, l'effort de haut en bas se décompose en une force perpendiculaire à la direction de l'os de la cuisse et une autre dans cette direction, la première étant extrêmement faible. Le raccourcissement du muscle produisant une résultante dirigée de bas en haut donne un élément perpendiculaire à l'axe des os de la jambe et de la rotule, et un autre dans le sens de ce rayon, avec des proportions inverses de celles indiquées pour l'action du muscle en sens opposé. Cette double décomposition montre pourquoi le rôle propulseur de cet organe est très faible, pendant que l'action de l'extrémité opposée est si puissante qu'elle absorbe presque complètement la force produite.

De même, quand on considère les ischio-tibiaux, on voit l'extrémité supérieure seule produire un déplacement bien marqué dans la production de l'impulsion, parce que, à leur insertion inférieure, il s'opère une décomposition donnant une force perpendiculaire à l'axe tibio-rotulien, et une dans le sens de ce levier, toutes deux absorbées par l'amortissement de la partie de la résultante générale du levier de soutien qui descend, ainsi que cela a été démontré, de la cavité cotyloïde dans le sens de l'os de la cuisse.

2. — Longueur des rayons osseux.

On démontre facilement que la diminution de longueur des os favorise la force.

Supposons que l'effort à produire au centre d'une articulation quelconque, celle de la croupe, si on veut, soit représenté par 100, que la longueur de la partie de l'os commune aux bras de leviers de la puissance et de la résistance — l'espace qui sépare l'articulation fémoro-tibiale de la tête du fémur — ait une valeur égale à 4, et que le trochanter soit représenté dans son développement par 1.

L'équilibre exige que l'égalité des produits soit établie ainsi qu'il suit :

$$100 = 25 \times 4 = 20 \times (4 + 1).$$

Quand la longueur commune diminue de 1 on a :

$$100 = 33 \ 1/3 \times 3 = 25 \times (3 + 1).$$

Le premier terme, 33 1/3, est plus fort de 33 1/3 — 25 = 8 1/3, pendant que le second ne s'est élevé que de 25 — 20 = 25.

Il est évident que cette conclusion ne persiste que si le raccourcissement porte sur la partie commune. Mais l'observation prouve que c'est bien là une modification qui s'établit par l'adaptation. De plus, la largeur plus grande des os est encore une condition d'accentuation des éminences relativement au reste de l'organe.

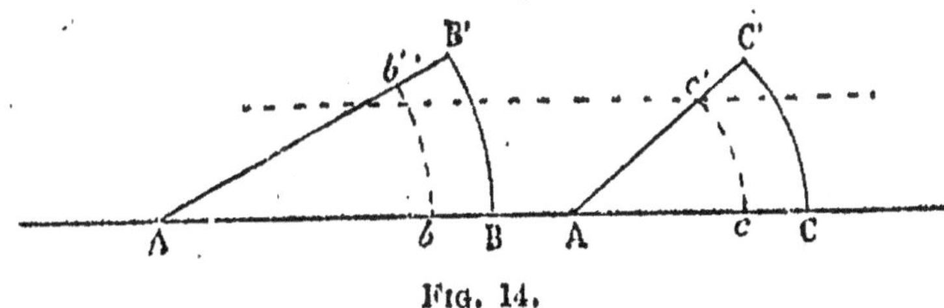

Fig. 14.

Pour démontrer que l'allongement favorise la vitesse, on représente deux leviers disposés comme dans la figure 14, la différence des bras de leviers de la puissance et de la résistance Bb et Cc est la même pour les deux, mais les parties communes Ab' et Ac' sont de dimensions différentes.

En faisant les extrémités de ces rayons décrire des arcs à cordes égales BB′ et CC′, il devient évident que l'arc $c c$ est plus petit que bb'.

Ces différences sont encore au-dessous de la réalité, car, toutes choses égales, les muscles doivent avoir un développement proportionnel à celui des os, c'est-à-dire que de ce côté encore la longueur des rayons augmente l'étendue des déplacements.

M. Colin a le premier présenté, avec un sens général cette forme d'action des rayons osseux.

3. — Longueur des muscles.

La longueur des muscles dépend évidemment beaucoup de la longueur des os.

Mais, en dehors de cette condition, il en est une autre qu'il ne faut pas perdre de vue, je veux parler de l'influence qu'a la direction des différentes parties du système osseux.

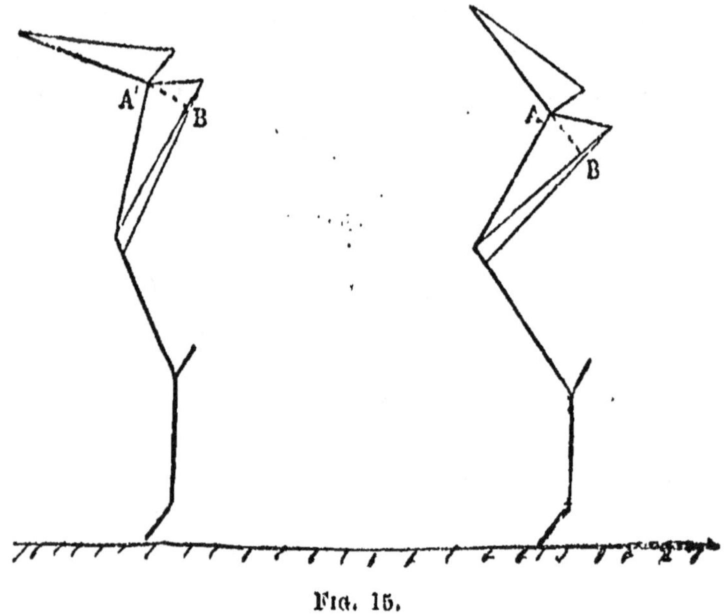

Fig. 15.

Pour examiner une région à ce point de vue, il faut la voir les os étant dans des rapports réguliers, c'est-à-dire quand les conditions générales des aplombs sont tout à fait réalisées.

On doit se rappeler, par exemple, que si la jambe se relève, la cuisse subit un mouvement analogue, et le coxal bascule en avant, l'angle ilio-ischial s'ouvrant et l'ischium diminuant de longueur : tout cela est nécessaire pour que la verticale passant par la pointe de la fesse rencontre le sommet du calcanéum [1].

1. Si l'axe de l'ischium s'élève au-dessus de l'horizontale, c'est comme

On constate alors que le redressement des rayons — de la croupe, de la cuisse et de la jambe — produit une plus grande longueur des fessiers et des ischio-tibiaux, en même temps qu'ils deviennent moins épais, et réciproquement.

Les changements d'épaisseur se conçoivent par les modifications survenues dans la largeur de la projection de la surface d'insertion.

si sa longueur diminuait, puisque la projection de la surface d'insertion des muscles sur un plan perpendiculaire à leur direction diminue.

CHAPITRE III

NUTRITION

La nutrition est la condition *sine qua non* de la continuation de la vie des organismes ; son étude est donc pour nous de la plus haute importance.

I

SUBSTANCES NUTRITIVES

Deux genres de principes concourent à la nutrition : les substances alimentaires et l'oxygène atmosphérique.

Bien des discussions scientifiques ont eu pour objet la distinction entre les substances alimentaires et non alimentaires, et, de fait, la différence établie n'est pas aussi facile à saisir qu'on serait tenté de le croire à première vue.

Pour se faire une idée à peu près exacte de la nature des agents actifs des aliments, il faut recourir à la physiologie générale. Alors on reconnaît que les êtres vivants pourvus de matière colorante verte (chlorophylle) sont seuls aptes à former les composés complexes qu'utilisent les animaux supérieurs et qui forment ce que l'on nomme les *principes immédiats alimentaires*. L'analyse chimique démontre que les corps simples qui entrent le plus ordinairement dans les synthèses ainsi constituées sont peu nombreux : ce sont surtout l'*oxygène*, l'*hydrogène*, le *carbone* et l'*azote*. On y trouve aussi, mais dans des proportions très faibles et variables, du *phosphore*, du *calcium*, du *soufre*, du *fer*, etc.

En outre, l'observation a démontré que les animaux vivent parfaitement en dehors de l'action de la lumière, tandis que les végétaux qui en sont privés ne tardent pas à s'étioler puis à mourir, à moins qu'ils n'appartiennent à la catégorie des plantes incolores. Et encore est-il parfaitement prouvé que ces dernières, pas plus que les animaux analogues, ne peuvent se passer, pendant un bien long espace de temps, des produits composés que forme la fonction chlorophyllienne.

L'appréciation raisonnée de ces déductions conduit à quelques conclusions utiles à noter, à savoir :

1° Que les végétaux pourvus de chlorophylle ont seuls la propriété de combiner les corps simples en utilisant la radiation solaire.

2° Que la synthèse végétale, origine primordiale de la vie, *potentialise l'énergie chaleur, lumière,* etc., en formant des *instables* dont la décomposition dégage les *forces vives,* desquelles dérivent, par des transformations et des mutations multiples, les manifestations vitales que nous constatons chez les êtres organisés [1].

II

PRINCIPES IMMÉDIATS DES ALIMENTS

Le chimiste qui étudie les produits alimentaires y trouve un certain nombre de composés formés par les corps simples qui viennent d'être indiqués, et communs à toutes les substances organisées. La connaissance complète de ces agents comporte, en dehors de l'analyse chimique, la

1. Voir le chapitre publié par M. Baron dans la *Zootechnie générale de M. Cornevin.*

détermination de leur rôle physiologique. A ces divers points de vue, nous n'avons à les examiner ici que d'une façon succincte, puisque ces questions sont du domaine de la chimie, de la physiologie générale et de la zootechnie générale.

*_**

Relativement à leur composition, les principes immédiats alimentaires sont d'abord partagés en deux grandes catégories : ceux qui renferment de l'azote, appelés *azotés*, *protéiques* ou *albuminoïdes* et ceux qui n'en présentent pas, dits *non azotés*. Les produits du premier groupe sont encore appelés *quaternaires*, par opposition à ceux du second qui sont alors désignés sous le nom de *ternaires*.

Dans le groupe des principes immédiats azotés, nous trouvons trois formes principales avec la composition résumée dans le tableau suivant[1] :

PRINCIPES AZOTÉS.	CARBONE.	HYDROGÈNE.	OXYGÈNE.	AZOTE.	SOUFRE.	PHOSPHORE.
Albumine	53.50	7.10	22.60	15.79	0.68	0.33
Fibrine	52.80	7.00	23.01	16.50	0.33	0.36
Caséine	53.5	7.00	23.7	15.8	»	»

*_**

Certains composés organiques ternaires n'agissent pas d'une façon directe dans la nutrition, ou plutôt ont un rôle mal déterminé, tels sont les *gommes*, le *mucilage* et surtout les *résines*, les *huiles essentielles* et les *principes amers*.

Parmi les composés alimentaires non azotés et franchement nutritifs, on trouve tout de suite une grande division à établir : il en est qui renferment un excès d'hydrogène,

1. Analyse de MM. Cahours et Dumas.

4.

ce sont les *corps gras*, pendant que dans les autres, les glycosides, l'hydrogène et l'oxygène sont associés dans les mêmes proportions que dans l'eau.

La distinction précédente a surtout sa raison d'être dans ce que l'isolement de l'hydrogène fait des graisses les produits thermogènes par excellence, puisque la combustion de ce corps développe environ trois fois plus de chaleur que celle du carbone.

Ces *corps gras* sont au nombre de trois : la tristéarine, la tripalmitine et la trioléine. C'est de leur mode d'association dans les tissus graisseux que dépend, en grande partie, la consistance qui en fait de la graisse fluide ou du suif. La tristéarine et la tripalmitine sont solides à la température ordinaire dans les êtres organisés, et tenues en dissolution par la trioléine, qui est liquide.

Dans la classe des principes *hydrocarbonés neutres* ou *glycosides*, on a trois genres de composition chimique : 1° l'amidon ou fécule, la dextrine et la cellulose ($C^{12}H^{10}O^{10}$) ; 2° la glucose ($C^{12}H^{14}O^{14}$) ; et le sucre ($C^{12}H^{11}O^{11}$).

Il est digne de remarque que les gommes ($C^{12}H^{11}O^{11}$) et le mucilage ($C^{12}H^{10}O^{10}$) ne sont pas des aliments, bien qu'ils soient très rapprochés des glycosides par leur composition, qui est absolument identique pour la gomme arabique et le sucre.

Nous retrouvons à chaque instant ces modifications des propriétés et de la digestibilité des produits alimentaires, avec une composition chimique très rapprochée. C'est ce qui arrive pour les principes quaternaires, que l'on regarde cependant comme formés par un terme commun, la *protéine*, composée de :

Carbone.	55 160
Hydrogène.	7 055
Azote..	15 966
Oxygène.	21 819
	100 000

Les variations dans les proportions de soufre et de

phosphore, que l'on regarde comme établissant en plus les différences de composition de la caséine, de la fibrine et de l'albumine, semblent à peine suffisantes pour expliquer toutes les modifications des propriétés distinctives de ces substances.

On peut en dire autant du rapport qui existe entre les glycosides, tout particulièrement entre les trois qui ont la même formule chimique. Il est évident que ces composés offrent une analogie aussi grande que possible dans leur constitution, puisque l'amidon peut être changé en dextrine et en glycose par la diastase. D'ailleurs cette transformation s'accomplit normalement dans l'appareil digestif par l'action de la salive, du suc gastrique et des sucs intestinaux, puisque les principes hydrocarbonés ne sont absorbés qu'à l'état de glycose.

On a même affirmé que dans l'économie animale, les glycosides peuvent se transformer en graisse, mais cela ne peut être indiqué que sous toute réserve, car des auteurs sérieux nient ces combinaisons.

Quoi qu'il en soit de la possibilité et de la facilité de ces mutations, il n'en est pas moins vrai que les principes alimentaires varient essentiellement, nous le répétons, dans leurs propriétés et dans leur digestibilité, même quand ils sont très voisins par leur composition. Dans la pratique, on ne peut pas ne pas tenir compte de ces variations, autrement on s'exposerait à des erreurs graves. Encore y a-t-il des principes alimentaires sur l'action desquels nous sommes bien moins renseignés : les huiles essentielles et les extractifs amers, entre autres.

A la citation relative aux gommes et au sucre, consignée dans les lignes précédentes, nous pouvons ajouter ce qui est relatif à l'inuline. Ce principe ternaire remplace la fécule dans les plantes de la famille des Synanthérées et est isomère avec elle. Malgré cette analogie apparente, l'expérimentation a fait voir qu'on n'obtient pas, par son contact avec l'iode, la coloration bleue que donne l'amidon.

Avant de terminer ce court exposé, signalons encore la présence de certains produits hétérogènes, entre autres :

L'*aleurone* qui se rencontre dans les cellules végétales, à côté de l'amidon : on le regarde comme formé de matière grasse et de protéine. Cette association offre l'avantage de faciliter la dissolution des composés qui y entrent et de les rendre plus facilement assimilables.

Le *gluten* qui existe dans les grains de blé et les fait fermenter, pendant la panification, est insoluble dans l'eau à l'état frais ; il est composé, en grande partie, de fibrine végétale, unie à de la caséine, à de l'albumine et à de la *glaïadine*.

III

ROLE DES DIVERS PRINCIPES IMMÉDIATS DES ALIMENTS

Si on s'arrête à l'examen superficiel des faits, l'analyse de la nutrition des animaux paraît à première vue très simple : des aliments sont introduits dans l'organisme, ils servent à l'accroissement ou au moins au renouvellement des tissus et des liquides organiques (assimilation), puis l'oxygène atmosphérique intervient, agissant comme agent comburant (*désussimilation*) et produisant les forces dont l'organisme dispose.

Le lecteur serait loin de son compte si nous nous en tenions à ces données générales. Elles provoquent, en effet, une foule de questions. On se demande comment se créent et se transforment les forces dérivées du rayonnement solaire, relativement auxquelles la substance des aliments n'a et ne peut avoir qu'un rôle de véhicule.

Quand il est dit, par exemple, que l'action de l'oxygène consiste à brûler les principes alimentaires pour dégager de la chaleur qui se transforme en actes vitaux aussi divers que la chaleur animale, les sensations, les mouvements, l'évolution, etc., on sent vaguement qu'il y a là des états intermédiaires qui échappent et qu'il serait cependant intéressant d'expliquer.

On comprendra donc que nous nous arrêtions un instant sur cette question, à vrai dire fort obscure, parce qu'il y a une importance réelle à savoir quelles sont, dans l'état actuel de la science, les données les mieux en rapport avec les observations fournies par la pratique, et d'autant mieux que l'on a trop essayé de donner comme définitives des interprétations par trop hasardées.

Nous avons déjà fait allusion à la différence essentielle qui distingue, au point de vue nutritif, les organismes munis de *chlorophylle*, — la majorité des plantes et quelques animaux inférieurs, — et ceux qui en sont dépourvus. On se rappelle qu'il a été dit que les premiers seuls peuvent vivre en utilisant les corps simples, en présence de la lumière solaire. Cela veut dire, en langage vulgaire, que les animaux moteurs, dont nous nous occupons ici, ne peuvent qu'utiliser les aliments que seuls les végétaux ont le pouvoir de constituer.

On arrive ainsi à concevoir comment le premier stade de la nutrition végétale est dévolu à la fonction chlorophyllienne. Ce rôle consiste dans une propriété de désoxydation de l'acide carbonique, qui existe partout, mélangé à l'air, et cette réduction s'effectue avec l'aide de la puissance calorique du soleil, c'est-à-dire en utilisant cette force. Le résultat final est la mise en liberté du carbone désoxydé qui s'unit à l'hydrogène, quelquefois lui-même à l'état réduit (corps gras) et à l'oxygène en faible proportion relative donnant ainsi naissance à un véritable emmagasinement de forces qui pourront être dégagées consécutivement, lors de l'intervention de l'oxygène atmosphérique, par une véritable combustion en tout comparable à celle des corps incandescents que nous voyons brûler autour de nous.

A cette fonction se réduit bien le rôle qu'il est rationnel d'accorder à la matière colorante des végétaux, dans l'état actuel de nos connaissances biologiques.

Ce que nous savons nous autorise absolument à penser que tous les végétaux, sans distinction, jouissent de la propriété de combiner les principes ternaires, dont l'origine vient d'être étudiée avec les azotates, et peut-être même avec les sels à base d'ammoniaque. Quand il s'agit de l'entrée directe de l'azote dans les composés élaborés par les plantes, la question n'est plus aussi claire, et dans tous les cas cette faculté ne serait accordée qu'à un petit nombre d'individualités appartenant presque exclusivement à la famille des légumineuses.

M. de Lanessan fait à ce sujet une remarque très intéressante, qu'il nous semble à propos de rapporter :

« Il paraît, en effet, démontré, écrit-il, par les expériences de M. Pasteur et par celles de M. Raulin, que les végétaux incolores sont susceptibles de se nourrir à l'aide de matières ternaires et d'azotates, ce qui fait supposer qu'ils unissent ces principes pour en former les matières albuminoïdes de leur protoplasma, et les chimistes ont pu fabriquer artificiellement, avec l'aide de la chaleur, des matières azotées, par un procédé analogue. »

Voici comment MM. A. Müntz et A. Ch. Girard décrivent le rôle accordé aux légumineuses :

« Quoique les légumineuses aient de grandes exigences en azote, on estime qu'il n'y a pas lieu en général de leur appliquer des engrais azotés; en effet, cultivées comme fourrages ou pour leurs graines, elles ont une aptitude spéciale, sur laquelle il faut constamment appeler l'attention, à trouver leur aliment azoté dans l'air par l'interven-

tion de micro-organismes pouvant fixer l'azote libre.
(MM. HELLRIEGEL et WILFARTH.) Nous avons donc là un
exemple de plantes, pour lesquelles la composition chimique n'est pas un guide sûr dans l'appréciation des engrais à leur appliquer.

« Voilà un fait dont les praticiens habiles savent tirer
parti. Peu leur importe l'explication à laquelle on s'arrête,
ils ont assez de preuves de l'efficacité des légumineuses
pour l'amélioration des terres.

« Malheureusement les légumineuses fourragères (le
trèfle incarnat excepté) et particulièrement les luzernes et
les trèfles présentent en même temps une particularité qui
vient s'opposer à un usage plus fréquent de ces plantes
améliorantes : elles refusent pendant un temps assez long
de végéter sur le sol qu'elles ont occupé ; ce fait reste inexpliqué ; MM. Lawes et Gilbert ont essayé sans succès leur
culture continue en pratiquant des défoncements et des
fumures à des profondeurs variées ; seule une bande de
terre de jardin a pu, pendant une longue suite d'années,
porter du trèfle sans que celui-ci parût péricliter[1]. »

En résumant ce qui vient d'être dit, il ne faut pas conclure que la fonction des plantes a quelque rapport avec
une finalité quelconque. Les végétaux n'agissent que dans
leur propre intérêt, car les instables qu'ils créent n'ont
d'autre destination que leur usage particulier, immédiat
ou éloigné (*développement des racines et des bourgeons*), et
celui de leurs germes (*germination*). C'est par une véritable
supercherie, cas particulier de la lutte pour l'existence, que
les animaux interviennent dans ce cycle évolutif.

*
* *

Malgré leur importance, comme base fondamentale des
propriétés destructives de la matière organisée, les conditions de la décomposition des instables, avec dégagement

---

1. *Les Engrais*, tome I, page 135 ; tome II, page 67.

des puissances qui y résident, sont encore très imparfaitement connues. On sait seulement que l'oxygène joue un rôle prépondérant dans la production de la chaleur propre aux êtres organisés, que l'on a à tort désignée sous le nom de *chaleur animale*, dans un sens trop restreint, puisqu'il est démontré qu'une élévation de température s'observe pendant l'activité des fonctions végétales.

Quand on a voulu aller plus loin et déduire de la quantité d'acide carbonique expiré pendant le travail le rôle prépondérant des aliments ternaires (opinion de Traube), en faisant dériver directement le travail de la *thermodynamie*, on a énoncé une hypothèse purement gratuite et qui est contradictoire des faits fournis par la saine observation : on sent bien, et cela est même très communément admis, que les animaux ne peuvent suffire longtemps à un travail un peu considérable que par l'usage d'une nourriture riche en principes immédiats azotés.

D'ailleurs, nous verrons plus tard, quand il sera traité de la digestibilité des aliments, que l'absorption des principes azotés ne se fait qu'avec le concours des substances grasses et des glycosides et réciproquement.

Quant au rôle prépondérant des produits alimentaires non azotés, dans la production de la chaleur animale, l'observation en fournit encore des preuves indubitables :

« Les habitants des pays chauds ont besoin de peu d'aliments ; au contraire, les Esquimaux des régions arctiques mangent par jour jusqu'à 8 kilogrammes de chair crue, contenant environ un tiers de graisse; ils boivent de l'huile de phoque, avalent des morceaux d'huile de baleine congelée. Le docteur Joyes rapporte que des marins européens, hivernant dans les régions polaires, durent s'astreindre au régime des Esquimaux. »

Chacun connaît les plaisanteries dont on a accablé les Cosaques à cet égard.

Le rôle des principes immédiats ternaires dans la production de la chaleur a été bien moins contesté que celui

accordé aux composés quaternaires (opinion de Liebig), et
en effet certaines expériences semblent contraires à l'interprétation qui fait jouer à ces derniers éléments le rôle
principal dans les actions nerveuses et musculaires, puisqu'elles font constater qu'un travail exagéré ne donne
pas une augmentation correspondante de la formation
d'urée.

Parmi les expériences faites dans le but d'établir cette
détermination, la plus véritablement scientifique est celle
consistant dans l'ascension du Faulhorn par MM. Fich et
Vislicennus[1]. Ces expérimentateurs purent facilement calculer en kilogrammètres le travail développé et le poids de
l'urée recueillie aurait dû donner, avec les chiffres de
Franckland, la chaleur résultant de la combustion des
substances albuminoïdes, et par suite le travail musculaire
et nerveux. Or, le résultat de ces calculs parut absolument
démonstratif, car l'oxydation des matières azotées semblait
n'avoir dû fournir, au plus, que la moitié du travail
accompli.

Depuis quelques années on est un peu revenu de l'impression causée par ces faits entourés en apparence de toutes les
conditions de précision scientifique désirable. C'est que
l'observation des phénomènes vitaux pendant un temps
prolongé a en somme une valeur plus grande qu'une
expérience d'une durée limitée[2]. Et, ainsi que cela a été
indiqué, jusqu'à ces derniers temps, tous les observateurs
étaient d'accord pour reconnaître que les travaux pénibles
épuisent rapidement les organismes privés d'une nourriture azotée, et consécutivement l'usage des principes quaternaires dans l'alimentation semblait très utile pour combattre cet affaiblissement, comme si, suivant l'expression

1. *Revue Scientifique*, 1855-1857.

2. « Mais une recherche poursuivie durant une année à Hohenheim sur
un cheval par Oskar Kellener, dans des conditions d'exactitude rigoureuse, a montré avec une évidence complète la relation directe entre
l'urée produite et le travail musculaire effectué.

A. SANSON, *Traité de zootechnie*, t. I. p. 348.

adoptée, ce genre de nourriture « aidait les animaux à se refaire »[1]. Les recherches de M. Muntz (à la Compagnie des Omnibus) et de MM. Grandeau et Leclerc (à la Compagnie générale des Voitures) paraîtraient plutôt indiquer que *la production de la force devrait être attribuée pour une part dominante aux matières hydrocarbonées.*

En présence de ces données contradictoires, des explications différentes des faits observés devenaient nécessaires; elles ont été fournies par l'interprétation de nouvelles recherches.

« Les expériences de M. V. Regnault, dit M. Gavarret, nous ont appris que, même chez les animaux à l'état de repos, il y a exhalation d'une faible proportion d'azote provenant de la *combustion complète* d'une certaine quantité de matières albuminoïdes. N'est-il pas probable que, dans le cas d'un exercice musculaire exagéré, la proportion des matières quaternaires complètement brûlées et ramenées à l'état d'acide carbonique, d'eau et d'azote est augmentée? On comprend alors comment chez les animaux surmenés (et nous ajouterons même chez les animaux qui font un travail proportionné à leur force), la quantité absolue d'urée excrétée pourrait ne pas augmenter et même dimi-

1. « La quantité des principes azotés contenue dans les végétaux étant peu considérable, les animaux qui suivent le régime végétal suppléent à la faible proportion des matériaux azotés par la masse de nourriture ingérée... C'est pour cette raison que le tube digestif des herbivores l'emporte, pour la capacité, sur celui des carnivores. »

Le fait suivant prouve que, suivant une remarque de Hallos, les personnes qui se sont astreintes au régime végétal, pendant un certain temps ou pendant toute leur vie, se sont fait remarquer par le peu de développement de l'énergie musculaire :

« Les ouvriers employés aux forges du Tarn ont été pendant longtemps nourris avec des denrées végétales. On observait que chaque ouvrier perdait en moyenne, pour cause de fatigue ou de maladie, quinze journées de travail par an. En 1833, M. Tarbot, député de la Haute-Vienne, prit la direction des forges. La viande devint la partie importante du régime des forgerons. Leur santé s'est tellement améliorée depuis, qu'ils ne perdent plus, en moyenne, que trois journées de travail par an. »

J. BÉCLARD, *Traité élémentaire de physiologie humaine,* p. 38.

nuer, bien que chez eux la consommation des matières quaternaires fût plus considérable. »

Voici d'ailleurs la relation d'une des expériences de M. Boussingault, auxquelles il est fait allusion dans le paragraphe précédent :

Un cheval de 500 kilogrammes recevait pour une journée 7^{kil},500 de foin, 2^{kil},270 d'avoine et 16 kilogrammes d'eau. L'analyse donne comme résultats de la composition de ces divers aliments en grammes :

Matière sèche.	Azote.	Carbone.	Hydrogène.	Oxygène.	Sels.
8 291	139	3 938	446	3 209	672

L'urine et les excréments réunis donnent comme résidu :

	Mat. sèche.	Azote.	Carbone.	Hydrogène.	Oxygène.	Sels.
L'urine	302	38	109	11	34	110
Les excréments .	3 525	78	1 364	180	1 320	575
Totaux . .	3 827	116	1 473	191	1 303	685

Ces derniers totaux diffèrent des substances nutritives contenues dans la ration par des quantités représentées par les chiffres suivants :

Matière sèche.	Azote.	Carbone.	Hydrogène.	Oxygène.	Sels.
4 565	23	2 465	255	1 840	+ 13

Et ces chiffres représentent les éliminations faites sous forme d'acide carbonique, d'eau et d'azote libre.

M. Milne-Edwards a bien indiqué qu'un déficit en azote pouvait provenir de la décomposition d'une certaine quantité d'urée, dans l'espace de temps qui sépare le moment d'évacuation de l'urine de celui du dosage de ses éléments constitutifs, mais on est généralement d'accord pour ne pas reconnaître une valeur excessive à cette cause.

De plus, ainsi que le fait observer M. Gavarret, l'expérience précédente, en portant sur un animal immobilisé, ne peut donner des résultats exacts; il est probable que pour ne pas surcharger la fonction urinaire, par l'excès de production d'urée au moment de l'exagération du travail, l'organisme a pu chercher à s'adapter de façon à pouvoir subvenir à l'excès de dépuration qu'il peut avoir à remplir. Cette idée, jointe à la connaissance de la formation des principes quaternaires, ajoute encore à la probabilité de ce genre de fonctionnement.

D'un autre côté, si on ne considère pas le surcroît de chaleur qui naît pendant l'exercice comme un produit excrémentitiel d'une nature particulière (opinion de M. Chauveau), on ne conçoit guère pour quelle raison économique il a pu s'établir un excédent de calorique devant, sous peine d'altération grave des tissus, être combattu par un surcroît d'évaporation cutanée.

*
* *

Dans quelques lignes d'une conception remarquable, M. Baron trace le rapport existant entre l'assimilation et la désassimilation donnant naissance au fonctionnement organique ; nous ne pouvons mieux faire que de les reproduire textuellement :

« Dans les œuvres de l'homme, dit-il, rien n'est plus facile que de vérifier la corrélation ci-dessus, attendu que nous ne faisons jamais provision volontaire d'une utilité quelconque sans nous assurer les moyens de consommer ladite utilité le plus commodément possible, c'est-à-dire avec le *moindre effort*. Si donc nous accumulons quelque part de l'énergie mécanique, nous nous arrangeons généralement de façon à rendre disponible partie ou totalité de cette énergie, en appuyant simplement sur un bouton, sur une pédale, en tirant une ficelle, etc... L'ignorant qui verrait le déclenchement du déclic ou l'échappement de la gâchette suivi du choc formidable d'un mouton de fonte ou du vol vertigineux d'une flèche, crierait au miracle, attendu qu'il ne verrait aucune proportion entre la cause et l'effet. Inutile de dire que tout ce prodige se réduit à l'actualisation d'une force potentialisée à l'avance, et dont la grandeur est indépendante du mécanisme secondaire qui la met en liberté[1]. »

Pour l'observateur, ces conceptions n'ont pas besoin de longs commentaires; il est évident que dans la vie organique, ces phénomènes mystérieux que nous constatons sont en somme plus ou moins analogues à ceux que nous observons dans le monde physique, et tout fait espérer que la science nous rapprochera de plus en plus de la connaissance de leur nature intime.

Conclusion. — On est forcé de reconnaître qu'il existe un rapprochement bien remarquable entre l'accroissement et la multiplication des efforts musculaires et l'élimination plus abondante d'eau et d'acide carbonique. Mais, tout en accordant aux résultats obtenus par MM. Muntz, Grandeau et Leclerc la valeur qu'ils comportent, si on ne s'arrête pas à un examen superficiel, il n'y a là aucune démonstration d'une relation établie entre la chaleur et les mouvements organiques, d'autant plus que cette augmentation n'est pas directement en rapport avec la quantité d'oxygène absorbée.

Au reste, beaucoup de bons esprits admettent encore que l'énergie vitale, sous ses aspects multiples, — évolutilité, contraction musculaire, sécrétion, innervation, — paraît surtout dériver des principes azotés avec leur composition variée, et l'azote joue probablement un grand rôle dans la potentialisation primordiale.

Dans cette idée, les actes vitaux seraient probablement le point de départ de la décomposition des substances quaternaires, ce n'est que consécutivement qu'elles concourraient à l'entretien de la chaleur animale et cela expliquerait suffisamment, semble-t-il, la nécessité de la présence de composés ternaires et quaternaires dans la réaction et l'accumulation de graisse dans l'organisme. Pour être juste, il faut avouer que la raison de la décom-

---

1. M. Baron, *Zootechnie générale de M. Cornevin*, p. 850.

position incomplète des albuminoïdes, aboutissant à la formation de l'urée et des autres résidus qui s'en rapprochent, ne se conçoit pas avec ces interprétations, à moins qu'elle ne provienne d'une plus grande stabilité due à la présence de l'azote, ce qui rendrait indispensable, pour obtenir les réactions chimiques correspondantes, une élévation de température, par un phénomène un peu comparable à celui qu'on observe lorsqu'on met le feu aux combustibles.

En dernière analyse, les faits prouvent que les théories traitant de la nutrition générale, spécialement ce qui concerne la fonction glycogénique et l'origine de l'urée, ainsi que le rapport qui les lie avec l'origine des puissances dynamiques, malgré les récents travaux de MM. Chauveau et Kaufmann, sont encore trop obscurs pour qu'ils puissent servir de base à l'établissement de données pratiques. On peut en dire autant des autres hypothèses émises pour expliquer l'origine de la contraction musculaire, nous avons déjà vu comment celle qui a eu le plus de vogue, la *thermo-dynamie*, est devenue, aujourd'hui, en partie inadmissible ; les expériences récentes de M. Muntz, en démontrant que la nutrition végétale s'effectue régulièrement dans des cages en fer isolant les plantes du contact de l'électricité atmosphérique, détruisent presque complètement l'idée de potentialisation électrique dans la formation des composés quaternaires et en même temps les conceptions *électro-dynamiques*.

CHAPITRE IV

DES MOYENS DE LA NUTRITION

Les animaux inférieurs puisent directement dans les milieux extérieurs les éléments nécessaires à leur nutrition. A mesure que le perfectionnement zoologique se réalise, que les organismes deviennent plus volumineux, il s'établit un *milieu intérieur* constitué par le sang et la lymphe (CL. BERNARD). L'intégrité de ce milieu, c'est-à-dire son adaptation aux conditions vitales, l'introduction incessante de matériaux nouveaux destinés à remplacer les emprunts faits par la nutrition et l'élimination des produits de déchets ou produits usés, provenant des différents ordres de tissus et de liquides, ne peut se faire qu'à l'aide de fonctions variées. Ces fonctions — circulation, digestion, respiration, dépuration urinaire, cutanée et pulmonaire, etc., — font trop spécialement partie de la physiologie, pour qu'il puisse en être question ici. Comme pour les études précédentes, nous n'envisagerons ces manifestations fonctionnelles que dans leur sens général : les *sécrétions* qui sont à la fois la base de la digestion et de la dépuration, et la *calorification* qui est la condition fondamentale de la continuation du mouvement vital.

I

SÉCRÉTIONS

Les animaux supérieurs offrent des organes particulièrement affectés aux sécrétions et connus sous le nom
commun de *glandes*. L'élément glandulaire essentiel le
plus général semble être constitué par des cellules analogues aux cellules épithéliales, mais présentant dans leur
constitution de grandes diversions, pour correspondre aux
différences de rôles physiologiques qu'elles remplissent.
On a cité cependant quelques glandes dans lesquelles les
phénomènes de sécrétion s'opèrent dans les parois du
tissu qui les forme : telle est, par exemple, la glande
mammaire (Ch. Robin). Il est vrai que le fait a été contesté
par d'autres physiologistes (Voit).

Somme toute, ici encore il faut reconnaître qu'il n'y a
que des hypothèses sur le mécanisme fonctionnel élémentaire. Il est cependant bien établi que certaines glandes
ont un simple rôle de dépuration, fondé sur une affinité
spéciale qui les rend propres à filtrer certains produits
de désorganisation. Leur réunion constitue le groupe des
glandes d'excrétion, qui comprend surtout les glandes
urinaires et sudorales, etc. D'autres glandes, en possédant
jusqu'à un certain point le même rôle que les précédentes,
puisqu'elles éliminent au moins de l'eau et des sels dans
les produits qu'elles forment, donnent naissance à des
principes spéciaux, doués d'une action modificatrice nécessaire à l'assimilation. Cette seconde division renferme
les *sécrétions proprement dites*, au nombre desquelles il
faut compter les glandes salivaires, gastriques, le foie,
le pancréas, les glandes intestinales, etc. On trouve ou non
des conduits excréteurs, les produits excrétés étant, dans
le second cas, introduits dans le sang par osmose.

Au fond, que les glandes soient closes ou pourvues de canaux excréteurs, qu'elles n'aient qu'un rôle d'excrétion ou qu'elles appartiennent aux types des sécrétantes, elles ont une organisation élémentaire à peu près semblable. D'ailleurs, il n'y a souvent qu'une distinction imparfaite ; c'est ce qui arrive pour le foie, par exemple, qui sécrète de la matière glycogène (?) et de la bile, en même temps qu'il est l'agent principal de sécrétion de la cholestérine, qu'on croit être un résidu fourni par le tissu nerveux, et dont on peut aussi trouver de faibles proportions dans plusieurs autres sécrétions.

***

Aucun des produits secrétés ou excrétés n'est vivant et ne possède la propriété de se régénérer par lui-même ; toujours il dérive directement de la fonction propre au tissu glandulaire.

Une distinction fondamentale entre les produits de sécrétion et d'excrétion résulte de ce que les premiers ont une composition fixe, tandis que la constitution des seconds varie avec le fonctionnement physiologique général.

Des travaux récents ont montré la complexité très grande qui peut exister dans le fonctionnement glandulaire, par le rapport de subordination établi entre le pancréas et la rate : car, bien qu'on ne sache pas au juste comment la rate agit sur la sécrétion du suc pancréatique, il a été démontré expérimentalement que cette sécrétion est supprimée par l'extirpation de la rate [1].

***

Dans le foie, la sécrétion *glycogène* s'effectue par l'intermédiaire d'éléments particuliers (cellules glycogéniques) qui ont au moins à un certain degré une fonction indé-

---

[1] A. HERSEN. *Sulla digestione dell' albumina effettuata dal succo pancreatico e sulla fuzione della milza.*

5.

pendante de la sécrétion biliaire. Les produits glycosiques passent dans le sang au fur et à mesure qu'ils sont formés. Par une spécialisation semblable, la *bile* dérive de l'épithélium qui tapisse les culs-de-sac qu'on rencontre à l'origine des canaux biliaires (*acini*).

Pour établir le degré d'indépendance relatif qui préside à ces deux sécrétions, il suffira de se reporter aux résultats expérimentaux :

« Entre les cellules glycogéniques et les acini sécréteurs, il n'y a pas de lien physiologique bien intime. En effet, le sang de la veine porte est indispensable au fonctionnement des cellules glycogéniques. Au contraire, la ligature de cette veine n'arrête nullement la sécrétion biliaire alimentée presque exclusivement par les capillaires de l'artère hépatique. Inversement, la ligature de l'artère hépatique tarit la sécrétion biliaire [1]. »

Pas plus que pour la fonction glycogène, on ne connaît rien prouvant la localisation de l'excrétion de la cholestérine, et le mécanisme de son élimination doit être le même que pour tous les autres produits de déchets : une simple filtration.

L'estomac sécrète le suc gastrique dont les agents actifs sont la pepsine et un acide ou plutôt deux acides, l'un analogue à l'acide chlorhydrique et l'autre à l'acide lactique. Le pancréas donne naissance à une sécrétion dont le ferment est connu sous le nom de pancréatine.

Les glandes salivaires, qui déversent leur produit sécrété dans la bouche, ont une constitution à peu près identique en apparence et pourtant les liquides qu'elles fournissent diffèrent d'une façon assez notable. Pour toutes, le fonctionnement est intermittent, et des cellules épithéliales aplaties tapissent les renflements qui se trouvent à la terminaison des dernières ramifications qu'elles représentent (acini) et toutes offrent cette disposition dite en grappes.

1. Biologie du Dr Letourneau. Extrait du *Journal de l'Anatomie et de la physiologie*, 1864 (Oré).

Ces cellules élémentaires se gonflent pendant le repos, puis se ramollissent et laissent filtrer une grande quantité de liquide renfermant de la *ptyaline*, au moment où la salive est utile [1].

***

Les reins, les plus importantes des glandes consacrées au rôle exclusif d'excrétion, ont aussi pour éléments essentiels des cellules d'apparence épithéliales. Ces petits organes sont en contact direct avec des pelotons capillaires (*glomérules de Malpighi*) qui ont pour but de ralentir le cours du sang dans les organes urinaires.

L'urine varie dans sa composition suivant le régime, l'état de santé et la forme du travail. On y trouve de l'urée, de l'acide urique (carnivores) de l'acide hippurique (herbivores ou carnassiers soumis à un régime végétal), des urates et des hippurates de chaux, de magnésie, de soude, de potasse et d'ammoniaque, avec une assez grande quantité de sels minéraux, une matière colorante particulière! etc. Le liquide sécrété par les reins peut d'ailleurs être plus ou moins coloré ou incolore, chargé ou limpide. Le fonctionnement intellectuel y augmente la quantité de phosphate (Dr Byasson). Il est bien connu que l'urine des herbivores qui est généralement alcaline et riche en acide hippurique, prend, lors de l'abstinence, la réaction acide et renferme de l'acide urique, ainsi qu'on le voit à l'état normal pour les carnassiers.

L'excrétion sudorale intervient en quelque sorte comme fonction supplémentaire ou complémentaire de la dépuration urinaire, seulement c'est principalement sur l'urée que se porte son action; on n'y rencontre pas d'acide urique et d'urate, mais de l'acide sudorique et lactique (à l'état de

---

1. Des données nouvelles, relatives aux ferments digestifs où on trouverait peut-être des parasites utiles, paraissent devoir se faire jour d'ici peu. On semble également disposé à accorder un rôle modificateur s'exerçant dans l'intestin, par l'intermédiaire des globules lymphatiques.

sudorates et de lactates alcalins), des matières grasses et des sels (chlorures, phosphates, sulfates, alcalins ou terreux) (M. FAVRE).

*
* *

Quelques sécrétions paraissent avoir pour but de fournir des produits destinés à jouer un rôle presque complètement mécanique, telle est la sécrétion des poils, celle de l'épiderme, les productions cornées, et la matière sébacée, avec ses aspects variés, matière sébacée proprement dite : cérumen, chassie, sécrétion du fourreau et des organes génitaux en général, etc.

La matière sébacée, ou sebum, est une humeur visqueuse formée, ainsi que son nom l'indique, de cellules graisseuses et de gouttelettes de graisse, avec de l'eau, des matières azotées (albumine et caséine), des matières extractives et des traces de substances salines.

Rôle des sécrétions dans l'assimilation.

Les sécrétions favorisent l'absorption des substances nutritives et elles lui sont indispensables, c'est là le rôle que tous leur accordent.

Ont-elles, en plus, un pouvoir quelconque sur la nutrition grâce auquel les principes alimentaires arrivent, finalement, à constituer les tissus musculaires nerveux etc., on sent qu'à ce point de vue tout est encore à déterminer[1].

1. « En Allemagne il est admis presque universellement que les graisses animales qui s'accumulent dans le tissu adipeux résultent de la décomposition de l'albumine. Celle qui pénètre dans le sang provenant de l'alimentation serait détruite à mesure, ainsi que les hydrates de carbone. C'est Voït, de Munich, qui est l'auteur de la théorie, et E. Wolf est bien près de la considérer comme l'une des plus grandes découvertes des temps modernes. Voit et son école, après Liebig, ont accumulé, pour chercher à l'établir, les raisonnements et les calculs chimiques les plus subtils, et les expériences les plus multipliées et les plus variées. Ils n'ont jamais pu parvenir, semble-t-il, à rien démontrer, sinon que l'hypothèse n'est pas chimiquement impossible. Il ne sont, en tous cas, pas allés au delà de la vraisemblance. On ne voit pas d'ailleurs comment il y aurait moyen de

Action dépurative des sécrétions.

Si on se rapporte à ce qui a été dit de la désassimilation, on verra que les sécrétions éliminent les produits de décomposition, de nature organique ou minérale, de manière à rétablir constamment la pureté du fluide sanguin, qui est l'intermédiaire nécessaire de la nutrition, dans lequel les éléments organiques puisent les produits nécessaires à leur entretien, et déversent les produits de déchets, l'espèce de gangue ou résidu que laissent les actes nutritifs.

Mais les glandes ne constituent pas, à elles seules, l'appareil de dépuration organique; les téguments et la muqueuse pulmonaire ont aussi, à cet égard, un rôle important à remplir. C'est par toute la surface de l'épiderme cutané (corps muqueux de Malpighi) et par le poumon que s'élimine la plus grande partie de l'eau, l'acide carbonique, l'azote et des principes indéterminés, analogues aux alcaloïdes, dans tous les cas très nuisibles aux êtres vivants, que fournit la dénutrition (transpiration insensible et transpiration pulmonaire). On a calculé que la quantité d'eau ainsi expulsée, qui varie avec la température et l'état hygrométrique de l'atmosphère, est dans certains cas supérieure à celle que fournissent les urines.

Rappelons qu'il existe, en dehors des excréta matériels, un autre genre d'excrément : la chaleur (Chauveau), qui

soumettre une telle hypothèse à la vérification expérimentale. Persoz a constaté que des oies nourries avec du maïs dégraissé par l'éther avaient accumulé en vingt-huit jours 1 068 grammes de graisse; qu'une autre nourrie dans le même temps avec du maïs non dégraissé, et ayant reçu ainsi 1 120 grammes de graisse, en avait accumulé 2 015 grammes. Boussingault, de son côté, a répété l'expérience. Les oies qu'il a également nourries avec du maïs durant trente et un jours, recevaient par jour en moyenne 44^{gr},4. De cette graisse, 17^{gr},4 au moins ont dû être formés aux dépens des autres principes immédiats nutritifs de la ration, comme dans le cas de Persoz. Quels sont ces éléments? Là est la grande question. »
· ANDRÉ SANSON, *Traité de Zootechnie*, tome I, page 340.

s'élimine surtout par l'évaporation s'effectuant par les voies indiquées ci-dessus, et par l'action du froid sur la circulation périphérique.

II

CALORIFICATION ORGANIQUE

1.—Influence de la chaleur sur les phénomènes biologiques.

La chaleur est si absolument utile à la naissance de la vie que le germe contenu dans l'œuf ne peut se développer que par l'incubation. Une preuve du même ordre est donnée par le retard dans l'éclosion que l'on remarque lorsqu'on livre à la poule des œufs provenant d'une ponte ancienne. Il semble que le mouvement évolutif ayant été interrompu, il faille un supplément de calorique pour lui recommuniquer l'énergie perdue.

La vie organique est fortement impressionnée par la chaleur interne, comme le prouvent le ralentissement et la cessation presque complète du mouvement évolutif et des actes fonctionnels pendant la saison froide (végétaux et animaux à sang froid). Les animaux supérieurs, les mammifères et les oiseaux, n'échappent à cette loi que grâce à une disposition particulière du système nerveux sur laquelle nous reviendrons ultérieurement.

Cet état de choses n'a pour base que la température, car nous voyons les bourgeons et les graines se développer à mesure que la bonne saison revient, et même on observe des interruptions et des reprises de végétation subordonnées aux rémittences que présente le froid, au printemps. D'ailleurs une preuve plus péremptoire encore est offerte par la suppression presque complète de l'influence hivernale chez les végétaux élevés dans des serres chauffées, et par le forçage des fleurs et des fruits soumis à la même action. Une observation attentive montre également que la constance de la température doit être comptée parmi les causes de la *précocité*, que l'on fait naître chez les animaux de boucherie par la stabulation permanente et la nourriture intensive. La rapidité de l'évolution pendant la vie intra-utérine se rapporte probablement à un processus du même genre.

2. — Sources de la chaleur animale.

La principale source de la chaleur animale réside dans les réactions chimiques qui s'accomplissent au sein des tissus et spécialement dans l'action de l'oxygène sur le carbone et l'hydrogène qui entrent dans les principes immédiats.

Cela est admis par tout le monde aujourd'hui, mais il ne faut pas oublier que la démonstration fondamentale de cette conception est due à Lavoisier :

« Lavoisier place un animal dans un calorifère de glace, et il a soin d'entretenir un courant d'air pur autour de lui. Il note la quantité de chaleur perdue par cet animal, en un temps donné, en recueillant et en pesant la quantité de glace fondue ; il note, d'un autre côté, la quantité d'acide carbonique produit par l'animal dans le même espace de temps, puis il calcule la quantité de glace qui aurait été fondue par la formation d'un poids d'acide carbonique égal à celui que l'animal avait expiré. Il conclut de ces expériences que, si l'on représente par 10 la quantité de chaleur engendrée par la formation de l'acide carbonique expiré en un temps donné, la quantité de chaleur abandonnée, pendant le même temps, par l'animal, est égale à 13[1]. »

L'auteur qui nous a fourni la citation précédente, ajoute :

« Dans les recherches de Lavoisier, l'animal avait donc dégagé plus de chaleur que la formation d'acide carbonique par la combustion du charbon n'en aurait produit

---

1. J. BÉCLARD, *Traité élémentaire de Physiologie*, p. 457-8.

dans le même temps. Mais Lavoisier n'a pas tenu compte de l'eau expirée ; aussi fait-il remarquer, avec raison, que l'excès de chaleur produit par l'animal n'est probablement qu'apparent, et qu'il tient vraisemblablement à deux causes : 1° à ce que l'animal s'est refroidi, et 2° à ce qu'il y a une certaine quantité d'oxygène employée à la formation de l'eau, c'est-à-dire à la combustion de l'hydrogène, et il n'hésite pas à dire « que la respiration n'est qu'une combustion lente de carbone et d'hydrogène, en tout semblable à celle qui s'opère dans une lampe et dans une bougie qui brûle, et que, sous ce rapport, les animaux qui respirent sont de véritables combustibles qui brûlent et se consument. »

De plus en plus, cette interprétation est adoptée par tout le monde, bien que modifiée dans ses détails, où l'on a introduit plus d'exactitude (MM. FAVRE et SILBERMANN), et aussi par l'adjonction d'une autre source de calorique analogue, la combustion incomplète des principes azotés, donnant l'urée, l'acide urique ou hippurique, la matière extractive de l'urine, l'acide cholique, l'acide choléique, etc.

Si on veut se rapprocher d'une exactitude absolue, on doit même aller plus loin : il faut y ajouter la chaleur produite par les phénomènes physiques et chimiques de la nutrition [1] et celle qui résulte des actes organiques, des sécrétions, de l'innervation et surtout du travail musculaire.

A propos du travail locomoteur, voici encore une citation

---

1. « En effet, remarque Berthelot, les substances alimentaires se rapportent à trois catégories générales : 1° les substances grasses ; 2° les hydrates de carbone ; 3° les principes albuminoïdes. Or, les principes albuminoïdes sont des amides et, comme tels, peuvent donner lieu à des phénomènes caloriques tranchés, lors de leur hydratation avec dédoublement, ou de leurs déshydratations avec combinaison. Les hydrates de carbone, sucres et analogues, etc., peuvent dégager de la chaleur par leurs seuls dédoublements, indépendamment de toute oxydation. Enfin, les corps gras neutres peuvent aussi produire de la chaleur en se dédoublant et par la simple hydratation, comme il paraît arriver sous l'influence du suc pancréatique. » (SANSON, t. 1, p. 314.)

ad hoc qui paraît assez bien en rapport avec les données pratiques :

« La contraction musculaire ne doit donc pas être envisagée (au point de vue de la production de la chaleur) comme on l'a fait jusqu'ici en physiologie. Il n'y a que cette partie de l'action musculaire non utilisée sous forme de travail mécanique extérieur qui apparaisse sous forme de chaleur; en d'autres termes, la chaleur musculaire n'est que complémentaire du travail mécanique *utile* produit par la contraction. »

D'autre part, et il est bien évident, ainsi que cela a été indiqué, que le dernier terme du travail musculaire est encore une transformation en chaleur extérieure — par le frottement, etc. — ou intérieure s'il s'agit du cœur, des intestins, etc., car en tout, la chaleur solaire est l'élément initial et la restitution du calorique au monde extérieur le terme final.

Quant au lieu où s'opèrent les oxydations, il est évident, l'expérimentation ne permet plus d'en douter, qu'il faut le prendre dans toute l'économie, et pas seulement dans le poumon comme on l'a cru d'abord, et une preuve qui ne souffre pas de réplique, c'est que la température de l'organe central de la respiration n'est pas plus élevée que celle des autres parties du corps, au contraire.

3. — Analyse de l'influence de la calorification sur les actes biologiques.

La détermination exacte de l'influence de la calorification sur les actes biologiques paraît extrêmement difficultueuse.

Avant d'aller plus loin, il est utile de faire observer qu'en dehors du résultat chimique essentiel qui établit une analogie entre la combustion ordinaire des corps inflammables et celle des matériaux organisés, il y a une certaine ressemblance originaire entre ces états en apparence si éloignés. En effet, dans les phénomènes vitaux, comme dans l'incandescence des corps bruts, la combinaison de l'oxygène avec le carbone et l'hydrogène ne peut commencer qu'à une température déterminée, quitte à se continuer après d'elle-même, par la conservation de cette température.

Quant à la relation qui lie la chaleur à l'accélération et au ralentissement des mouvements évolutifs et des actes physiologiques, nous ne connaissons pour ainsi dire rien : tout au plus soupçonne-t-on qu'il peut y avoir là quelque chose dépendant du degré de concentration des substances dissoutes et de l'état de pression sous lequel les gaz sont offerts, effets dont l'importance nutritive a été démontrée par de nombreuses expériences (BOUSSINGAULT, P. BERT, etc., etc.).

Dans tous les cas, il y a, entre la combustion qui s'effectue dans les êtres vivants et celle propre aux corps inorganiques, une différence fondamentale : tandis que chez les seconds, elle tend à s'accélérer, au contraire, chez les premiers, tout est organisé pour la maintenir dans des limites moyennes, qui sont les plus favorables pour eux.

En premier lieu, il est certain que c'est dans les conditions moyennes que la nutrition offre son maximum d'intensité. La vie est arrêtée, ainsi que nous l'avons fait remarquer, quand le froid extérieur descend trop bas dans les animaux inférieurs et ce phénomène existe, dans les mêmes conditions, à un degré plus accentué chez les végétaux. Les animaux appartenant aux degrés supérieurs de l'échelle zoologique, eux-mêmes, présentent, à la même époque, un certain ralentissement dans leur nutrition que la précocité a précisément pour but de combattre.

Mais, sans s'arrêter à ces procédés artificiels, l'observation des phénomènes naturels ordinaires nous fournit de nombreux exemples de l'influence des conditions de la calorification sur le mouvement évolutif : c'est au moment du dégel que la ponte des poules reprend, et les animaux, au printemps, se développent avec une rapidité tout à fait remarquable. Il nous est arrivé de trouver, à l'époque dont nous parlons, une croissance si rapide que nous avions de la peine à reconnaître, quelques semaines après, des poulains que nous avions castrés, et cela malgré la souffrance qui accompagne nécessairement cette opération barbare.

De même, tout le monde a été frappé du ralentissement de la végétation pendant les mois les plus chauds de l'été et de sa reprise vers le mois de septembre. Avec un peu d'attention, on trouverait facilement un certain retentissement de tout cela chez les animaux, bien que d'une façon moins apparente, dans ce qui se passe pendant l'hiver et au printemps.

A mesure que le fonctionnement physiologique se perfectionne et se complique, par ce fait même, il arrive, comme cela était à supposer, qu'il tend à s'établir des procédés limitateurs, destinés à maintenir à un degré favorable une fonction aussi importante que la calorification interne. A l'abaissement de la température, l'organisme oppose une accélération de la combustion par la suractivité des fonctions de nutrition. L'élévation générale de la température est combattue au moyen de l'augmentation de l'évaporation cutanée. La sudation constitue ainsi, suivant une heureuse comparaison, une véritable soupape de sûreté, qui tend à protéger les tissus contre la surélévation de la chaleur interne et externe.

Malgré tout, il est des cas où le froid excessif amène la destruction des éléments organisés par la congélation et la gangrène consécutive. Sans s'élever à ce haut degré d'effet nuisible, le refroidissement atmosphérique peut empêcher la réaction à la peau, et une altération profonde arrive souvent alors à prendre naissance dans les organes internes en plein fonctionnement. Les affections dites *a frigore* sont probablement au moins autant le résultat de l'effet de la chaleur, qu'un déplacement interne du sang, ainsi qu'on l'admet généralement.

Du reste, il est des cas où l'action destructive de la chaleur atteint un degré beaucoup plus élevé : quand la transpiration a une action insuffisante pour compenser l'élévation de la température interne. Cela s'observe rarement chez les chevaux de course, que l'on ne soumet pas ainsi à une tâche exagérée ou trop longtemps supportée, mais on l'observe quelquefois dans les autres services, quand les animaux sont livrés à des conducteurs brutaux et inexpérimentés; il se produit alors quelque chose d'analogue à ce qui se passe quand on force le gibier. Comme ces accidents sont plus fréquents en été qu'en hiver, on les qualifie souvent de *coups de chaleur;* en effet, elles viennent de ce que, dans ce cas, l'évaporation cutanée doit combattre à la fois la chaleur interne et la chaleur externe.

Quelquefois les choses peuvent aller plus loin encore, quand l'atmosphère est humide et s'oppose à une évaporation suffisamment rapide, la température interne peut amener la mort; on voit alors la peau se couvrir de sueur, l'essoufflement devenir excessif et s'accompagner d'une prostration générale qui fait véritablement peine à observer. Les animaux qui succombent dans ces conditions présentent tous les caractères qui s'établissent chez ceux qu'on fait mourir dans les expériences de laboratoires, par la surélévation de la température.

On s'explique aussi, quand on connaît le mécanisme de la caforification animale, comment l'élévation de la température interne peut naître par suite d'un superdéveloppement de la fonction d'oxygénation, quand les animaux sont dans un état d'embonpoint exagéré. C'est à cette cause, autant qu'à la difficulté de la circulation sanguine et au manque d'adaptation des fonctions cutanées, qu'il faut rapporter l'exagération de l'essoufflement qui coïncide avec le défaut d'entraînement, quand le travail est subitement imposé, sans préparation préalable.

A l'appui de ce qui vient d'être énoncé, nous pouvons faire remarquer que l'exagération de la calorification interne qui accompagne le travail trop considérable ne peut être que de nature « excrémentitielle », ainsi que cela a été énoncé, car, autrement, on ne comprendrait pas cette *sur-élévation nuisible* qui doit, sous peine d'altération des tissus, être immédiatement combattue par l'évaporation cutanée.

Nota. — Si les idées de Kühne sur l'état liquide de la myosine étaient définitivement confirmées, et que, d'autre part, la texture fibreuse des stries transversales, puis des fibres musculaires fût bien démontrée, on comprendrait qu'il puisse exister une solidification, avec dilatation latérale, amenant le raccourcissement. L'activité musculaire serait ainsi plus facilement intelligible : pendant la résolution, il y aurait absorption de chaleur, tandis que lors de la contraction une restitution inverse s'opérerait. Il faudrait évidemment admettre, outre une influence nerveuse directrice, l'enlèvement de la chaleur excrémentitielle, au fur et à mesure de son apparition; double ordre de phénomènes qu'il serait difficile de concevoir. A part cela, cette théorie serait conforme aux faits fournis par l'observation; elle expliquerait l'échauffement général par l'exercice, le moindre développement proportionnel de chaleur dans les efforts statiques, la rigidité cadavérique, etc.

CHAPITRE V

INNERVATION

Bien que les actes vitaux qui se rapportent à cette fonction extrêmement complexe soient très imparfaitement déterminés, il y a beaucoup à profiter, au point de vue pratique, de ce que nous en connaissons.

Il faut tout d'abord prendre en considération le rôle dominateur du système nerveux dans les organismes. A bien prendre les choses, en effet, aucun phénomène essentiel du fonctionnement organique n'est étranger à l'action nerveuse; elle dirige aussi bien la vie végétative que la vie de relation.

Aujourd'hui, on est forcé de rejeter la division en système nerveux de la vie organique (grand sympathique) et système nerveux de la vie de relation (système cérébro-spinal) admise par Bichat, car cette classification n'est plus à la hauteur des résultats fournis par l'expérimentation, et même simplement par l'anatomie plus minutieusement étudiée, puisqu'on sait qu'il existe de nombreuses et importantes connexités entre les deux parties constitutives que présentent les tissus nerveux.

Avec plus de raison, la moelle épinière a été considérée comme une réunion de ganglions nerveux formant une chaîne étendue des parties antérieures aux régions postérieures du corps. Ce qu'il y a de certain, c'est que les diverses portions qui la composent ont, en plus de l'action de conduction au cerveau, des sensations et de leur récurrence [1], ainsi que d'un rôle régulateur prépondérant, une fonction à certains degrés indépendante, donnant la tonicité musculaire, lors du repos et des actes réflexes [2] simples ou combinés [3] pendant la locomotion (*ataxie locomotrice*) et aussi une influence réelle sur les fonctions de la vie animale (expériences de Flourens [*nœud vital*] et celles de Legallois), dont le centre d'innervation spécial (*grand sympathique*) n'aurait pas, d'après quelques physiologistes actuels, une autre origine, ce qui a paru, il faut l'avouer, un peu exagéré.

Ces phénomènes physiologiques trouvent une application directe dans l'étude de la calorification organique ou chaleur animale.

Nous avons, précédemment, fait allusion à un système régulateur cause déterminante de la constance de température dont les animaux supérieurs sont doués. Le point de départ de ce mécanisme se trouve dans l'effet du froid sur la peau et la réaction nerveuse sympathique qui provoque une accélération correspondante ou plutôt inverse de la circulation et de la respiration.

1. La localisation des fonctions de la moelle épinière indiquée par Ch. Bell, n'est plus admise aujourd'hui, depuis les preuves contradictoires fournies par MM. Brown-Séquard, Van Deen, Schiff et Chauveau. Ce dernier, dans son travail sur la physiologie de la moelle, s'exprime clairement à ce sujet : « La distinction dans les faisceaux de la moelle, dit-il, du siège propre du mouvement et du siège propre de la sensibilité, ne peut être faite dans le sens communément pris par les physiologistes. »

2. « Les phénomènes de l'action réflexe peuvent être étudiés avec beaucoup d'avantage sur les animaux à sang froid, décapités ou même séparés en fragments plus ou moins nombreux. Sur les animaux à sang chaud, le pouvoir réflexe disparaît très promptement; il existe réellement, mais la constatation des phénomènes ne peut être faite qu'avec difficulté. »

3. « Les phénomènes de l'action réflexe ne se bornent pas à faire naître le mouvement dans les parties excitées, ils mettent souvent en jeu un *grand nombre* de parties. » (J. BÉCLARD, p. 969.)

Voici deux preuves appuyant cette argumentation :

Dans les expériences de M. Fourcault [1] amenant la mort par l'application sur la peau d'enduits imperméables, on sent que les causes de la destruction morbide résident surtout dans la suppression de l'impressionnabilité de la peau et l'entrave ainsi apportée à l'innervation directrice des fonctions respiratoires. La suppression des fonctions cutanées n'aurait pas une gravité suffisante pour agir avec autant de rapidité, dans les conditions ordinaires.

« On comprendra donc sans peine, dit le Dr Letourneau [2], que des excitations directes ou réflexes, mais ayant pour siège les centres nerveux, puissent faire contracter synergiquement tous ou presque tous les vaisseaux capillaires du corps ; et, en effet, l'on peut, en blessant ou sectionnant la moelle épinière en un point déterminé, provoquer chez des mammifères, par exemple des lapins et des cochons d'Inde, un refroidissement général (Cl. Bernard), qui jette ces animaux dans un état voisin du sommeil hibernal. L'animal est devenu un animal à sang froid. »

En plus, M. Ch. Richet admet une influence directe de la chaleur du sang sur les centres nerveux vaso-dilatateurs, et M. Bouchard attribue, dans les cas pathologiques, une action du même genre aux toxines, action qui pourrait bien se retrouver dans l'accumulation dans le sang des produits de déchet (théorie de l'essoufflement) [3].

Si le rapport qui existe entre la digestion et le système nerveux général est moins clairement établi, il n'en est pas moins constant que cette fonction est sous la dépendance

---

1. Fourcault, *Influence des enduits imperméables* (*Comptes rendus de l'Acad. des Sc.*, t. XVI).

2. *Biologie* du Docteur Letourneau, p. 481.

3. M. Ch. Richet, *Archives de Physiologie*, août-sept. 1885 ; *Revue Scientifique*, février 1894 ; et M. Bouchard, *Semaine médicale*, 15 avril 1891.

directe de l'innervation, au moins de celle du grand sympathique.

On sait parfaitement que c'est l'action des aliments qui provoque la sécrétion des glandes salivaires, de même d'ailleurs que celle de l'estomac, du foie, du pancréas et des glandes intestinales. Cela est tellement vrai que, si cette excitation manque, le déversement des liquides glandulaires ne se fait plus; il arrive même que l'innervation des organes en est plus ou moins altérée. Il est pratiquement reconnu que l'irrégularité trop marquée dans les repas est une cause de destruction de la fonction gastrique.

Ce mécanisme d'altération de la fonction glandulaire devient encore plus manifeste par la constipation qui naît comme conséquence de la négligence d'obéir à la sensation qui commande l'expulsion des excréments, et surtout par le cas pathologique observé par tous les vétérinaires, chez les vaches qu'on néglige de traire pour les présenter en foire dans des conditions plus avantageuses, ce qui a fréquemment pour résultat une suppression plus ou moins complète de la lactation.

*
* *

Comme autre élément d'étude, il reste à examiner un peu plus intimement le mécanisme des effets réflexes que l'on trouve à la base de tout acte d'innervation, ayant pour premier terme la *sensibilité* (cordons nerveux-sensibles) pour fin l'*excitabilité* (cordons nerveux-moteurs) et pour intermédiaire la fonction spéciale de la cellule nerveuse, formant la partie principale des ganglions et de la substance grise de l'axe cérébro-spinal[1].

Ce cycle opératoire est très simple chez les animaux

---

1. « Les actions réflexes peuvent être groupées en deux classes principales. Les unes se rattachent principalement aux fonctions de la vie de relation; les autres se rattachent principalement aux fonctions de la vie de nutrition. » (J. BÉCLARD, p. 671.)

inférieurs, aux premiers degrés de l'apparition des organes nerveux dans la série animale, quand il n'y a que des cellules séparées, disséminées dans la masse organique. Au contraire, dans les animaux supérieurs, ainsi que cela a déjà été dit, l'étude des phénomènes réflexes est souvent très difficile, en raison des formes compliquées qu'ils y présentent, pour répondre à une séparation extrême des fonctions.

Les actes réflexes qui se passent dans le grand sympathique sont ordinairement faciles à suivre. Il n'en est pas de même de certaines formes d'innervation ayant leur siège dans la moelle épinière. Dans ces cas, il y a une indépendance presque complète des appareils constitués par les ganglions ou les parties spéciales de la moelle épinière, avec leurs nerfs afférents et efférents.

On sait bien, par exemple, que les mouvements du cœur se continuent quelque temps de cette façon.

A ce propos, rappelons un passage de M. Ch. Robin sur des observations faites en se servant du corps d'un homme décapité :

« Le bras droit du supplicié, dit-il, se trouvant étendu obliquement sur le côté du tronc, la main à 20 centimètres en dehors de la hanche, je grattai la peau de la poitrine avec un scalpel, au niveau de l'auréole du mamelon, sur une étendue de 10 à 11 centimètres, sans intéresser les muscles sous-jacents. Nous vîmes aussitôt le grand pectoral, le biceps, puis le brachial antérieur et les muscles couvrant l'épitrochlée se contracter successivement et rapidement. Le résultat fut un mouvement de rapprochement de tout le bras vers le tronc, avec rotation du bras en dedans et demi-flexion de l'avant-bras sur le bras, véritable mouvement de défense, qui projette la main du côté de la poitrine jusqu'au creux de l'estomac[1].

« Sur beaucoup de Vertébrés la décapitation n'empêche

---

1. Ch. Robin, *Journal de l'Anatomie et de la Physiologie*, Paris, 1869.

nullement des mouvements réflexes, complexes et associés, ayant toute l'apparence des mouvements volontaires. Tout le monde a entendu parler des expériences de Flourens, si souvent répétées et variées depuis. Privé de ses hémisphères cérébraux, un pigeon vole encore quand on le jette en l'air, avale du grain quand on lui en met dans le bec, etc. L'expérience est d'autant plus frappante, que le Vertébré est plus inférieur et a par conséquent moins de cerveau. Par exemple, un poisson sans cerveau nage tout comme un poisson normal. Que si l'on pince la peau près de l'orifice anal sur une grenouille décapitée, on voit les pieds postérieurs de l'animal se porter d'abord sur le point irrité, puis s'étendre brusquement, comme pour repousser l'agresseur. Si l'on pince latéralement la peau du tronçon postérieur d'un triton, lequel cependant se compose seulement du tronc et des deux membres postérieurs, ce tronçon, aussitôt pincé, se recourbe latéralement ainsi que ferait l'animal intact pour éloigner le point irrité du point irritant [1]. »

* * *

Quand le cerveau intervient, les choses ne se passent plus aussi simplement, cet organe interpose sa fonction propre, qui analyse et modifie les sensations, et quelquefois en arrête momentanément la manifestation. Tout cela constitue le résumé des facultés cérébrales : la mémoire, l'instinct, les habitudes et l'intelligence, qui servent de base à la *volonté* et au *caractère*.

Le cerveau se met en rapport avec le monde extérieur au moyen de la *sensibilité consciente*, et ses organes de perception formés par les sens sont beaucoup plus parfaits que ceux de la sensibilité vague qui préside à la fonction des autres centres nerveux dont il vient d'être parlé ci-dessus.

1. *Biologie* du Docteur Letourneau, p. 412.

Regardés souvent comme des formes plus parfaites du toucher [1], les sens sont au nombre de cinq : le *tact proprement dit*, localisé à la peau ; le sens du *goût* siégeant à la langue ; le sens de l'*odorat* résidant dans le nez ; le sens de l'*ouïe*, correspondant à l'oreille, et le sens de la *vue* qui a l'œil pour appareil.

En réalité, le cerveau a une action certaine sur toutes les manifestations de la fonction nerveuse. Chacun a remarqué que la vue, l'odeur, etc., des aliments ou simplement l'idée qui en naît, font percevoir instantanément la faim. La volonté permet la suspension des mouvements respiratoires. Les mouvements du cœur sont arrêtés et leur fréquence diminuée par l'effet des impressions morales, et cela peut aller jusqu'à l'altération fondamentale de la nutrition, si cet état se répète ou se prolonge.

Que dira-t-on en face des faits où le cerveau agit seul, comme dans les mouvements provoqués par la volonté. Et dans ce cas bien connu des pollutions nocturnes provoquées par un rêve, ou même simplement, dans le même ordre d'idées, de l'influence morale exercée par la beauté, la taille, la couleur, etc. Les éleveurs savent que certains étalons refusent absolument les juments qu'on leur présente, quand elles n'ont pas les caractères qu'ils préfèrent.

Parmi les divers modes de manifestation de la fonction céphalique, les facultés qui intéressent le plus dans l'étude des moteurs en mode de vitesse sont celles que l'on appelle les habitudes, le caractère et l'émulation.

*
* *

Depuis la plus haute antiquité, les philosophes ont remarqué que la répétition des actes fait naître une sorte de prédisposition à les reproduire. De tout temps, l'observation la plus élémentaire a démontré que dans les actes

---

1. « Le toucher est le plus parfait des sens ; c'est en même temps le plus répandu dans l'échelle animale, et il subsiste seul quand les autres ont disparu. » (J. BÉCLARD, p. 936.)

physiologiques, aussi bien que dans l'ordre moral, l'habitude facilite le renouvellement du même genre de fonctionnement. Le pianiste acquiert une dextérité de doigts extraordinaire, et l'ouvrier, à quelque classe économique qu'il appartienne, devient plus habile par la pratique du métier qu'il exerce.

Tout cela entre un peu dans l'ordre des phénomènes indiqués ci-dessus : les mouvements nés primitivement de l'intervention des facultés intellectuelles finissent par n'être plus que des actes *réflexes*.

Dans le cas du vol continué après l'enlèvement du cerveau, la démonstration de ces interprétations paraît ne rien laisser à désirer. Les transformistes ne peuvent se refuser à l'admettre, puisque, pour eux, tout acte a dû avoir un but primordial, le rattachant directement à la sensibilité ou perception des agents extérieurs. Et pour les créationistes, comment serait-il possible d'expliquer autrement ce résultat de l'action prolongée de l'instinct?

Dans le cas spécial du cheval de course, il est impossible de ne pas prendre en considération ce résultat, et de ne pas lui accorder une valeur réelle, s'ajoutant au développement des organes locomoteurs.

La dernière forme de manifestation de la fonction céphalitique dont nous avons parlé, l'*émulation*, nous reste à analyser.

On accorde généralement trop peu d'importance à cette faculté. Évidemment, l'action intelligente de l'homme, en se substituant à la volonté de l'animal, donne de grands résultats; mais on a avantage, jusqu'à un certain point, à marcher avec elle.

La boutade d'un sous-officier répondant à un soldat qui cherche à faire apprécier son dévouement, ne manque pas d'actualité dans le sujet dont il est question : « Ici, lui dit-il, ne comptez pas sur les compliments, contentez-vous de ne pas recevoir de reproches. » Pourtant, tous les généraux ont cherché à exciter l'amour-propre de leurs soldats. Aucun historien ne méconnaît l'influence de certains discours des chefs militaires, dont la parole a eu le pouvoir d'électriser leurs armées et de ranimer les courages chancelants.

A un degré moins élevé, la lutte que se livrent les coursiers sur les hippodromes obéit un peu aux mêmes lois; c'est ce que constate l'historien anglais du « *Race Horse.* »

« L'habitude développait dans le cheval d'autrefois le sentiment de l'émulation et celui de l'obéissance. Une fois la course commencée, il comprenait ce que lui demandait son cavalier, et il n'était pas nécessaire de recourir à l'usage du fouet ou de l'éperon pour le porter en avant s'il était capable de gagner.

« *Forester* est une preuve suffisante de ce que nous avançons. Il avait gagné plusieurs courses rudement contestées; mais un jour malheureux il entra en lice avec un cheval extraordinaire, *Éléphant*, appartenant à sir Jennisson Shaftac. La distance à parcourir était de quatre milles, en ligne droite. Ils avaient franchi la partie plate du terrain, et se trouvaient sur le même niveau à la montée. A peu de distance du plateau, *Éléphant* ayant en ce moment un peu gagné sur *Forester*, ce dernier fit tous les efforts possibles pour recouvrer le terrain perdu; mais voyant qu'ils étaient sans résultat, d'un bond désespéré il se rapproche de son antagoniste et le saisit par la mâchoire pour le maintenir en arrière; on eut beaucoup de peine à lui faire lâcher prise.

« Un autre cheval, appartenant à M. Quin, en 1753, se voyant dépassé par son adversaire, le saisit par un membre, et les deux jockeys furent obligés de descendre de cheval afin de séparer leurs montures.

« Les chevaux de nos jours ne sont pas animés de ce sentiment d'émulation et disposés à épuiser toutes leurs forces dans un suprême effort et il faut, pour que leurs propriétaires puissent gagner le prix de la course, qu'ils

soient cruellement excités par leurs cavaliers, jusqu'à
extinction de leurs forces ; aussi arrive-t-il souvent qu'ils
sortent de l'hippodrome estropiés pour leur vie.

« C'est là une conséquence fatale du système actuel ; ce
sont là les fonctions des jockeys de nos jours, fonctions
qu'un certain nombre d'entre eux accomplissent avec une
sorte d'orgueil ; mais un tel état de choses ne devrait pas
être toléré, et le système dont il est l'expression devrait
être promptement et radicalement réformé. »

Le surmenage auquel le cheval entraîné est trop souvent soumis doit déterminer une impression morale dont
l'effet nutritif ne peut être que mauvais. De plus, il occasionne certainement des révoltes, et, en admettant que
l'animal qui en est l'objet soit obligé de se soumettre, il
n'en reste pas moins d'un caractère irritable à l'excès.
Trop souvent, d'ailleurs, l'effet nuisible est immédiat et le
refus complet d'obéissance se manifeste par les procédés
variés qui ont été indiqués ci-dessus.

DEUXIÈME PARTIE

UTILISATION DU CHEVAL

SOUS FORME

DE MOTEURS EN MODE DE VITESSE

Ainsi que nous l'annoncions au commencement de la section précédente, cette seconde partie de notre travail sera la continuation et dérivera directement de l'exposé antérieur.

****

Maintenant que nous connaissons les grandes lois qui président au fonctionnement organique, les caractères du mouvement évolutif, la mécanique musculaire, les conditions de la création et des transformations des forces en biologie et l'influence dominatrice des fonctions de circulation et d'innervation, nous allons nous trouver à l'aise pour aborder les côtés plus précis de l'utilisation des machines locomotrices vivantes.

Qu'on le sache tout de suite, nous trouverons à chaque pas l'application des connaissances acquises. Les lois de l'évolutilité nous apprennent, par exemple, que c'est pendant la période de développement que les organismes sont le plus modifiables. De même, c'est aux causes de la cœnogénèse et au but utilitaire qu'ont les variations, que nous demanderons la base d'une appréciation des modifications morphologiques observées.

Quand il s'agira de tirer parti des machines admirablement organisées que l'analyse nous aura appris à reconnaître aussi bien que possible, la possession des données relatives à la nutrition et toutes les conditions qui s'y rapportent seront notre meilleur guide. Ce sera aussi à cette source qu'on devra s'adresser pour établir les conditions secondaires de l'hygiène qui ont, dans certains cas, une valeur inappréciable.

*
* *

Ainsi comprise, cette nouvelle étape à parcourir comprendra trois grands chapitres dans lesquels seront examinés, successivement : 1° l'étude de la conformation ; 2° la détermination du rapport qui doit exister entre l'exercice, l'alimentation et le repos; 3° la reproduction et l'entraînement. Dans un appendice, nous exposerons, en terminant, les conditions secondaires de l'hygiène : le pansage, les bains, les soins aux membres, les logements, les couvertures, les harnachements et la ferrure.

CHAPITRE PREMIER

ÉTUDE DE LA CONFORMATION ET ESSAI DU CHEVAL DANS LE SERVICE AUQUEL ON [LE DESTINE

I

ÉTUDE DE LA CONFORMATION

Étude générale.

Les hippologistes accordent au qualificatif *conformation* un sens analogue à celui attribué au terme *morphologie* par les naturalistes. Il comprend donc, fondamentalement, l'analyse des variations dans le volume (*hétérométrie*)[1], dans les dimensions des axes (*anamorphose*), et dans la disposition des surfaces enveloppes ou directions des axes osseux (*alloïdisme*). Évidemment toutes les lois organiques doivent être prises en considération dans des recherches de cet

1. Les éléments à prendre en considération à cet égard, les rapports des volumes et des surfaces, ainsi que l'intervention du poids du corps dans la locomotion ont été étudiés antérieurement. Surtout, qu'on ne nous fasse pas dire ce qui est loin de notre pensée : que les poids morts deviennent des puissances locomotrices. Nous avons simplement exprimé qu'il doit exister une relation nécessaire entre le poids du corps et l'intensité de l'effort musculaire. Il est même évident que cette subordination sera aussi avantageuse que possible quand l'élimination de la matière inerte amènera une accentuation des agents organiques actifs.

ordre : il n'est pas suffisant de n'y rechercher qu'une *harmonicité absolue,* — proportion et similitude des angles des auteurs, — ou même une *harmonicité relative* — triples canons (R. Baron) et disposition des angles, suivant les degrés de vitesse. En plus, il doit être tenu compte des *tempéraments* ou états généraux de la constitution histologique des tissus, des adaptations particulières, — pas, trot, galop, selle et trait, — de la sexualité, du balancement fonctionnel, etc., qui ne sont pas, loin de là, des quantités négligeables.

II

ÉTUDE PLUS MINUTIEUSE DES CONDITIONS DE L'ADAPTATION AUX SERVICES ÉCONOMIQUES

Après avoir indiqué les conditions dominantes de l'adaptation, celles qui doivent guider dans le choix primordial qu'il y a toujours à pratiquer, il nous reste à faire connaître, dans une analyse plus minutieuse, les dispositions organiques propres à assurer la *résistance* et l'*utilisation agréable* dans les divers types de chevaux, principalement les relations d'harmonicité, de solidité et de puissance qui doivent exister dans les diverses régions.

I. — DU TRONC EN GÉNÉRAL

Le rôle mécanique du tronc est très complexe : il sert de support au fardeau et transmet la force impulsive produite par les muscles de la croupe et de la fesse.

On sait en effet que le travail s'opère par le transport à dos ou par la traction s'effectuant au moyen d'un collier et des traits. La relation existant entre la disposition d'ensemble du corps et l'action des fessiers et des ischio-tibiaux est prouvée par l'analyse mécanique, ainsi que la puissance qu'a, sous ce rapport, le balancier céphalo-cervical. Les membres postérieurs étant les agents essentiels de l'impulsion, la force qu'ils développent ne peut être transmise au centre de gravité, au lieu d'application des corps pesants, ou au point d'appui du collier, que par suite d'une rigidité suffisante du tronc.

Au même point de vue locomoteur, les deux extrémités du tronc, le bassin et le thorax, sont aussi à considérer comme servant d'origine aux muscles fessiers ischio-tibiaux, pectoraux, etc. A cause de l'intervention dans l'étude de ces puissances d'un second ordre d'organes actifs situés en dehors du tronc, nous laisserons de côté, momentanément, les observations qu'il y aurait à faire dans ce sens; elles seront reprises, avec plus d'à propos, quand il sera traité de la conformation des membres.

Le tronc a aussi une importance dominatrice relativement aux fonctions de nutrition et de dépuration, puisqu'il renferme les principaux organes de la digestion, de la circulation, de la respiration, de la fonction urinaire, etc.; mais nous possédons déjà tout ce qu'il est nécessaire de connaître à cet égard.

De la longueur générale du corps.

La longueur du corps, donnée par la distance qui sépare la pointe de l'épaule de la pointe de la fesse, comprend trois parties secondaires : l'épaule, la ligne du dessus et la croupe.

On a indiqué que les éléments dont se compose la longueur générale dont il vient d'être parlé ne varient pas seulement dans leur dimension absolue, ils interviennent aussi dans des proportions dépendant de leur direction. C'est ce que prouvent les figures ci-contre, empruntées au *Cours d'hippologie* publié par de Saint-Ange.

En somme, dans l'allongement du corps, ce ne sont pas

7

toujours les lignes qui augmentent, il arrive aussi souvent qu'elles deviennent simplement plus horizontales (*alloïdisme*). A plus forte raison, le *cheval qui couvre beaucoup de*

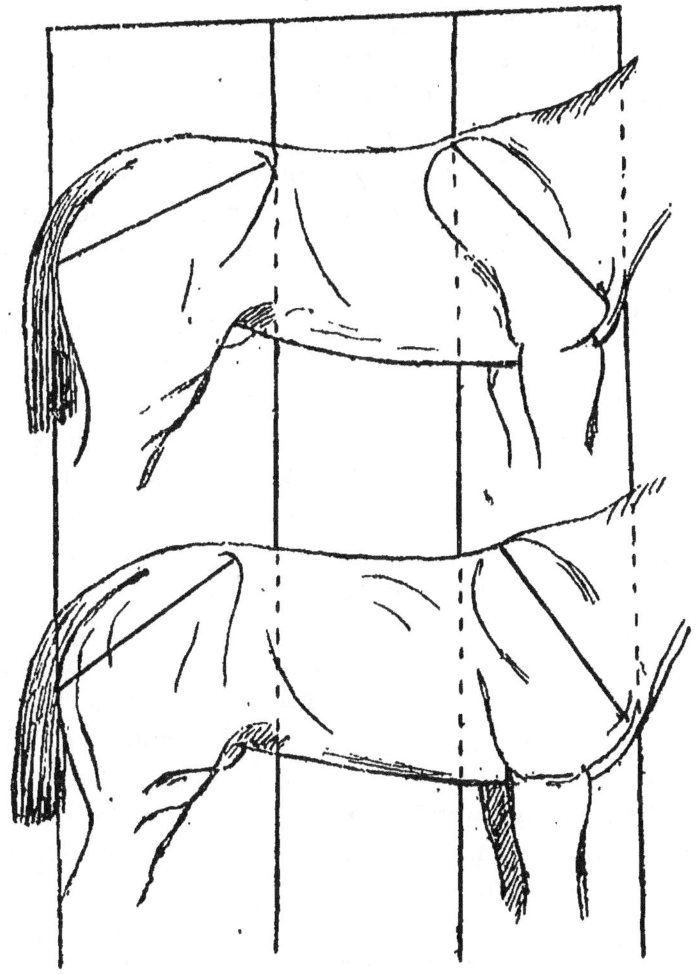

FIG. 16.

terrain, entre l'appui de ses pieds, n'a-t-il pas forcément la ligne du dessus d'une longueur démesurée!

Contrairement à ce que les auteurs admettent *à priori*[1],

1, Ce qui a été dit de l'*anamorphose*, en parlant des lois de l'harmoni-

la *longueur* du corps a une valeur indépendante de la *hauteur* au niveau du garrot et de la croupe. Cette dernière mesure, on l'oublie trop, est fonction de la direction des rayons des membres.

Ainsi, pour le pur sang, par exemple, le corps est presque toujours plus haut que long, et cependant rien ne prouve que le type de conformation de son corps soit le raccourcissement (R. Baron). On est même disposé à admettre le contraire, jusqu'à un certain point, quand on considère la direction de son épaule et de sa croupe. Seulement, dans ce type de conformation, les paturons sont redressés, ainsi que le bras, et le garrot est en même temps très saillant, ensemble de dispositions qui ont été méconnues pour la plupart ou insuffisamment prises en considération.

Certains hippologues préfèrent un corps long, d'autres l'aiment mieux court, enfin il en est qui croient qu'il doit être moyen, de telle sorte que le type général du cheval se rapproche d'un carré. Ce que nous croyons avoir établi sur l'origine des forces impulsives démontre que tout le monde a raison, mais seulement dans le sens limité où chacun s'est placé (p. 56).

En sorte que, comme terme final, il faut admettre que les chevaux qui remplissent un usage industriel — qui fournissent un supplément de travail locomoteur ajouté à celui que nécessite le déplacement de leur masse — pourront être longs ou courts, suivant que ce surcroît d'activité amène ou non, en même temps, une augmentation de l'influence de la gravitation [1].

cité, est fondamentalement vrai, mais les résultats dérivant de cette loi peuvent être modifiés par les caractères organiques spéciaux : l'alloïdisme, la sexualité, les formes spécifiques, etc., et par les adaptations particulières.

1. Toutes les personnes qui attellent savent ce qui arrive dans les côtes, où le centre de gravité, par suite de l'inclinaison du plan d'appui, se rapproche du train postérieur, en même temps que la force nécessaire au déplacement augmente. L'observation a également prouvé que si dans ce cas on pousse le cheval du fouet, il se met au galop pour accroître son instabilité, à moins qu'on ne lui vienne en aide en avançant

Si le poids du fardeau peut s'ajouter à celui du corps ainsi que cela arrive pour les services de la selle et d'attelage à une voiture à deux roues, les conditions de la production de l'effort des muscles propulseurs seront facilement réalisées. Mais, lorsque cet élément nécessaire de la production de l'effort locomoteur ne sera plus utilisable, comme chez le cheval qui traîne une voiture à quatre roues, et en général dans tous les cas où la traction s'opère sur les traits, sans aucune charge dorsale, le bras de levier de la gravitation devra y suppléer et le corps s'allonger, par conséquent, ou la puissance du levier ischial diminuer par un procédé quelconque que nous indiquerons plus loin.

Dans la pratique, pour l'utilisation à la voiture à deux roues, quand il faut déterminer un effort violent ou une compensation à la diminution du bras de levier de la gravitation résultant du rapprochement du centre de gravité, dans les côtes, on porte les poids à dos. C'est aussi une remarque de ce genre, faite dans l'utilisation journalière, qui a déterminé l'abaissement de l'attache des traits dans les voitures à quatre roues, pour que la traction pèse au point d'appui du collier, par l'effet de la direction oblique de haut en bas et d'arrière en avant, qu'ils affectent, par suite de cette disposition.

Encore y a-t-il une raison pour que le cheval de gros trait soit court dans le tronc : il a besoin d'une grande résistance dans la ligne dorso-lombaire, et la longueur générale, quelle que soit la forme par laquelle elle intervient, diminue forcément la puissance de cet organe de transmission des efforts impulsifs.

Les allures produisent l'instabilité par un autre mécanisme. Dans le galop, l'impulsion d'un des membres postérieurs a lieu avant que les antérieurs interviennent pour soutenir le centre de gravité. Le cheval de trait, quand

le siège ou au moins le corps. C'est pour des raisons analogues que, dans le gros trait, on abaisse les brancards dans les mêmes conditions.

il produit un effort très violent au pas, utilise aussi toute l'action du poids de sa masse par la suppression du rôle de soutien dévolu aux membres de devant : on le voit alors se cramponner au sol et les extrémités antérieures agissent à ce moment surtout pour attirer en avant le poids du corps et celui du fardeau. Cette disposition n'est plus réalisable pour le cheval de trait léger, utilisé au trot.

Pour le cheval de pur sang anglais, au mode d'impulsion spécial que comporte le galop s'ajoute encore la longueur du corps, et même le raccourcissement de l'ischium, afin que l'action musculaire puisse atteindre son maximum de puissance.

De la ligne de dessus.

La ligne du dessus comprend trois subdivisions : le garrot, le dos et le rein.

Ces régions, tout en ayant chacune un rôle spécial, sont liées par une grande similitude anatomique et fonctionnelle, de telle façon que leur étude commune s'impose tout d'abord, si on veut avoir une idée générale exacte de leur rôle mécanique.

La première chose à considérer dans le dessus, c'est certainement la *direction qui doit tendre* vers l'horizontale, Si la partie antérieure est un peu plus élevée, cela fait dire que le cheval est *bien dirigé dans son dessus* ou encore *fait en montant*. Dans ces conditions les fardeaux sont maintenus en bonne place, tandis que si le cheval devient *bas du devant, est fait en descendant* ou a *le dessus plongeant*, expressions qu'on emploie dans le même sens, la charge dorsale et les harnais sont forcément poussés sur le garrot, quelle que soit d'ailleurs la beauté de l'organisation de cette région et, comme conséquence immédiate et nécessaire, les membres de devant sont surchargés.

De ce que cette disposition n'existe pas chez le cheval

de course, sa valeur n'est pas moins réelle. Il ne faut pas oublier que dans le type de conformation propre à la vitesse, l'abaissement qui s'observe généralement dans le train antérieur est la conséquence du redressement des rayons, l'importance de cette disposition étant moindre dans les extrémités antérieures. D'ailleurs, le poids imposé sur les hippodromes est toujours relativement faible, et l'abaissement du devant, comme l'exagération du levier céphalo-cervical, favorise l'accroissement de l'action impulsive du train postérieur, et les considérations physiologiques exposées, nous le rappelons encore une fois, en indiquent bien les causes.

Encore ne peut-on en conclure que les membres de devant ne sont pas surchargés; on cherche à réaliser le maximum de ce que peut rendre l'appareil locomoteur, et cela coûte que coûte. L'usure prématurée de la plupart des chevaux soumis à ce régime prouve qu'il n'est pas toujours en rapport avec la conservation de leur appareil locomoteur.

L'abaissement du devant, que l'on remarque chez presque tous les poulains, est appelé à disparaître avec l'âge à mesure que le développement du cheval s'achève, aussi n'est-il à redouter que lorsqu'il est par trop exagéré.

Une seconde beauté à demander à la ligne du dessus, c'est la rigidité, provenant de la hauteur et de la prolongation en arrière du garrot, de la brièveté au niveau du rein, ou de la rondeur des côtes.

On a dit que le dessus, ou plutôt le dos du cheval, doit avoir une certaine longueur. D'autre part, on sait que les carrossiers et tous les chevaux qui travaillent dans les traits, sans charge dorsale, ont besoin d'une plus grande étendue dans le corps. Nous pouvons ajouter à cela que chez le cheval de vitesse l'écartement des jambes permet l'ampleur des enjambées et élimine le *forger*. En réalité, il faut que le cheval de course couvre beaucoup de terrain et ait le dessus relativement court; les figures empruntées à M. de Saint-Ange indiquent comment ce double résultat s'obtient.

Les conséquences de l'horizontalité de l'épaule et de la croupe sont très complexes. L'épaisseur du rein s'affaiblit certainement, par suite de la diminution de la projection de la surface d'insertion du muscle ilio-spinal (principale base du rein) sur un plan perpendiculaire à sa direction. Pour des raisons analogues, les fessiers et les ischio-tibiaux (muscles de la croupe et de la fesse) ont aussi un développement transversal moins fort. Le grand dentelé, au moyen duquel le tronc est suspendu entre les membres antérieurs, serait plus court si la poitrine n'était plus haute, condition rendue moins sensible par le redresse-ment du bras. Nous reprendrons ces différents éléments d'étude dans l'examen des membres.

Le cheval de trait léger, ainsi que le sont certains che-vaux bretons et ceux du Norfolk, a réellement le dessus long, mais cela vient d'une adaptation à un service spécial, exigeant à la fois de la force de traction, et un développe-ment d'efforts plus grand comme quantité que comme étendue.

Est-il utile de faire remarquer que la longueur du des-sus le prédispose à se casser beaucoup plus vite ?

Enfin, il est évident qu'il y a tout avantage à ce que, dans tous les cas, le rein soit relativement plus court que le dos, par suite de la solidité plus grande de la seconde région, due à l'intervention des côtes et du sternum, en raison aussi de la profondeur plus grande de la poitrine, qui se joint à une telle disposition organique.

Avant de passer en revue chaque région en particulier, il reste encore à faire remarquer l'importance du dévelop-pement transversal du dos et du volume des muscles qui comblent, de chaque côté, les gouttières vertébro-costales, importance que fait concevoir l'étude du rôle physiolo-gique de ces organes.

Du garrot en particulier.

Le garrot, considéré en lui-même, est plus ou moins sorti suivant le genre de service auquel appartient le cheval que l'on considère, mais il faut savoir que son abaissement peut dépendre d'autre chose que de la diminution de longueur des apophyses épineuses des premières vertèbres dorsales, qu'il peut provenir du mode de suspension entre les membres antérieurs[1], comme cela arrive, entre autres, pour les chevaux de trait, par l'action du poids énorme du tronc, semble-t-il (R. Baron).

Les chevaux de selle et d'attelage doivent avoir le garrot saillant, prolongé en arrière vers la région dorsale, et suffisamment musclé. On indique les beautés de la première région de la ligne du dessus par les expressions *garrot bien conformé* ou *bien développé*. Suivant le genre des défectuosités que l'on trouve, on les caractérise par les qualificatifs *bas*, *gras*, *maigre* et *tranchant*, qui sont très explicites par eux-mêmes. C'est surtout quand l'épaule se redresse que le garrot pèche par le manque de musculature.

En ce qui concerne la désignation *bas*, il est tout à fait inutile d'insister pour faire comprendre qu'elle s'applique au manque d'accentuation. Le garrot *gras* est celui dans lequel les muscles acquièrent un trop fort volume ou sont le siège d'une infiltration graisseuse exagérée, ce qui se lie généralement à un tempérament commun et qui expose le cheval aux blessures par l'action des harnais. Quant à ce qui est des formes appelées *maigres* ou *tranchantes*, dont la dernière n'est qu'un degré plus élevé de celle qui la précède, on comprend parfaitement qu'il s'agit d'un manque de développement dans les parties molles, qui laisse les os en saillie, avec une prédisposition aux blessures des parties qui se trouvent entre eux et la matelassure de la selle plus ou moins bien entretenue, qu'ils ar-

---

1. Les professeurs d'anatomie d'Alfort, MM. A. Goubaux et G. Barrier, ont publié à ce sujet des recherches des plus intéressantes.

rivent d'ailleurs à tasser rapidement si le défaut est exagéré et que des précautions spéciales n'ont pas été prises dans la fabrication du harnachement.

Si on recherche les dispositions anatomiques dont dépend la sortie de l'encolure, on trouve un rapport direct avec la forme du garrot, car lorsque les vertèbres qui sont la base osseuse de la région ont leurs apophyses très élevées, le ligament cervical et les muscles de la région cervicale supérieure qui s'y fixent ont un point d'attache placé très haut, ce qui augmente leur puissance. Ce qui fait qu'on observe fréquemment des sorties d'encolure très bonnes sans que le garrot soit très dessiné, c'est que, comme cela a été dit, la saillie de la région n'est pas toujours en raison directe de la longueur des apophyses épineuses qui s'y trouvent. On peut se baser sur les mêmes considérations pour montrer que le rôle qu'on a accordé à la conformation du garrot relativement au *forger* n'a rien d'absolu : ce n'est, en effet, que par une action indirecte, par l'intermédiaire du relèvement de l'encolure, qu'il peut avoir une influence sur le lever des membres antérieurs, à moins cependant qu'on ait en vue la surcharge du train antérieur provoquée par le déplacement en avant du poids supporté.

Du dos en particulier.

Il n'y a rien à ajouter à ce qui a été dit de la longueur, sinon qu'on peut faire remarquer les avantages qui résultent de la prolongation du garrot, laquelle ajoute à la solidité du dos et le fait paraître plus court.

La direction varie dans les deux sens, la ligne s'affaissant ou se relevant. Les *dos bombés* — le *dos de carpe*, le *dos de mulet* ou *dos tranchant* — sont, dit-on, mieux disposés pour porter, et cela semble vrai ! Où ils ne conviennent certainement pas, c'est pour la traction, car ils sont disposés peu favorablement pour transmettre l'impulsion sous cette forme, par suite de la faiblesse du rein et de l'accentuation de l'arc d'une rigidité relative qui joint l'articulation coxo-fémorale au point d'appui du collier. Les diverses formes du *dos fléchi* — le *dos mou* et le *dos ensellé* — sont moins essentiellement nuisibles pour le service de l'attelage que pour celui de la selle. Il arrive même que ces dispositions sont liées à un bon port de tête et de queue et à des mouvements relevés qui sont des beautés de premier ordre pour les carrossiers. On ne devra cependant jamais oublier qu'elles ont comme conséquence une certaine faiblesse, et qu'elles s'accentueront avec l'âge.

La relation qui fait que le dos présente en même temps une forme convexe et un rétrécissement latéral provenant d'une moindre incurvation des côtes, et réciproquement, est très curieuse ; elle apporte un appui sérieux aux conceptions de M. Baron sur l'alloïdisme.

La largeur du dos, qui indique une bonne musculature, bien que relativement moins marquée chez les chevaux de galop, est toujours une beauté dont la signification n'a pas besoin d'être démontrée, après ce qui a été indiqué ci-dessus.

Du rein en particulier.

On connaît à peu près tout ce qu'il y a à dire à propos de la longueur de cette partie. Il est cependant utile de mettre en garde contre le rapport qui a été établi entre cette dimension et la largeur du flanc. Aucune comparaison dans ce sens ne peut être juste, puisque la disposition de la seconde région est liée à l'inclinaison de la dernière côte en arrière et à son degré d'incurvation.

A propos de la largeur, nous savons que, comme pour le dos, comme pour presque toutes les régions, elle n'est jamais trop grande, puisque c'est une condition de force et de résistance : le rein *étroit* et *faible* doit être considéré comme une défectuosité grave.

La direction du rein participe généralement de celle du dos ; il peut cependant offrir, seul, une incurvation supérieure, qui le fait dire *voussé*. Les mêmes influences mécaniques indiquées pour le dos convexe se reproduisent alors. Également par analogie avec le dos, la direction en voûte surélevée[1] s'accompagne souvent du manque de muscle, ce qui fait encore appliquer la qualification *tranchant*.

Un point qui mérite d'attirer sérieusement l'attention, c'est l'*attache* ou union avec la croupe, en raison de son influence sur l'action des membres postérieurs.

L'attache du rein offre son maximum de solidité chez le cheval de trait, à cause de l'inclinaison de l'ilium, qui étend, par le procédé indiqué, la surface d'insertion du muscle ilio-spinal. D'autant plus, qu'un renforcement s'établit généralement par un énorme développement de la pointe antérieure du fessier moyen, constituant ce que l'on appelle le *rein double*, c'est-à-dire présentant deux saillies latérales.

Le pur sang anglais offre des caractères inverses : l'horizontalité relative de l'ilium et la diminution de l'épaisseur des muscles, et par suite la faiblesse du rein ; aussi le poids organique a-t-il dû diminuer jusqu'à sa dernière limite dans ce type de moteur, ainsi d'ailleurs que celui du jockey qui le monte.

Quand les muscles ne comblent pas bien l'espace laissé entre la gouttière dorso-lombaire et l'os de la hanche, que les parties dures forment des saillies apparentes, l'attache du rein manque de solidité, il est qualifié de *mal attaché* et on dit du cheval qui le présente, qu'il *pèche dans son attache de rein*, ou encore qu'il est *faux dans son attache de rein*.

Queue.

Bien que la queue n'ait aucune influence mécanique[2], on accorde beaucoup d'importance à sa disposition, parce

1. Il ne faut pas confondre cette disposition avec la saillie des pointes du fessier superficiel.

2. Quelques auteurs ont voulu lui faire jouer un rôle analogue à celui du gouvernail dans les navires!

que c'est une des conditions qui contribue le plus à donner un aspect agréable à l'ensemble de la conformation.

L'origine de la queue doit être située haut sur la croupe, pour qu'elle soit *bien attachée*, suivant l'expression adoptée. En outre, le *port de queue*, autrement dit le relèvement de cet appendice, son détachement des fesses est également une beauté absolue; malheureusement on y supplée trop facilement au moyen du gingembre ou de l'opération de la *queue à l'anglaise*, qui est généralement abandonnée aujourd'hui, probablement parce que cette ruse du maquignonnage ne trompe plus personne.

Nous ne parlerons pas des dispositions des crins de la queue, dont la description fait partie des indications relatives au signalement et n'offre rien d'intéressant au point de vue de l'étude dont nous nous occupons actuellement.

II. — ÉTUDE DES MEMBRES

Les muscles de la croupe et du poitrail concourent aux mêmes fonctions mécaniques que ceux des membres, il est donc rationnel, dans une étude d'ensemble, de les examiner en commun.

I. — Des aplombs généraux des membres[1].

Le nom d'aplombs a été employé en hippologie pour indiquer le rapport établi entre la direction des rayons osseux des membres et la verticale ou ligne du fil à plomb.

---

1. Sur ce point, nous semblons être en désaccord avec M. Baron. Cela n'est qu'apparent : à notre avis, les manifestations des lois de l'alloïdisme, et aussi à un moindre degré de celles de l'anamorphose sont, pour les membres, dans l'état actuel du milieu économique, presque complètement entravées par l'action des adaptations particulières. On comprendra facilement cet état de choses, en considérant la complexité des formes d'utilisation, les variations qui se présentent dans la topographie, les vitesses, les allures et les services.

Ceci donne même beaucoup à réfléchir sur les limites à établir dans

Axes directeurs des membres.

Quand le cheval est placé en station régulière, le poids du corps est réparti sur les extrémités suivant les proportions qui ont été déterminées expérimentalement.

Chaque membre devient, dans ces conditions, une colonne de soutien dont la résistance, due à la contraction musculaire, doit s'opposer directement à l'action de la pesanteur.

D'un autre côté, il est certain que la résultante générale des efforts de soutien ne peut avoir une autre direction que celle qui est donnée par la ligne qui joint les deux extrémités du membre, l'articulation coxo-fémorale et le centre d'appui du pied, pour les membres postérieurs, par exemple, et cette ligne a reçu le nom d'*axe directeur du membre*.

Remarque. — On comprend dès lors, sans plus ample information, que la verticale suivant laquelle agit la partie du poids du corps dévolue à chaque membre doit se confondre avec son axe directeur, autrement l'équilibre ne s'établirait que par une décomposition de la résultante générale des efforts statiques, ce qui occasionnerait la perte d'une partie de l'effet musculaire et un accroissement de fatigue.

α. DÉTERMINATION DE L'AXE DIRECTEUR DES MEMBRES ET, COMME CONSÉQUENCE, DE LEURS LIGNES D'APLOMB

Ce qui précède étant admis, il faut en conclure que, pour obtenir l'axe directeur des membres, il suffit, sur un cheval dont la régularité d'aplomb est reconnue très bonne par tous, de faire passer une verticale par le centre d'appui des pieds antérieurs et postérieurs[1].

l'accentuation des effets des lois générales de l'organisation dans les animaux moteurs. Il est à peu près impossible de ne pas sentir que les adaptations ou les accentuations extrêmes des types les spécialise en général beaucoup trop. Ce sera là un point que nous développerons plus loin, ou dont nous ferons au moins sentir l'influence.

1. On pourrait aussi opérer d'une façon inverse, si cela n'était plus

Lignes d'aplomb dans les membres vus de profil.

MM. A. Goubaux et G. Barrier ont adopté la théorie des aplombs de leurs prédécesseurs, parmi lesquels nous citerons, entre autres, M. Lecoq, en lui donnant une précision mathémathique ; nous allons parcourir la démonstration très scientifique dont ils se sont servis, en leur empruntant les figures qu'ils joignent au texte[1].

Membres antérieurs. — En prenant le rapport de la ligne directrice du membre avec les rayons qu'ils constituent, les auteurs précités s'expriment comme suit :

« Elle est, en effet (fig. 17), équidistante des perpendiculaires au sol *ef*, *gh*, ainsi que le démontre l'observation des animaux choisis comme types de bonne conformation. Elle est aussi équidistante de *rs* et de *tu*, l'épaisseur des articulations, en ces points, étant égale.

« Il suit de cela que *ab* coupe *eg* (l'humérus) en son milieu de même que *rt* ; car *cghf* et *rtus* sont des trapèzes dans lesquels *ab* est une parallèle équidistante de leur base.

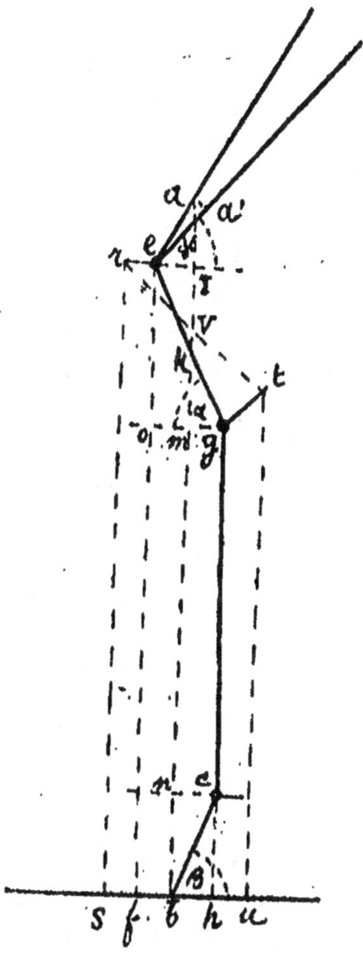

Fig. 17.

difficile, en abaissant une verticale correspondant au centre de fixation de chaque membre au tronc.

1. MM. A. Goubaux et G. Barrier, *Extérieur du cheval.*

« D'autre part, on voit que si *ge* (rayons radio-métacar-
piens) reste vertical, *fh*, projection horizontale de l'humérus, égale *fb* (projection de *ae*), plus *bh* (projection de *bc*).
Et puisque *bh* = *fb*, on peut dire que la projection horizontale de l'humérus est *b* double de la projection horizontale du rayon phalangien. »

A tout cela il n'y a qu'une objection à faire, mais elle
est très sérieuse, c'est qu'il y a des directions différentes
de l'épaule suivant les modes d'utilisation, et que leur
considération met en doute tout ce qui vient d'être exposé.

Les professeurs de l'école d'Alfort ont bien entrepris de
s'expliquer à ce sujet, mais ce qu'ils en disent est insuffisant. Comme précédemment, nous allons les laisser parler :

« Remarquons, enfin, que toutes les conclusions tirées
de la considération des aplombs types sont toujours applicables, à la seule condition que les angles articulaires
maintiennent leurs sommets sur les lignes *ef* et *gh*.

« Cela prouve que *des angles articulaires quelconques
peuvent être compatibles avec de bons aplombs*. Ici encore, la
théorie du général Morris, que l'on a présentée (Sanson)
comme un excellent critère pour juger de la régularité des
aplombs, est manifestement en défaut. »

Eh bien, non, il faut encore autre chose, car prenez une
direction des rayons et augmentez l'obliquité de l'épaule,
vous verrez que la verticale passant par le point de
l'épaule regardé comme correspondant à la fixation des organes de soutien du tronc — le tiers supérieur de l'épaule,
si on veut — se rapproche du canon, et qu'il est impossible de maintenir les conditions admises : le partage à
parties égales de l'os du bras, et l'égalité de la projection
de chacune de ces parties avec celle du paturon.

On sentira mieux la valeur de la remarque qui vient
d'être faite si on observe que l'épaule, devenant plus horizontale, comme cela est admis pour le type de conformation propre aux courses de vitesse, à l'allure du galop, la
projection horizontale de *ae* augmente, tandis que le patu-

ron se redressant — et ceci est incontestable — sa projection dans le même sens diminue.

Il y a bien moyen d'arranger les choses par une plus
grande verticalité de l'épaule, ce qui serait contraire aux

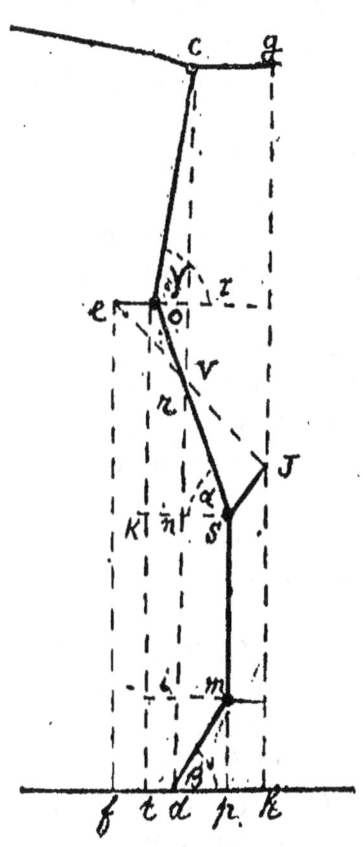

Fig. 18.

idées reçues, ou par un rapprochement de l'angle de l'é-
paule et du centre d'attache des
muscles suspenseurs du tronc,
pourvu qu'il soit proportionnel
à l'horizontalité du rayon scapulaire, et réciproquement, ce
qui serait d'ailleurs un complément d'explication du genre de
mouvements propre au cheval
de galop exercé au trot, mais
ce serait là un fait matériel
qu'il faudrait vérifier.

Membres postérieurs. — Ce qui
vient d'être indiqué pour les
membres antérieurs paraît d'une
application directe dans ceux
de derrière.

Ici la démonstration mathé-
matique des rapports existant
entre la projection du paturon
et celle des deux parties de la
jambe est très facile à reconnaître sur les photographies et
sur la figure 18.

Comme aux membres anté-
rieurs, il reste à rechercher ce que les choses deviennent
quand la direction des os varie, ce qu'il est facile de constater dans les types adaptés aux différents usages économiques.

Rappelons rapidement le mécanisme de décomposition
de l'action du poids sur les membres postérieurs :

Au niveau de l'articulation coxo-fémorale, la force de gravitation G se décompose en une force perpendiculaire amortie P et une autre S, qui descend dans le sens du fémur (fig. 8).

A l'angle du grasset, le même mécanisme de destruction agit : S se subdivise en R perpendiculaire, détruite par le rayon tibio-rotulien et P qui vient agir au jarret.

Dans la jointure tarsienne et au boulet, le procédé d'absorption n'a pas changé.

Si on opère les mêmes décompositions dans une figure où les rayons sont dans une situation plus verticale, à supposer que l'inclinaison change de telle façon que la ligne d'aplomb soit conservée, ce qui arrive quand les modifications de direction sont opérées de quantités proportionnelles pour chaque rayon, les *parts de poids amorties par l'action musculaire et les os sont en raison inverse du redressement des rayons*, tout en conservant le même genre de distribution pour la proportion qui revient à chaque jointure.

Comme conséquences, certaines adaptations étaient nécessaires pour les animaux dont le volume est très fort, comme chez ceux destinés au gros trait, pour empêcher que la limite d'élasticité des tissus ne fût dépassée. Ces modifications se conçoivent mieux si on remarque que les rayons osseux se rencontrent normalement en formant des angles obtus. De plus, en examinant la conformation des chevaux de galop on verra que, à mesure que les os se redressent dans les membres, le coxal bascule de telle façon que l'angle de la hanche s'abaisse, en même temps que l'ischium se relève et se raccourcit. A ces dispositions il faut ajouter une plus grande ouverture de l'angle ilio-ischial [1].

Il n'est pas inutile de faire remarquer que ce qui se passe ici rend probable une modification correspondante dans les membres antérieurs, ce qui serait conforme aux idées que nous avons émises.

Des aplombs dans les membres vus de devant et de derrière.

Ici l'axe' directeur des membres coupe en parties à peu près égales tous les rayons, et il est sensiblement dans la même place que les verticales correspondant au milieu de la pointe de l'épaule et à la partie analogue de la pointe de la fesse.

β. DÉSIGNATION DES VICES D'APLOMB
VICES D'APLOMB PORTANT SUR LA DIRECTION GÉNÉRALE DES MEMBRES

En résumant ce qui précède, au point de vue pratique, on trouve qu'il faut, pour que les aplombs soient réguliers :

a. *Dans le cheval vu de profil.*

1º Que la verticale qui part de la pointe de l'épaule tombe à quelques centimètres en avant de la pince[1] ;

2º Que celle qu'on abaisse de la pointe de la fesse aboutisse au sommet du calcanéum et suive le bord postérieur du canon[2].

b. *Dans le cheval vu de devant.*

Que la ligne de fil à plomb passant par le milieu de la pointe de l'épaule partage en deux parties égales le membre tout entier.

c. *Dans le cheval vu de derrière.*

Que l'aplomb soit apprécié par la verticale qui correspond au milieu de la fesse, laquelle doit aussi partager également tout le membre.

Lorsque la direction du membre n'obéit pas à ces lois, l'aplomb est qualifié d'*irrégulier*, de *mauvais*, de *défectueux* ou de *vicieux*.

1. Dans la figure *ab* est parallèle à *t s*, qui passe par la pointe de l'épaule.

2. Comme aux membres antérieurs, *g h* est parallèle à *c d*, et passe par la pointe de la fesse (fig. 20).

Le cheval étant vu de profil, si les membres postérieurs se portent en avant, on dit que le cheval est *sous lui*, et *campé* si l'aplomb est dévié dans le sens opposé. Aux membres antérieurs, les mêmes dénominations s'emploient, mais dans un sens inverse : *campé*, si le membre avance; *sous lui*, s'il recule.

Pour l'examen fait de derrière ou de devant, on applique les dénominations ouvert ou fermé, suivant que les membres s'écartent ou se rapprochent. Quand l'extrémité antérieure et plus spécialement la pince se dirigent en dehors, le cheval est dit *panard;* la déviation opposée avec la pince regardant en dedans le fait appeler *cagneux.*

II. — Des défauts d'aplomb limités à quelques rayons.

Les principaux défauts d'aplomb locaux sont :

a. *Aplombs du cheval vu de profil.*

1° Dans les membres postérieurs.

Le relèvement du boulet (cheval *droit sur ses boulets, haut jointé* ou *bouleté*) ou son affaissement (cheval *assis sur ses boulets* ou *bas jointé*).

En ce qui concerne le jarret, le canon porté en avant (*jarret coudé*) ou dirigé en sens inverse (*jarret droit*).

Les déviations de la jambe n'existent guère que dans l'aplomb qui a été appelé *jarret laissé en arrière de la ligne d'aplomb.* On ne peut pas considérer comme un aplomb irrégulier le redressement normal qui existe chez le pur sang anglais, pas plus que pour le boulet, d'ailleurs.

2° Dans les membres antérieurs.

Aux boulets des membres antérieurs, on voit les mêmes vices d'aplomb que dans ceux de derrière. En même temps que l'extrémité supérieure du canon, le genou peut être porté en avant et le cheval dit *arqué* ou *brassicourt;* on le qualifie d'*effacé*, de *creux* ou de *genou de mouton*, quand la déviation inverse existe.

b. *Aplombs vus de derrière.*

On trouve la pointe des jarrets rapprochés, c'est ce qui s'appelle *jarrets crochus, cheval jarreté* ou *jarretier* et qui s'exprime encore vulgairement en disant que le cheval a les *jarrets en pieds de banc.*

L'incurvation du jarret en dehors de la ligne d'aplomb est désignée par les dénominations *jarret cambré, cheval bancal, cheval ouvert dans ses jarrets.*

Le resserrement des pointes des jarrets s'accompagne de l'écartement des pieds en dehors, ce que l'on appelle *panard.* Par un procédé analogue l'ouverture des jarrets rend les pied *cagneux.*

La déviation du pied peut aussi ne partir que du boulet.

c. *Aplombs du cheval vu de devant.*

Le membre peut être dévié en dehors à partir du coude, on l'indique en disant que les coudes sont *serrés au corps.* Réciproquement les coudes peuvent être ouverts et le cheval *ouvert dans ses coudes.*

Le genou étant placé en dehors de la ligne d'aplomb, il est dit *cambré* et le cheval *bancal du devant.* La direction opposée s'appelle *genou de bœuf.*

Comme dans l'arrière-main, les coudes serrés ou ouverts amènent les défauts *panard* ou *cagneux;* mais, comme dans les membres postérieurs encore, la direction défectueuse peut partir du boulet.

Remarque. — Dans certains cas, pour les déviations des boulets et du genou en avant par exemple, on peut se demander si les défauts sont d'origine congénitale ou acquis, et on comprend l'importance que cela pourrait avoir s'il n'était visible que, précisément, le défaut né de l'usure s'accompagne des autres tares qu'elle détermine.

III. — Des inconvénients offerts par les vices d'aplomb.

Pendant la station, en dehors de *la fatigue exagérée* qu'ils occasionnent, les défauts d'aplomb ont aussi comme conséquence *une division mal pondérée de l'effet du poids du corps entre les extrémités.*

Le *cheval sous lui* a les membres postérieurs surchargés, si le défaut est limité à un des bipèdes antérieur ou postérieur. Inversement, le *campé* limité à un seul bipède devant ou derrière, occasionne le report du poids vers le bipède non déplacé de sa position régulière.

Beaucoup d'auteurs, M. Sanson entre autres, admettent que le camper est le résultat d'un dressage spécial ou, pour les membres antérieurs, une des conséquences de la *fourbure.* Ce qu'il y a de certain, c'est que dans la fourbure cette position est toujours celle qui est adoptée pour soulager les pieds souffrants.

Le *panard* et le *cagneux* occasionnent des tiraillements des ligaments articulaires du côté opposé à la déviation, et la compression des talons dans ce même sens, laquelle amène une atrophie plus ou moins marquée.

Dans le cas des défauts d'aplomb limités à quelques rayons, l'excès de fonctionnement est à un certain degré limité aux régions déformées, d'une façon directement proportionnelle à l'accentuation de la flexion des rayons qui y aboutissent, et ses effets portent surtout sur les ligaments placés en sens inverse de la fermeture de l'angle qui se forme ou qui préexistait. Réciproquement, le redressement des rayons d'une jointure y diminue le travail d'amortissement, mais en surchargeant les parties qui concourent au même rôle.

Bien entendu, tout cela s'opère sans préjudice de la fatigue qui peut provenir de la destruction de l'aplomb général : c'est ainsi que, pour le *jarret situé en arrière de la ligne d'aplomb,* on a, à la fois, les inconvénients du camper et ceux du jarret coudé.

En outre, au point de vue des mouvements, les déviations d'aplomb ont la plus haute gravité. Aux membres abdominaux, le *sous-lui* s'accompagne d'un mouvement exagéré dans le sens vertical, tandis que dans le *campé* il est insuffisant. Pour les extrémités antérieures, c'est le contraire qui a lieu, et ici l'engagement des membres sous le tronc est encore peut-être plus à redouter, car le mouvement en hauteur est encore diminué par la fatigue qui naît pendant la station. La prédisposition au forger et aux chutes est dès lors très grande.

Ajoutons que les aplombs *panard* et *cagneux* occasionnent des défectuosités d'allures quelquefois inquiétantes : le couper, le croiser, etc. Les vices d'aplomb locaux ont relativement aux allures des inconvénients moins graves, mais qui ne sont pas négligeables dans certains cas : tels sont le billarder, les jarrets vacillants, etc.

On a prétendu qu'il faut préférer un cheval panard à un cheval cagneux, parce que le premier défaut a au moins l'avantage d'élargir la base de sustentation et par conséquent d'augmenter la solidité, tandis que le second n'offre même pas cette faible compensation.

MEMBRES POSTÉRIEURS

Mouvements cinématiques obtenus par la chronophotographie.

(MM. MAREY ET PAGÈS.)

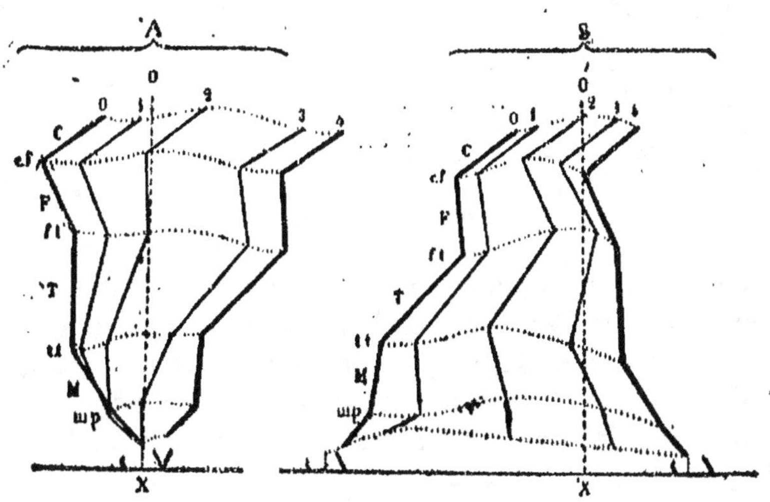

Fig. 19. — Pas.

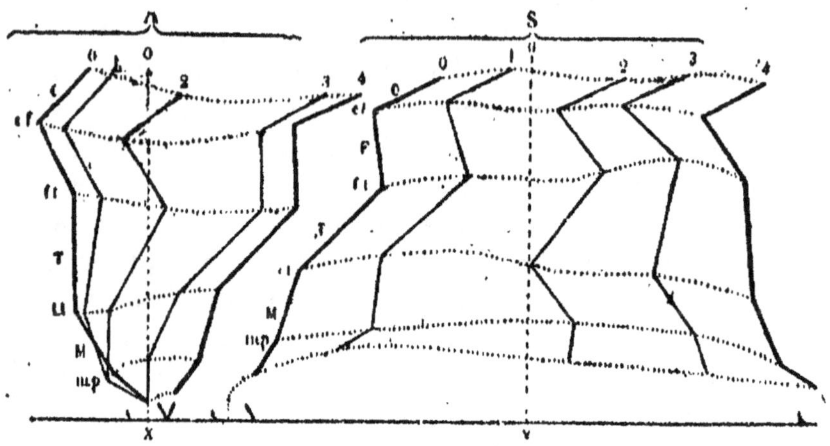

Fig. 20. — Trot.

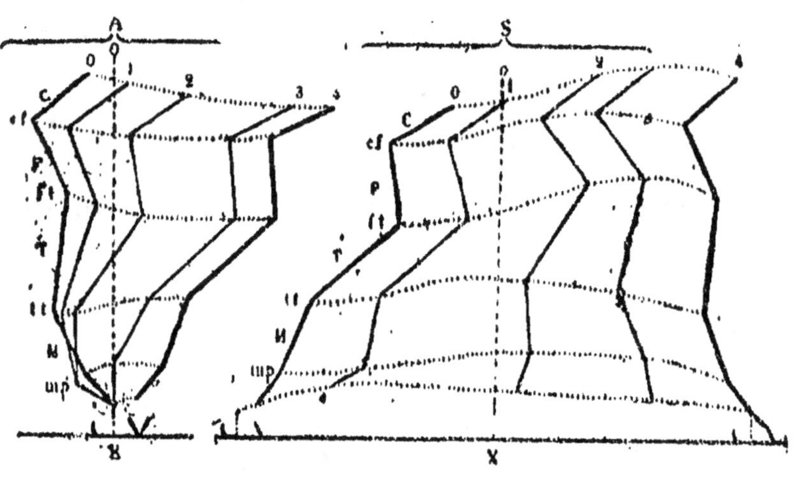

Fig. 21. — Galop.

A l'aide de ces figures, par des projections horizontales
et verticales de l'axe du membre ou des différents rayons
osseux, aux divers degrés des mouvements de translation,
ont obtient leur rôle mathématiquement : l'influence qu'ils
ont dans le déplacement en avant ou l'élévation de l'extrémité par laquelle ils sont unis au tronc[1].

1. Bien que ce genre de recherches soit des plus captivants, nous ne
pouvons nous y arrêter dans un ouvrage de la nature de celui-ci. Co-

Croupe.

La valeur dynamique de la croupe se conçoit à première vue, rien que par l'aspect des masses musculaires énormes, sans contredit les plus volumineuses de l'économie, que l'on y trouve.

Le point fondamental de l'étude que nous avons à poursuivre consiste à rechercher quelles sont les conditions qui assurent une direction favorable de l'impulsion, en même temps que l'épaisseur et la largeur ou la longueur des muscles : d'un côté, c'est l'*étendue de contraction* (Alassonière) et la direction plus spéciale des forces impulsives dans le sens du mouvement, et, de l'autre, c'est l'*intensité de contraction* (Alassonière) avec un partage de la force musculaire effective donnant plus d'importance à l'élément affecté aux efforts statiques, en raison d'une masse plus considérable.

La longueur de l'ilium est une beauté, puisqu'elle élargit la surface d'insertion offerte aux fessiers, sans modifier leur mode d'action. Les bénéfices à tirer des directions différentes de l'os de la hanche sont subordonnés au service : la *direction de ce rayon tendant vers l'horizontale*, diminue l'épaisseur des muscles du rein et celles des fessiers (p. 114), en même temps qu'elle les allonge, et que dans la décomposition de force qui se produit au moment de l'impulsion, l'élément statique atteint son degré le moins élevé, et par conséquent la force de propulsion sa valeur maxima (p. 56). C'est pour cela que c'est le genre de conformation que l'on rencontre chez les chevaux de course plate.

L'obliquité de l'ilium produit un résultat inverse et est adaptée aux efforts statiques nécessaires aux organismes d'un fort poids ou aux mouvements en hauteur, comme

pendant, nous tenons à faire observer que nous en avons largement profité pour établir les données qui vont être exposées, car c'est un des éléments les plus sérieux qui puisse être employé dans leur détermination.

pour le cheval de steeple et de chasse, si la masse à déplacer est peu pesante (*bosse du saut*).

La disposition des ischio-tibiaux dépend en partie de la direction et des dimensions de l'axe-ischial, — obtenu en joignant l'articulation coxo-fémorale à la pointe de la fesse, comme l'axe ilial est donné en réunissant la même jointure à la pointe de la hanche, — et de l'épaisseur de la croupe, — la distance qui sépare l'axe ischial du sommet de l'épine sus-sacrée, ou, ce qui revient au même, de la ligne supérieure de la région.

En se reportant à nos études antérieures (p. 61), on verra que le relèvement de l'ischium allonge les muscles de la fesse, mais en même temps diminue l'étendue de leur surface d'insertion, par l'obliquité de la surface ischiale relativement à la direction des muscles de la fesse qui s'établit, et aussi par le rapprochement du sacrum et de la partie inférieure de la croupe, occasionnant une diminution de l'*épaisseur* de la région.

La disposition inverse, l'obliquité de l'ischium tendant à rendre son axe perpendiculaire à la direction de la fesse, augmente, par un mécanisme opposé, la largeur des muscles de la croupe et de la fesse, aussi est-elle recherchée pour les chevaux qui travaillent en mode de masse. Cependant, il ne faut pas que l'inclinaison soit exagérée, que l'axe ischial dépasse ces limites et arrive à former un angle aigu avec la direction de la fesse (fig. 10), car alors, si l'étendue des insertions supérieures des muscles fessiers superficiel, demi-tendineux et demi-membraneux est plus grande, la surface offerte à leurs attaches ischiales diminue.

Quant à ce qui est de l'influence de la direction de l'ischium sur l'impulsion donnée par les muscles de la fesse, il en a été très longuement traité, et nous ferons seulement remarquer qu'elle se déduit des démonstrations exposées : la verticalité de la fesse, au début de l'appui, favorise le soutènement, et l'horizontalité, qui s'établit à la fin de l'amortissement, est mieux en rapport avec l'impulsion dans le sens du mouvement en avant, juste au moment où il commence. De même, ce que nous avons indiqué pour la décomposition des forces dans la traction démontre l'assimilation de l'inclinaison ischiale à ce genre de service.

Il est évident que, *comme pour toutes les dispositions organiques*, les adaptations sus-indiquées ne donnent des résultats éminemment bons que si elles sont renfermées dans des limites favorables. Le relèvement excessif de la pointe de la fesse, par exemple, diminue trop l'épaisseur des muscles au dépend de leur longueur. La même observation est applicable à l'abaissement qui peut trop raccourcir la longueur de la région fessière, et qui irait même, si les choses étaient poussées à l'extrême, jusqu'à s'accompagner d'une diminution de la surface d'insertion des ischio-tibiaux, lorsque l'axe ischial tombe en dessous de la perpendiculaire à leur direction générale[1].

On conçoit aussi l'importance qu'il faut accorder au développement transversal ou *largeur* de la croupe, qui s'apprécie le cheval étant vu par derrière. Là existe en effet, pour tous les genres d'adaptation, un élément de force musculaire du meilleur auguré. Cette largeur est une beauté partout, mais on l'examine surtout au niveau des hanches, dans les points qui correspondent aux articulations coxo-fémorales et entre les pointes des fesses. L'excès de largeur de la croupe, ainsi que le bercer qui l'accompagne, ne se voient guère que chez les chevaux de gros trait, où la lenteur de l'allure fait précisément qu'ils ont peu d'inconvénients.

Au point de vue de l'étendue offerte à l'insertion musculaire, le manque de largeur de la croupe peut être, jusqu'à un certain point, compensée par l'augmentation de 'épaisseur, provenant de l'inclinaison latérale des ilions,

1. La disposition de l'ilium indiquée pour le cheval de course plate est moins essentiellement fixe que celle de l'ischium; il semble même qu'avec la longueur de la hanche, il y ait une tendance à une adaptation plus complète à la forme ogivale.

du relèvement de leur angle antérieur interne et de l'abaissement de l'angle antérieur externe. Mais alors, outre que le développement latéral des ischions n'est généralement pas conservé, il s'établit un trop grand rapprochement dans les membres abdominaux.

D'après l'exposé précédent, on voit que l'appréciation sommaire des beautés de la croupe basée, comme cela s'est fait pendant longtemps, sur l'étude de la ligne qui joint la pointe de la hanche et la pointe de la fesse (*ilio-*

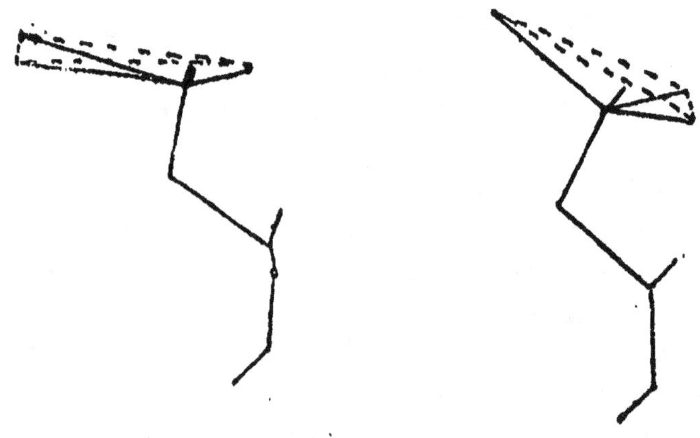

Fig. 22.

schiale), est absolument insuffisante, car cette ligne peut devenir horizontale (*croupe horizontale*) ou oblique (*croupe oblique*) par la modification d'un seul des éléments — ilium ou ischium — qui entrent dans la composition de la région (fig. 22). Il faut faire la même remarque au sujet de la *longueur* dans ce sens, puisque les changements de direction y apportent des modifications directement proportionnelles : la verticalité de l'ilium et l'élévation de l'extrémité postérieure de l'ischium la raccourcissent, et réciproquement. C'est à M. Sanson qu'on doit la première modification du procédé d'étude de la croupe, puisqu'il a

1. MM. A. Goubaux et G. Barrier, *loc. cit.*

indiqué que l'élément principal à examiner est l'axe de l'ilium; MM. A Goubaux et G. Barrier ont complété très heureusement la transformation des méthodes d'analyse en indiquant l'importance que peut avoir la disposition de l'axe ischial relativement à la direction générale.

Aux dénominations indiquées de croupe horizontale et croupe oblique, il faut ajouter celles de *croupe basse*, *avalée*, *coupée* ou en *pupitre*, qui s'emploient pour désigner les degrés de l'exagération de l'obliquité.

La musculature est immédiatement subordonnée à la disposition des os; aussi est-il inutile d'insister sur la valeur mécanique des dispositions donnant la *croupe double* dans laquelle l'épaisseur musculaire occasionne une saillie latérale des muscles, de chaque côté de la ligne médiane et la *croupe simple*, où cette saillie n'existe pas, ainsi que celle dite *arrondie* avec des os peu dessinés, ou encore qualifiée d'*anguleuse*, dans le cas contraire. La saillie très marquée de la hanche fait appeler le cheval *cornu*.

Si la largeur est bonne dans les trois points indiqués, — aux hanches, entre les articulations coxo-fémorales et au niveau des pointes des fesses, — on l'exprime en disant que le cheval a *un beau carré de derrière*[1]. Quand la largeur est belle en avant et qu'elle se rétrécit en arrière, la croupe est qualifiée de faite en *amande* ou en *cul-de-mulet* ou encore de *pointue*. Lorsque l'ilium est oblique latéralement, la saillie de l'épine sus-sacrée fait employer les désignations *croupe tranchante* ou *croupe de mulet*.

Par rapport à une implantation particulière de la queue, on dit que la croupe est en *cul-de-poule*, quand elle pré-sente une dépression assez marquée, comme si l'appendice caudal s'implantait au fond d'une excavation plus ou moins profonde.

I. A. RIVET, *Guide pratique de l'acheteur de chevaux*, 1877.

Cuisse [1].

La partie essentielle de l'étude de la cuisse est l'examen de sa direction, donnée par la ligne qui joint le centre de l'articulation coxo-fémorale à l'insertion supérieure du ligament externe de l'articulation fémoro-tibiale.

Contrairement à tout ce qui a été écrit par les auteurs, il est facile de s'assurer que l'axe de la cuisse se rapproche plus de la verticalité dans le type de galop que dans ceux adaptés aux autres services [2]. Si on n'a pas su l'apprécier, c'est que cela était un peu contraire à des idées trop purement théoriques, il faudrait presque dire abstraites, qui dominaient les esprits : en effet, il paraissait évident que, vu l'ampleur des mouvements, pour ce genre d'emploi, il était « nécessaire » que l'angle fût plus fermé, pour qu'il pût s'ouvrir davantage! En un mot, il a été simplement oublié que dans l'allure spéciale du galop, le membre revient au sol dans une direction très rapprochée de l'horizontale, disposition dont l'effet est encore accentué pendant l'amortissement, ce qui donne précisément, pendant le mouvement, la direction de l'axe fémoral qu'on cherchait au repos. La longueur des muscles fessiers, ischio-tibiaux et psoas est la conséquence nécessaire du redressement du fémur déterminant la bascule du coxal avec abaissement du bord antérieur de l'ilium et relèvement de la partie postérieure de l'ischium (*pointes des fesses*).

Au sujet de la longueur, nous retrouvons les mêmes appréciations erronées. A l'opposé de ce qui est admis de tous, il sera facile de se convaincre que la cuisse du cheval de vitesse peut être longue d'une façon *absolue*, ce qui resterait d'ailleurs à vérifier, mais on la trouve cer-

---

1. Les *adaptations aux allures* ont leur siège principal dans les membres. Leurs caractéristiques essentielles sont le redressement des axes et l'allongement des os inférieurs relativement aux supérieurs, dans les types propres au galop, l'horizontalité pour les autres services, et une plus grande longueur relative de l'avant-bras pour les trotteurs.

2. Notons cependant que cette disposition est au moins mentionnée par M. Sanson.

trtainement courte *relativement* aux autres os des membres, dans les parallèles établis entre les types de galop et les autres genres de chevaux. C'est encore le mouvement dont il vient d'être parlé qui supplée, et qui conserve quand même l'*étendue du déplacement* de l'extrémité supérieure de ce rayon.

D'un autre côté, on doit aussi faire observer qu'il est également des plus visibles qu'on n'a pas assez pensé au mouvement général de pivotement du membre autour de son extrémité inférieure, qui résulte de l'action de la pesanteur agissant au centre de gravité, lequel utilise l'accentuation de longueur qui porte sur les rayons sous-fémoraux.

Dans la cuisse, comme partout, le volume musculaire est de la plus haute importance; il s'examine, quand on est placé de profil, par la *largeur* de la région, et, si on regarde de derrière, par l'*épaisseur*.

La bonne disposition des parties molles à cet endroit fait qualifier le cheval de *bien gigoté*, et cette beauté est indiquée dans la pratique comme *un point de force*, c'est-à-dire une des places où la musculature s'apprécie le mieux. Quand la cuisse manque de développement, on la dit *plate*, et aussi que le cheval est *grenouillard* ou *pêche dans ses gigots*, etc.

Fesse.

La conformation de cette région musculaire est liée intimement avec celle de la croupe et de la cuisse. Celle-là domine, en effet, la disposition des attaches des ischio-tibiaux postérieurs et internes, qui en sont la base, et la seconde commande sa direction.

Cependant, l'insertion inférieure (*en relation avec l'aponévrose jambière*) de la fesse a bien aussi sa valeur; elle se rapproche du jarret, chez les chevaux de vitesse, et la longueur des muscles qui y entrent est ainsi augmentée.

Cela fait dire que la fesse est *bien descendue* et *longue*, ou *courte* et *coupée*, suivant l'état qu'elle présente.

Le grand développement de la fesse dans tous les sens est une beauté d'une très haute importance. Si elle est peu épaisse, dans le cheval vu de derrière, on la qualifie de *tranchante*.

Un examen attentif fait voir que la longueur de la fesse dépend, en grande partie, de l'ouverture de l'angle fémoro-tibial.

Jambe.

Le grand axe de l'os principal de cette région est donné par la ligne qui joint le ligament externe de l'articulation fémoro-tibiale l'insertion rotulienne du ligament externe de l'articulation tarsienne ou plutôt tibio-astragalienne.

La largeur et l'épaisseur de la jambe, ou ce qui est la même chose, sa musculature sont des beautés absolues, et leurs degrés de développement s'indiquent pratiquement en disant que le cheval est *bien fait ou pêche dans ses mollets*.

On doit rechercher, dans le tibia la longueur d'une façon absolue, pour les chevaux de vitesse, et pour tous la *largeur* et l'*épaisseur*, se mesurant de la même façon que pour la cuisse et les autres régions des membres, entre le bord antérieur et le bord postérieur, dans le cheval vu de profil, pour la première, et d'un côté à l'autre, le cheval étant examiné de derrière, pour la seconde.

On indique comme évident que la longueur de la jambe, comparée à celle du canon, doit être aussi grande que possible, avec une telle disposition on a en effet une plus grande largeur des parties musculaires, tandis que la diminution des dimensions métatarsiennes ne porte que sur des parties inertes, dont le poids est, semble-t-il, plutôt nuisible. On remarquera cependant que le mouvement horizontal du métatarse est proportionnellement plus étendu que celui du tibia, et que c'est déjà là une raison pour que le canon puisse être plus long dans les types de galop.

La direction de la jambe est forcément subordonnée à
celle de la cuisse, pour que les aplombs soient conservés.
Par conséquent, la jambe du pur sang anglais est verticale, celle du cheval de trait relativement plus horizontale, et celle du trotteur prend une position intermédiaire
entre ces limites extrêmes.

Jarret.

La principale beauté de cette région articulaire est la
force qui résulte de la largeur et de l'épaisseur, mesurées
ainsi que cela a été indiqué.

Quoi qu'on ait dit, la largeur n'est pas subordonnée à
l'ouverture ou à la fermeture du jarret, car ce n'est pas au
niveau de l'espace qui sépare la pointe calcanéenne du pli
qu'on doit l'apprécier, mais bien au niveau de la moitié
inférieure de cette région, dans la partie qui correspond à la base de l'astragale et du calcanéum, ainsi qu'aux
autres os tarsiens.

Lorsque le jarret manque de largeur, on le qualifie d'é-
tranglé ou encore d'*étranglé à la base*, si c'est sur cette partie
que porte plus spécialement l'exiguïté du développement.
Il est inutile d'insister sur les résultats de ces défectuosités :
étant donné l'importance de la région tarsienne, on conçoit
sans peine tous les inconvénients que peut avoir sa faiblesse ; d'ailleurs la liste des tares graves qui ont leur
siège dans cette jointure, et leur gravité en disent long à ce
sujet.

MEMBRES ANTÉRIEURS

Mouvements cinématiques obtenus par la chronophotographie.

(MM. MAREY ET PAGÈS.)

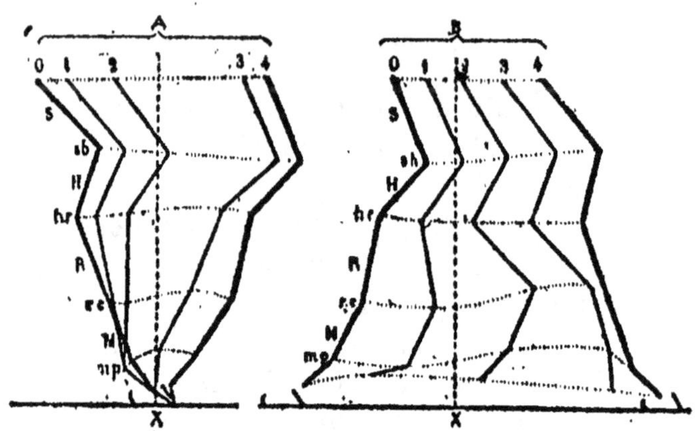

Fig. 23. — Pas.

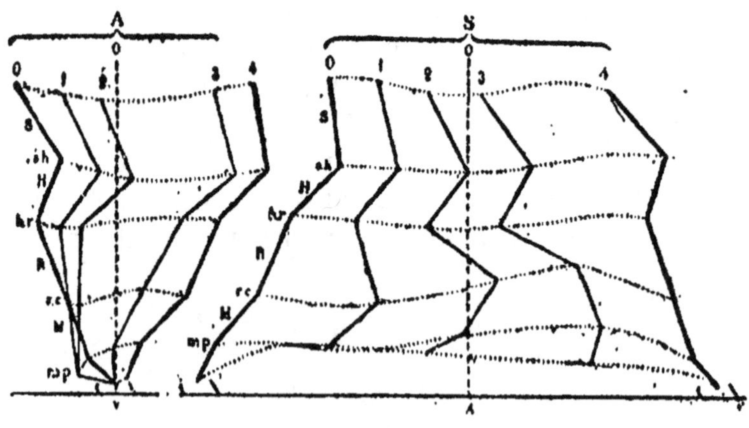

Fig. 24. — Trot.

Il n'y a rien à ajouter à ce qui a été indiqué à propos
des mouvements cinématiques dans l'étude des membres postérieurs, les recherches à poursuivre étant

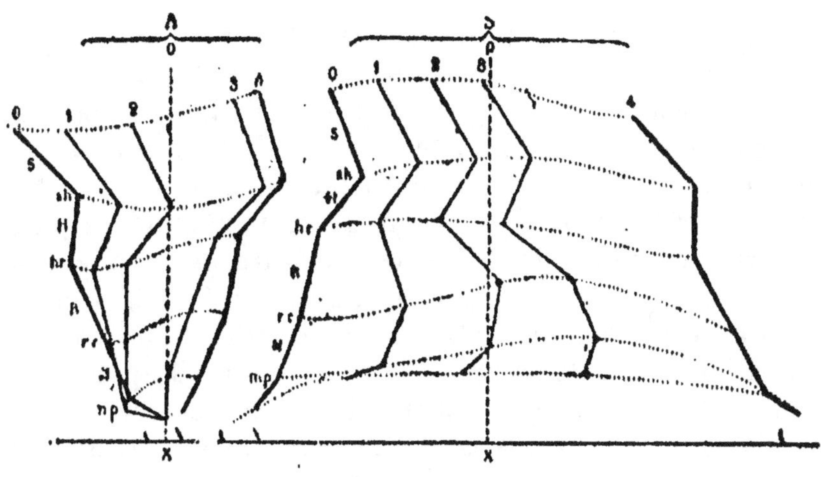

Fig. 25. — Galop.

les mêmes et soumises aux mêmes procédés d'exploration.

CONFORMATION

Poitrail.

On s'est trop attaché à ne voir dans les dimensions du poitrail que l'influence qu'elles peuvent avoir sur le développement latéral de la poitrine et sur la régularité des allures : la *largeur exagérée du devant* occasionnant le bercer, et le trop grand rapprochement des membres, l'*étroitesse du devant*, prédisposant au *couper*.

Avec la longueur trop grande, les tendons sont surchargés par suite de l'augmentation de l'action des efforts statiques agissant dans le sens du canon, dont le bras de levier est figuré par la distance qui sépare le centre d'appui du pied de la verticale passant par le milieu du boulet. Réciproquement, le trop grand raccourcissement de cette distance rapporte le poids sur les os, d'où des altérations des cartilages latéraux du pied et de toute la région.

Il ne peut y avoir qu'une compensation résultant de la

direction, qui puisse atténuer ces effets : la verticalité avec la longueur (cheval de pur sang) ou l'abaissement avec le raccourcissement (chevaux de trait lent). C'est là d'ailleurs un point qui mérite la plus sérieuse attention, comme le démontre l'observation journalière.

Pour tous les types de conformation, une bonne largeur du devant est une beauté de premier ordre, et si on se reporte à la fonction que nous avons assignée à la région axillaire, cela ne saurait être mis en doute. Tous ceux qui ont eu l'occasion de suivre la mise en service d'un certain nombre de chevaux *étroits, serrés dans leurs épaules, aplatis entre deux portes* ou *passés au laminoir*, comme on dit encore, ont été frappés de la fréquence et de la persistance des boiteries qui accompagnent cette défectuosité.

Bien plus, les longues théories exposées pour expliquer les raisons d'être de l'étroitesse du poitrail chez les chevaux de vitesse, afin qu'ils puissent fendre l'air plus facilement, n'ont guère de valeur, quand on considère qu'elles sont établies sur une fausse observation. Si le cheval de pur sang à l'état d'entraînement paraît offrir une certaine faiblesse dans la région pectorale, c'est que cette partie de l'appareil locomoteur *est exclusivement musculaire*, et participe d'un état spécial des parties molles produit par l'entraînement. L'examen des chevaux d'hippodrome affectés à la reproduction, et en bon état d'embonpoint, montre bien que le développement des muscles du poitrail ne laisse pas à désirer, au contraire.

Le pur sang anglais, par suite de l'effacement relatif de l'angle de l'épaule, et peut-être aussi en raison d'une réelle proéminence du sternum, en rapport avec un allongement plus grand du sterno-huméral, a le centre du poitrail saillant (*prolongement trachélien du sternum*). Les trotteurs, qui ont l'angle scapulo-huméral plus fermé, et par consé-

---

1. On ne s'étonnera pas qu'il ne soit rien dit ici des tares et maladies du pied : l'encastelure, la fourbure, les seimes, les bleimes, les talons chevauchés, etc.

quent plus saillant antérieurement, ont le profil du poitrail plus régulièrement délimité. On trouve ces deux dispositions chez les chevaux de trait [1].

Il est presque inutile d'indiquer que la *largeur* du poitrail s'apprécie quand on est placé devant le cheval, et que son *profil* se voit quand on l'examine de côté.

Épaule [2].

Comme pour la croupe, l'étude de la conformation de l'épaule comporte l'examen de sa direction, de sa longueur et de sa musculature.

La ligne qui joint la pointe de l'épaule au sommet du garrot est généralement donnée comme établissant la *direction* de l'épaule. En réalité, cette ligne n'a aucune valeur absolue et il faut surtout prendre comme points de repère, dans la détermination de la position de l'épaule, la situation de l'épine acromienne. Cette forme d'examen présenterait-elle de plus grande difficulté que ce ne serait pas une raison pour l'abandonner, car dans l'établissement de données scientifiques on ne doit jamais se départir de la recherche de toute l'exactitude possible, hors de là on n'aboutit à rien de sérieux.

Après avoir pris de nombreuses mesures, on arrive à être convaincu que la direction du rayon scapulaire n'a

---

1. Il y a probablement là, comme raisons déterminantes, des adaptations différentes : traction au pas et traction au trot.

2. Si on veut comparer l'action des rayons qui forment les membres antérieurs à celle des extrémités postérieures, il saute aux yeux que, dans son rôle mécanique, l'épaule peut bien mieux être rapprochée de la cuisse que de la croupe, contrairement à ce qui est communément admis. D'abord, elle est comme la cuisse le centre d'union des membres antérieurs au tronc. En outre, les muscles qui portent l'angle scapulo-huméral et par suite tout le membre en avant (*mastoïdo-huméral* et *sterno-huméral*) ont des analogues dans les membres abdominaux, par leur manière d'agir sur la cuisse dans le *fascia-lata* et peut-être les *psoas*. Ce qui manque surtout au rayon supérieur des extrémités antérieures, ce sont les propulseurs : il n'y existe rien de comparable aux *ischio-tibiaux*, et c'est à peine si le *releveur propre* et l'*angulaire* peuvent être rapprochés des *fessiers*.

pas, sur la vitesse, une valeur aussi grande que celle de la croupe (on pourra en voir un exemple frappant pour *Bruce*). Mais il n'en est pas moins vrai qu'en général l'omoplate offre son maximum d'obliquité chez le cheval de course plate, qu'elle est un peu moins couchée pour les trotteurs, et se rapproche encore plus de la verticale quand les moteurs travaillent au gros trait, en mode de masse, les chevaux de trait trottant ayant quelque ressemblance à cet égard avec les trotteurs de demi-sang.

Le demi-sang ordinaire n'est guère qu'un pur sang anglais grossi, formé par l'application de la méthode du croisement continu et la sélection, la direction de ses rayons se rapproche toujours de celle de la race dont il dérive, à moins qu'il n'ait été entraîné au trot, ou croisé avec les trotteurs, ce qui est le cas le plus ordinaire. C'est ainsi que le carrossier a été modifié dans ce que l'on a longtemps regardé comme la *beauté de la conformation*, l'horizontalité des rayons : l'*épaule horizontale* et la *croupe horizontale*.

Les changements qui se montrent dans la direction de l'épaule, suivant les allures, ont pour but de la mettre dans une situation telle qu'elle ne puisse gêner le mouvement des extrémités postérieures et, en plus, au moment où les membres arrivent au sol, de leur donner une direction en rapport avec l'obliquité de la courbe parabolique suivant laquelle se fait le mouvement.

A tout cela, il faut ajouter que l'inclinaison de l'épaule met son extrémité supérieure dans une bonne situation pour retenir le harnachement.

En dehors des conditions de l'adaptation aux allures et aux services économiques, la direction de l'épaule peut être modifiée par la manière suivant laquelle le cheval prend sa nourriture : il suffit que les chevaux mangent par terre pour que leur épaule se redresse; s'ils prennent leurs aliments à un râtelier élevé, elle se couche et le dos se creuse. (Charles de Sourdeval, *Journal des haras*.)

Les praticiens accordent beaucoup d'importance à la situation de l'épaule relativement au thorax; ils aiment à la trouver reportée en arrière.

Sous le nom de *longueur de l'épaule*, on comprend ordinairement la distance qui sépare la pointe de l'épaule du sommet du garrot, et, en effet, dans la pratique, il est très difficile de séparer la longueur propre de l'épaule de la hauteur du garrot. Ainsi considérée, la longueur de l'épaule ne peut être qu'une beauté absolue pour les chevaux de vitesse, puisqu'elle est l'indice d'une grande élévation du garrot, qui est un des caractères particuliers de ce type de moteurs. D'ailleurs, on ne voit pas non plus les inconvénients que peut avoir la longueur propre du rayon dont il s'agit, pour aucun service, puisqu'elle ne fait qu'augmenter l'étendue d'insertion offerte aux muscles.

La musculature de l'épaule, ainsi que celle de toutes les autres régions, est très importante. Les masses musculaires doivent y être volumineuses, tout en restant exemptes de lymphatisme, autrement dit *sèches* et *nerveuses*, d'après les expressions adoptées, ce qui ne doit pas se confondre avec la *maigreur* et le *décharné*. Les chevaux de trait ont souvent les épaules *massives*, ou, comme on dit encore, *grasses* ou *chargées*. L'adaptation au galop se fait remarquer par un développement très accentué des muscles de la partie antérieure de la région scapulaire, ce qui favorise l'extension de l'angle scapulo-huméral [1].

1. La disposition de l'épaule a surtout été considérée au point de vue de *l'aptitude à embrasser du terrain*, à couvrir une surface plus ou moins étendue de la piste à parcourir.

En cherchant un peu attentivement l'importance mécanique que cette considération peut avoir, il semble qu'il y ait là une erreur d'appréciation. Car l'espace couvert par les membres antérieurs n'a évidemment aucun rapport avec l'augmentation de l'étendue de l'enjambée.

Qu'on prenne les différentes allures, et jamais on ne trouvera qu'elles

Bras.

L'axe du bras se mesure de la terminaison postérieure du trochiter à l'extrémité inférieure du ligament externe de l'articulation huméro-radiale.

Comme pour la cuisse et la jambe, les éléments de détermination de la longueur et de la direction du bras se déduiraient assez facilement des considérations indiquées dans l'étude générale des aplombs des membres.

De même que pour la cuisse, la longueur du bras n'est pas, ainsi qu'on l'indique généralement, en relation avec la vitesse. Au contraire, on remarque que chez les chevaux de course, surtout ceux de trot, le bras est plutôt court, d'une façon *relative* sinon absolue, disposition dont la raison d'être se déduit des considérations exposées sur la mécanique musculaire, puisqu'elle favorise la force, et que le changement de direction pendant l'amortissement supplée à l'infériorité qui résulterait de cette diminution d'étendue au point de vue de l'ampleur des mouvements.

Les mesures prises directement prouvent aussi que la verticalité de l'axe huméral est la règle pour les chevaux de galop et que l'horizontalité est plus grande pour le cheval de gros trait travaillant au pas que pour les trotteurs. Comme pour la jambe, la verticalité augmente l'amplitude du déplacement vertical, qui est le sens principal dans lequel le mouvement impulsif du bras peut se traduire, et cela est d'ailleurs tout à fait en rapport avec la détermination expérimentale de la trajectoire décrite dans les différents modes de translation.

puissent se mesurer en ajoutant l'espace embrassé par les membres postérieurs *a* à l'espace franchi par les extrémités de devant *b*, si on admet que la longueur de l'enjambée doit être indiquée par le retour à l'appui des pieds postérieurs qui l'ont produite, ce qui est indiscutable.

Dans le galop, cela est évident, puisque l'intervention des membres antérieurs est suivie de la projection. Pour le trot, il faut aussi, quand l'allure s'allonge, ajouter à la somme *a+b* un troisième élément *c* correspondant au *méjuger*. On sait que dans le pas le méjuger naît par une action semblable à celle constatée dans le trot.

La verticalité de la direction de l'axe du bras fait que la flexion de l'avant-bras, pendant le déplacement en avant du membre, s'accompagne d'un mouvement d'allongement de toute l'extrémité inférieure de cet organe, surtout visible au trot, et qui fait dire que le cheval *trotte en queue de billard*. Par contre, ce rayon étant trop rapproché de l'horizontale, l'action des extenseurs de l'articulation scapulo-humérale est diminuée et celle des fléchisseurs augmentée (long abducteur et grand rond), la fermeture de l'angle de l'épaule et l'action plus perpendiculaire des fléchisseurs de l'avant-bras relèvent brusquement l'extrémité inférieure du membre, ce qui s'indique par les expressions *trotter du genou* ou *trousser*, et dont l'effet peut être augmenté par l'excès de longueur de l'humérus. La bonne moyenne à rechercher pour les trotteurs donne un mouvement en hauteur et un mouvement en avant bien combinés et constitue le *stepper*.

Il est inutile d'insister sur la valeur qu'a la musculature dans la région, comprenant principalement, on le sait, les fléchisseurs de l'avant-bras et les extenseurs du même rayon situés en arrière; elle est une des parties les plus importantes des muscles des membres et constitue, pour les extenseurs, avec les muscles de la cuisse, ce que l'on appelle, dans la pratique, les *points de force*. Et, en effet, si on admet l'idée d'une corrélation dans le développement musculaire, qui paraît aujourd'hui indiscutable, cette conception de l'examen des deux principales masses musculaires des membres a une réelle valeur pratique.

Les beautés sous ce rapport s'indiquent toujours par les mêmes expressions de bras *fortement musclé*, à *musculature sèche*, etc. ; les défectuosités s'expriment aussi à l'aide des termes déjà connus de *bras maigre, décharné, chargé de chair, noyé*, etc. [1].

---

1. La ressemblance fonctionnelle entre le bras et la jambe est encore plus évidente que celle qui lie l'épaule et la cuisse : l'action des extenseurs de l'avant-bras a des analogies frappantes avec celle des jumeaux

Avant-bras.

Dans les conditions ordinaires, l'avant-bras s'ajoute au canon pour concourir aux mêmes fonctions dans l'amortissement et l'impulsion. Il y a cependant, à cet égard, une exception relative au cheval de trait travaillant en mode de masse; ce levier fonctionne alors d'après le système du deuxième genre (voir les photographies instantanées) pendant les efforts de traction, et ce qui a été indiqué prouve les avantages que peut alors présenter le raccourcissement proportionnel de la région, autrement dit, la longueur du canon.

Dans tous les autres cas, l'avant-bras étant une région musculaire, son développement relatif est favorable à l'impulsion, d'autant plus qu'il s'accompagne d'une diminution du poids de la région carpienne; chez les trotteurs, où il est particulièrement long d'une façon *relative*, il y a avantage à ce que l'extrémité inférieure du membre se trouve reportée plus en avant et écartée plus vite du champ d'oscillation des membres abdominaux.

Bien qu'on ait affirmé que les *chevaux arqués et brassicourts* sont moins exposés à tomber que ceux dont les aplombs sont réguliers, il n'est personne qui ne regarde ces dispositions comme défectueuses. En réalité, ce qu'il y a de vrai dans ce qu'on a avancé à ce sujet, dépend de ce que ces aplombs sont plus communs chez les chevaux de sang, par suite du redressement du paturon et du bras. Qu'on ajoute à cela l'énergie propre à ce genre de moteurs, et on aura l'explication des faits observés, concernant la solidité accompagnant la déviation antérieure du genou, mais il ne s'ensuivra pas que la fatigue n'est pas augmentée et les membres plus prédisposés à une ruine prématurée.

L'affirmation que le *genou* creux fait lever le membre,

de la jambe; la disposition du long fléchisseur ou triceps rappelle tout à fait le tibio-prémétatarsien, et le sus-épineux, lui aussi, est comparable à un certain degré avec le triceps crural.

que nous avons entendu formuler, a tout autant de raison
d'être, car en effet ce vice d'aplomb est communément lié
avec l'horizontalité des rayons[1].

Au sujet de la musculature, comme dans toutes les régions, le grand développement est une beauté absolue, et
est indiqué par la largeur et l'épaisseur.

Genou.

C'est une région articulaire, à laquelle il faut demander
la *largeur* et l'épaisseur comme beautés principales.

Régions inférieures des membres.

Quand les canons manquent de volume, on dit que *le
cheval pèche sous les genoux*, ou *sous les jarrets*. On indique
aussi qu'il est *monté sur des allumettes*. Si malgré cela la
nature dense des tissus fait espérer que la résistance sera
suffisante, on l'indique par les expressions *canons bien
trempés* ou de *bonne nature*.

Canon.

Il n'y a plus à s'occuper des questions de *longueur relative*, il suffit d'indiquer que la *force*, que donnent la *largeur*
et l'*épaisseur*, doit se joindre à une *longueur absolue* favorisant la vitesse ou l'intensivité des efforts, suivant le genre
de chevaux que l'on considère.

A la partie supérieure des régions antérieures, sous les
genoux, il peut exister un rétrécissement qui constitue ce
que l'on appelle le *tendon failli*. C'est là un défaut grave,
par le manque de résistance qu'il détermine.

---

1. Dans la plupart des cas, à part le service de traction au pas, on
s'unissant au coude et au canon, l'avant-bras a un rôle comparable à
celui du canon postérieur et du calcanéum uni à l'astragale, quand le
membre repose sur le sol. Si on tient compte de la position de la châ-
taigne aux membres antérieurs et postérieurs, on est encore plus frappé
par cette assimilation où le radius et le cubitus sont représentés par
l'astragale et le calcanéum.

Boulet.

On y recherche les beautés des autres régions articulaires : la *largeur* et l'*épaisseur*.

Couronne.

Sa beauté consiste à former un cercle régulier et bien ouvert postérieurement.

Paturon.

La *longueur* et la *direction* des paturons font partie de l'adaptation aux différents services : les paturons sont longs et redressés chez les chevaux de pur sang anglais ; on les trouve plus courts et plus horizontaux si on examine des chevaux de trait ; les trotteurs occupent, comme toujours, le degré intermédiaire.

Le cheval dont les paturons ont une longueur exagérée est qualifié de *long-jointé* ; si, au contraire, ils sont trop courts, on l'appelle *court-jointé*. Dans l'un et l'autre cas, la répartition des réactions est défectueuse.

Pied.

Le pied doit être d'un *volume moyen*, ne pas être *plat*. Les pieds plats, que l'on reconnaît à leur manque d'épaisseur et à leur évasement, sont particulièrement mauvais.

Le volume doit être tel que les organes importants de la région aient un développement normal, sans qu'il en résulte une surcharge qui rend le cheval maladroit et exposé aux lésions provenant de son retour au sol sous forme de masse trop pesante. Les pieds *trop petits* ou *plats* sont soumis aux premiers inconvénients ; ceux qui sont *trop forts* occasionnent les seconds.

Par rapport à l'équilibre général des membres, les *talons trop hauts* et *trop bas* ont les mêmes effets désastreux que les *paturons relevés* ou *rapprochés de l'horizontale*, mais la ferrure a sur eux une action plus efficace que sur ces derniers défauts.

III. — DE LA TÊTE ET DE L'ENCOLURE CONSIDÉRÉES AU POINT DE VUE DE LA MÉCANIQUE MUSCULAIRE

La tête et l'encolure forment un balancier servant à déplacer le centre de gravité pour faire varier l'effet du poids du corps. Les différentes conditions qui peuvent se présenter à cet égard, pendant les mouvements et la station, ont d'ailleurs été étudiées expérimentalement.

Par un mécanisme déjà connu, la force produite par les principaux muscles locomoteurs, qui sont situés dans les régions de la croupe et de la fesse, est immédiatement subordonnée à la position plus ou moins antérieure du centre général d'action de la pesanteur dont il vient d'être parlé.

Dans les démonstrations de mécanique musculaire auxquelles il est fait allusion, on arrive à prouver que plus le centre de gravité se porte en avant, plus l'effort des muscles fessiers et ischio-tibiaux peut être exagéré, et réciproquement.

De même, les déplacements latéraux du poids du corps arrivent à décharger une des extrémités antérieures aux dépens de l'autre, à permettre son lever ou à préparer le début des allures, qui toutes, précisément, sont subordonnées aux variations qui surviennent dans le mode de répartition de l'équilibre général

Tête.

Il ne reste plus à examiner la tête qu'au point de vue de la locomotion, puisqu'on connaît déjà les indices qu'il est possible d'en tirer pour la détermination du caractère et du tempérament.

Volume et forme.

Le volume est la première chose à étudier[1].

1. D'après des recherches directes, la capacité de la cavité crânienne

Il est généralement indiqué que la tête doit être petite et supportée par une encolure longue, pour que l'action du balancier puisse avoir un effet considérable sur les mouvements, et que cette influence soit facilement modifiable. Cette indication a besoin d'être expliquée et n'est même pas exacte dans tous les cas.

Ce n'est pas tête petite qu'il faudrait dire, mais tête peu pesante. En effet, il faut que la tête ait un volume suffisant pour renfermer les organes nerveux importants qui y résident et pour donner aux organes masticateurs un bon développement. On doit surtout rechercher la diminution du poids de la tête dans l'élimination de l'épaisseur des os et des tissus mous. D'ailleurs, le volume apparent de la tête est subordonné à la disposition des sinus, et, il est utile de le noter en passant, on a trop insisté pour établir une relation entre ces transformations secondaires et les dimensions du cerveau.

Cependant, les choses étant considérées indépendamment de la forme[1], quel que soit le genre d'utilité qu'on accorde à un grand développement du front et du chanfrein, avec éloignement des oreilles, dans le cheval vu de face, qu'on établisse une relation directe avec le cerveau

dont les dimensions dominent principalement l'état des fonctions intellectuelles (*caractère*), ne serait pas franchement agrandie chez le cheval de course, et cela conduirait à penser que le développement des centres nerveux aurait plutôt eu lieu du côté de la moelle épinière, ce qui resterait du reste à vérifier (Ch. CORNEVIN, *loc. cit.*).

1. La forme de la tête ne pourrait intervenir que par l'*alloïdisme*, en raison de relations harmoniques existant dans tout le corps : les types busqués, offrant une tête et un dos convexe, avec un certain aplatissement latéral, l'épaule et la croupe horizontales (*style ogival*), seraient adaptés au support vertical, aux services de la selle et du bât; au contraire, les formes concaves, avec le dessus refoulé, l'épaule et la croupe verticales, la côte ronde (*style en voûte surbaissée*) seraient le prototype des adaptations à la résistance latérale, en rapport, par conséquent, avec la traction, sous toutes ses formes; enfin, le type plan existerait comme degré moyen (*style plein cintre*) et comme adaptations mixtes (R. BARON).

On remarquera que l'alloïdisme établit un assez grande ressemblance entre les classifications de MM. Sanson et Baron.

9.

ou qu'on y voie surtout un signe d'ampleur des premières voies respiratoires, des sinus et des muscles masticateurs de la région frontale, ce sont toujours là des beautés très désirables; car si on admet, ce qui est incontestable, que « la fonction fait l'organe », ce sont les indices d'une bonne exécution de facultés très importantes.

Après cela, que la tête soit *carrée*, ait la surface antérieure plane, qu'elle soit *busquée*, autrement dit convexe antérieurement dans le sens de sa longueur et en ogive latéralement, ou qu'elle affecte une des formes *camuses*, — déprimée au point où porte la muserole, *de lièvre*, — convexe au niveau du front, *moutonnée*, — convexe sur le chanfrein, ou encore *à rhinocéros*, — avec une proéminence marquée à la terminaison des os du nez, cela intéressera bien plus l'ethnologie que la dynamotechnie. Ces différentes formes sont, par elles-mêmes, absolument indépendantes de la valeur économique du cheval, entre autres éléments, de l'ampleur de sa respiration et de l'activité de ses fonctions d'innervation. Elles peuvent seulement révéler l'existence de propriétés particulières aux races dont elles sont des caractéristiques, telles que des adaptations particulières, la sobriété, l'endurance, etc.

Pour trancher la question, nous énoncerons que la tête busquée n'est pas plus souvent liée au cornage et aux défauts de caractère (*cabochards*) que les autres formes, et que si nous avions des degrés à établir dans ce sens, nous mettrions en première ligne le cheval de *pur sang*, avec la conformation que tous les auteurs décrivent comme la forme idéale.

L'exagération du poids de la tête peut d'ailleurs résulter de l'augmentation de ses dimensions dans tous les sens, ce qui fait dire qu'elle est *grosse*, ou il peut n'y avoir d'excès de développement que dans le sens de son grand axe, c'est ce qui constitue la tête *longue*.

Relativement au volume de la tête, il est encore important de faire remarquer qu'il peut être un peu plus fort chez l'étalon ; c'est alors un indice sexuel qui a son importance, comme la conformation inverse pour la jument.

Dans tous les cas, on ne peut regarder comme un caractère à rechercher la diminution du poids par l'émaciation, disposition que son aspect désagréable fait appeler *tête de vieille*, et qui s'unit presque toujours avec un amaigrissement général indiquant l'âge sénile, l'usure ou un état maladif qui peut être grave.

Direction.

Après avoir examiné le volume de la tête, on étudie sa direction, qu'il est important de connaître au point de vue des modifications de l'équilibre général qui peuvent en résulter, ainsi que par rapport à l'action du mors sur les barres, à la bonne exécution de la vision et à la facilité de la respiration.

Quand l'axe ou la direction générale de la tête est oblique à 45°, le report en arrière du centre de gravité est moyen et le mors de bride agit bien sur les barres. Au contraire, si l'extrémité inférieure de la tête avance plus antérieurement que la direction générale dont il vient d'être parlé, tend vers l'horizontale, ce qui fait dire que le cheval *porte au vent*, l'action du balancier augmente, mais le mors de bride tend à glisser en arrière lorsqu'on veut faire sentir l'action des rênes. Il arrive même que cette partie active de la bride glisse et vient s'appuyer sur la première dent molaire, ce qui rend le cheval complètement insensible à son effet et lui permet de se soustraire à l'action de son cavalier, de s'emporter à toute vitesse, de *s'emballer*, comme on dit en langage ordinaire, ou encore de *prendre le mors aux dents*, expression absolument impropre, puisque le cheval ne saisit pas le canon du mors.

L'insensibilité à l'action de la bride n'est pas le seul inconvénient qui résulte de la disposition précédente, car le cheval ainsi livré à lui-même, par suite de la position de sa tête, ne voit que loin devant lui, et par conséquent ne peut se rendre compte des obstacles qui se présentent sur son passage, ce qui augmente beaucoup les dangers auxquels son conducteur est exposé.

Du reste, il y a là, au point de vue de la vitesse, des conditions aussi favorables que possible ; aussi ne peut-on pas dire que ce soit une défectuosité absolue, puisqu'elle peut être utile au cheval de course.

Lorsque la direction de la tête, au lieu de s'éloigner de la position moyenne par son déplacement en avant, se reporte en arrière, elle peut affecter deux degrés : 1° son grand axe devient vertical ; 2° l'extrémité inférieure de la face se reporte encore plus vers l'encolure.

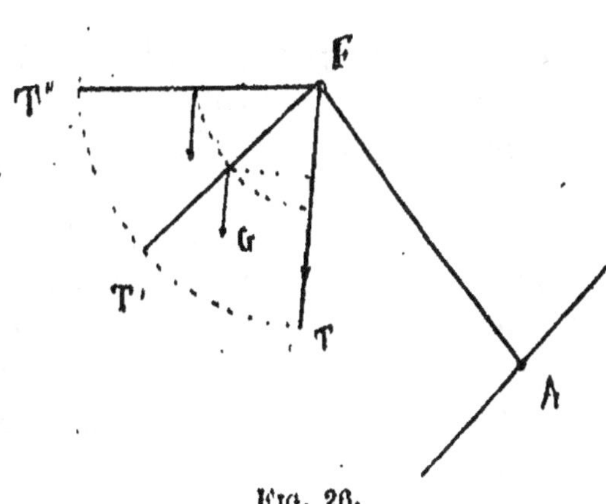

Fig. 26.

La tête étant verticale, le centre de gravité se trouve forcément être reculé, mais en même temps l'action du mors sur les barres atteint le maximum d'intensité. Cette position est favorable à la conduite et convient très bien au cas où le cheval doit être confié à une main peu vigoureuse, à une femme par exemple.

Quand la tête est dans la dernière position qu'elle puisse prendre, celle indiquée ci-dessus par une obliquité de son axe en deçà de la verticale, on dit que le cheval *s'encapuchonne.* Alors, le centre de gravité est reporté en arrière et en bas, le derrière est mobilisé, la force et la vitesse sont défavorisées au plus haut degré. De plus, par suite de la situation des yeux, le rayon visuel s'étend plus loin et le cheval arrive sur les causes de dangers sans les avoir prévus, lors qu'il lui est impossible de les éviter, et cela d'autant mieux qu'en appuyant l'extrémité de la tête sur le bord inférieur de l'encolure il peut se soustraire à l'action du mors.

Peu importe le mécanisme par lequel le cheval arrive ainsi à ne plus être dominé par son conducteur, le fait est bien constaté et, c'est là le principal. Mais quand on étudie physiologiquement cet état de choses, on voit qu'il est probable que c'est par suite d'une insensibilité momentanée de l'extrémité de la mâchoire, survenue comme conséquence de l'effet constrictif produit par le mors et la gourmette.

Ce dont il faut bien se pénétrer, dans l'appréciation des conditions qui viennent d'être analysées, c'est que la direction de la tête est en rapport direct avec la forme de l'encolure et sa sortie.

Les modifications qui s'établissent dans l'équilibre général sont faciles à concevoir, puisque le centre de gravité de cet organe se rapproche de son attache avec l'encolure et par suite avec le corps, ou s'en éloigne, en cessant d'être dans la direction moyenne; FT' (fig. 26) devient successivement FT, FT'', etc.

Attache de la tête.

L'union de la tête avec l'encolure agit sur sa direction, ses mouvements latéraux et la facilité de la respiration.

Quand l'attache est mauvaise, — lorsqu'il n'existe pas une légère dépression au niveau des parotides — le mouvement en arrière se trouve forcément limité, ainsi que les mouvements latéraux, si importants pour les chevaux de luxe, d'attelage ou de selle.

Pour que la disposition soit bonne, il est évidemment nécessaire que les ganaches soient bien écartées, afin que le larynx et les organes de l'arrière-bouche ne soient pas logés trop à l'étroit. On conçoit d'ailleurs que si en même temps que l'ampleur de la partie postérieure du maxillaire est suffisamment large, les ganaches sont volumineuses, que le cheval est *chargé de ganaches*, comme on dit alors, on trouve le même inconvénient que lorsque les branches de cet os sont trop rapprochées.

Le défaut d'harmonie dans la disposition des régions postérieures de la tête s'exprime par les qualifications tête *mal attachée* ou *plaquée*.

Étude de l'encolure.

L'encolure est intéressante à étudier dans ses dimensions, sa forme et sa sortie.

Dimensions.

Dans ses dimensions, comprenant la longueur et le volume, l'encolure doit être subordonnée au service auquel le cheval est destiné.

Pour les services de vitesse, on conçoit facilement les avantages qui résultent d'une compensation établissant un plus *faible poids de la tête* et une plus *grande longueur de l'encolure*, par suite des facilités parallèles de modification de l'action du balancier que constituent ces parties.

Il est une condition indépendante de ces considérations mécaniques qu'il ne faut pas négliger : c'est celle qui tient au développement musculaire. Les muscles plus longs produisent un déplacement plus étendu de la tête, et cette particularité est également applicable aux mouvements en avant et en haut de l'épaule, puisque les principaux muscles qui les produisent appartiennent à la région cervicale.

La Nature ayant établi, dans les types propres aux allures vives, des dimensions des parties antérieures du corps qui sont entièrement celles que l'analyse mécanique et physiologique indiquent de rechercher, on est porté à penser qu'il doit en être ainsi chez le cheval de trait. Les animaux employés à traîner de lourdes charges ont la *tête pesante*

et l'*encolure courte* et *volumineuse*. L'exagération du volume
supplée à la brièveté de la tige cervicale, et on se rend
parfaitement compte que l'équilibre général peut ainsi
être tout aussi favorable à l'action impulsive des membres
abdominaux.

D'un autre côté, si le manque d'amplitude des déplacements de la tête et la faible longueur du bras de levier qui
la soutient rendent les gros chevaux moins *maniable s*, ce
défaut est relativement secondaire dans leur emploi,
tandis que la largeur et la puissance des muscles, qui ont
ici à soulever le collier et à maintenir l'équilibre pendant
l'action du membre à l'appui, est au contraire de première
importance.

Enfin, il est une dernière considération dont il faut également tenir compte, c'est l'*influence du sexe* de l'animal
examiné. L'étalon peut avoir l'encolure plus forte, car
c'est là, comme pour la tête, un indice sexuel d'une certaine valeur pratique. Inversement, la jument devra présenter plus de finesse dans le balancier antérieur, et cette
disposition aura la même signification que la disposition
opposée pour l'étalon.

Il va de soi que l'on ne devra, dans aucun cas, tomber
dans l'exagération, qu'il faudra également se tenir à distance de l'*encolure chargée*, quelquefois tombante à son
bord supérieur, et de l'*encolure grêle*, d'un aspect disgracieux d'abord, et qui pourrait nuire au port de la tête, si
le défaut est par trop marqué.

Formes.

Les formes de l'encolure commandent presque complètement la direction de la tête et modifient jusqu'à un
certain point la longueur ou plutôt l'influence de la longueur.

Avec la forme droite, c'est-à-dire celle dont les bords sont
rectilignes, si la sortie est bonne, la position normale de

la tête est l'obliquité à 45°, et toute la longueur de la tige cervicale peut être utilisée au moment de l'impulsion.

De même, l'*encolure de cerf* ou *renversée*, à bord supérieur concave, et à bord inférieur convexe, avec laquelle on observe souvent une dépression appelée *coup de hache* à la partie inférieure du bord supérieur de l'encolure, fait que la tête peut prendre la direction horizontale, *porter au vent*, comme cela a été dit. Si cette disposition est exagérée, l'extrémité supérieure de la tige se rapproche du cavalier et l'action du balancier est considérablement diminuée, en même temps que l'utilisation d'un tel genre de monture peut devenir très dangereux, en exposant aux coups de tête.

L'*encolure de cygne*, — celle dont l'extrémité supérieure est convexe vers son bord supérieur, pendant que dans sa partie correspondante le bord inférieur est concave, — est moins en rapport avec la vitésse. En revanche, elle donne à la tête une direction verticale, et le mors prend un appui solide sur les barres, avantage qui a été apprécié sommairement.

Comme quatrième et dernière forme, on a celle appelée *rouée*, qui n'est que l'exagération de la précédente, l'extension de l'incurvation de ses bords à toute la longueur de la région. C'est une disposition qui n'a que des inconvénients : elle permet au cheval de *s'encapuchonner* et diminue ses moyens.

Sortie.

La sortie de l'encolure commande sa direction générale.

L'encolure doit s'unir harmonieusement avec le corps et prendre facilement une direction normale oblique à 45°. Les épaules sont alors bien dessinées, et leur bord antérieur établit une ligne de démarcation agréable à la vue. Quand cette belle disposition existe, l'encolure est qualifiée de *bien sortie* ou *bien greffée*.

Si la direction est trop élevée, qu'il se montre une dépression transversale connue sous le nom de *coup de hache* entre l'extrémité inférieure du bord supérieur de la région et le garrot, la sortie d'encolure est appelée *fausse*, et cette disposition accompagne presque toujours la forme renversée. Le cheval ainsi conformé *bat à la main*, c'est-à-dire abaisse brusquement la tête et peut quelquefois arracher les rênes; il arrive aussi qu'il relève très haut l'encolure et peut atteindre le cavalier, surtout si on n'a pas soin de lui appliquer une martingale.

Au contraire, la tige cervicale peut sortir trop horizontalement par suite d'une mauvaise organisation des attaches des agents qui la relèvent (élévation de l'attache au garrot du ligament et des muscles cervicaux de la région supérieure) ou peut-être aussi en raison d'une faiblesse musculaire. C'est pour qualifier cette défectuosité de conformation qu'on dit que l'encolure *manque de hauteur*, ou encore qu'elle est *fichée dans le thorax.*

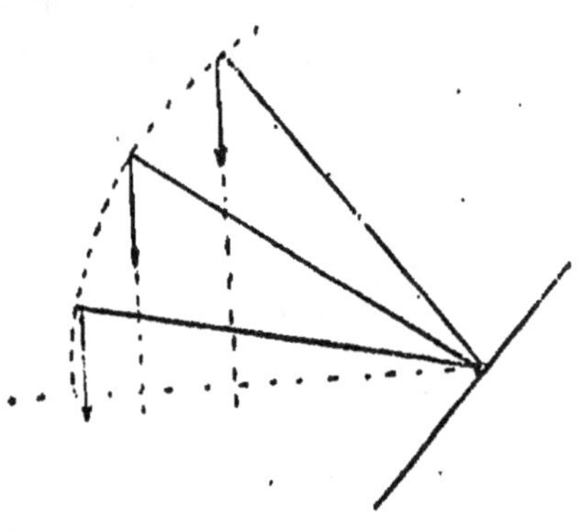

Fig. 27.

En considérant la figure ci-jointe, on saisit tout de suite le mode d'intervention de la direction de l'encolure sur la longueur de la tige du balancier céphalo-cervical, et les conséquences à en déduire n'offrent plus aucune difficulté, après ce qui a été dit ci-dessus.

On voit, par exemple, que dès que les bonnes dimensions de l'encolure se joignent à sa fixation dans une situation horizontale, les membres thoraciques sont surchargés et que le conducteur doit, pour empêcher les chutes, soutenir la tête, et même la maintenir en arrière, ce qui rend, suivant une expression imagée, le cheval *lourd* ou *pesant à la main.* C'est par cette influence que le garrot agit sur le relever des membres antérieurs et concourt à éviter le *forger*.

Le nœud de la solution du problème ainsi posé se trouve surtout dans une grande facilité de réalisation des modifications à établir dans la direction de l'encolure, disposition qui réside, comme conditions secondaires et en partie subordonnées, dans la direction de la tête, dans son volume et dans la longueur de la tige cervicale.

Compensations.

On peut très bien supposer une compensation dans l'effet mécanique du balancier formé par la tête et l'encolure. Si, par exemple, la tête devient forte ou simplement l'encolure, la région cervicale pourra et devra même être courte. Dans ce cas, les conditions de la production de la force n'auront rien perdu, la conduite sera seulement moins agréable et moins facile. Les Anglais préfèrent généralement des conditions moyennes dans la tête et l'encolure, étant disposés à penser qu'un certain volume de la tête est une beauté dans tous les cas,

IV. — DE LA POITRINE, DU VENTRE ET DES ORGANES GÉNITAUX

Les organes centraux des fonctions nutritives résident dans le thorax et dans l'abdomen; nous allons examiner ces régions successivement, ainsi que les organes génitaux [1].

De la poitrine.

La poitrine a comme régions secondaires le *passage des sangles*, qui correspond à la partie moyenne des côtes ster-

---

1. Le cœur du cheval de course acquiert un volume exceptionnel M. CORNEVIN, *loc. cit.*).

nales, et la *côte* qui répond aux dernières vraies côtes et aux côtes asternales.

De ces deux subdivisions, une seule, *la seconde*, a réellement de l'influence sur l'ampleur des mouvements respiratoires, car au niveau du passage des sangles, les déplacements des parties latérales du thorax sont forcément très limités, en raison de la compression que produisent les harnais, pendant le travail, et naturellement la suspension entre les membres de devant.

D'ailleurs, un mauvais passage de sangle, tout en étant disgracieux, n'empêche nullement que les dernières côtes sternales aient de belles dimensions, et c'est précisément cette différence de longueur qui rend cette défectuosité plus apparente.

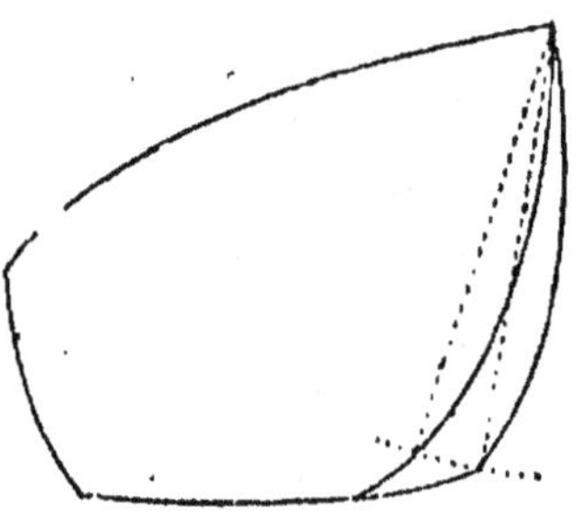

Fig. 28.

La figure ci-contre montre que la longueur du sternum, tout en établissant des différences dans la capacité de la cavité où sont logés les organes essentiels de la respiration et de la circulation, produit en même temps une moindre étendue relative des fausses côtes, et par suite du diaphragme, qui a certainement un rôle prépondérant dans la respiration.

Nous ajouterons quelque chose d'analogue au sujet des mesures relatives à l'incurvation des côtes, et même nous irons plus loin, car il est évident que les côtes, dans l'inspiration, se soulevant de bas en haut, leur mouvement sera d'autant plus étendu qu'elles seront préalablement un peu abaissées. La rondeur de la côte ou des côtes, comme on dit aussi, indique surtout qu'une grande largeur est offerte à l'insertion des muscles de la région dorsale, et par suite qu'il y a plus de solidité dans le dessus. Lorsqu'il s'agit d'assurer l'étendue de la respiration, il est plus rationnel de demander de préférence l'incurvation antéro-postérieure, le report en arrière, qui coexiste avec le raccourcissement du flanc, l'élongation des cartilages costaux et l'accentuation de l'angle qu'ils forment avec les côtes. Ce sont bien là, en effet, les conditions qui paraissent liées au développement des mouvements dans les parois de la poitrine et par suite aux variations dans sa capacité interne qui sont surtout la condition à poursuivre.

Au point de vue de l'adaptation générale, nous rappellerons qu'une telle disposition fait que les surfaces internes et externes du corps sont augmentées proportionnellement à la masse, et les conséquences à en tirer, en ce qui concerne la vitesse, nous sont déjà connues.

Quand il s'agit de juger la conformation des organes pectoraux, il ne faut pas oublier l'importance de l'*action du diaphragme*, et sa subordination au poids et au volume des organes digestifs. C'est là une cause de modification de la fonction respiratoire qui, pour être indirecte, n'en a pas moins la plus grande valeur.

Nous avons tous observé l'essoufflement que l'on éprouve quand on fait un effort violent aussitôt après un repas copieux. Pour des raisons mécaniques analogues le développement du ventre est à redouter chez les chevaux qui travaillent aux allures vives. Il y a à cet égard une question de volume, limitant le coup de soufflet que tend à produire la contraction de la cloison musculo-aponévrotique qui sépare le thorax de l'abdomen, et une action du poids rendant plus difficile le soulèvement des côtes, surtout lorsque par la rapidité de l'allure cet effet augmente, au moment du retour au sol, quand la vitesse acquise doit être absorbée.

On indiquera donc comme des beautés de la poitrine :

a. La hauteur, c'est-à-dire une distance aussi grande que possible entre la ligne du dos et la partie inférieure

1. Le cœur du cheval de course acquiert un volume exceptionnel. Ch. CORNEVIN, *loc. cit.*

de la région pectorale, ce qui s'exprime par les rubriques *côte longue, poitrine bien descendue, cheval près de terre, cheval qui pourrait labourer la terre avec son ventre ;*

b. La profondeur donnée par la longueur du dos et la projection des côtes en arrière, autrement dit, la dimension antéro-postérieure ;

c. La largeur moyenne pour les chevaux de vitesse, plus faible par conséquent que pour les services qui ont besoin d'une grande résistance dans le dos et le rein, comme le cheval de trait, en raison de l'éloignement du point d'appui du fardeau (épaule). Pour ce dernier type la côte doit être ronde, ce qui rend la poitrine large ;

d. Le développement du ventre doit atteindre tout juste les dimensions indispensables au bon fonctionnement des organes digestifs.

Par conséquent, les défectuosités offertes par la région thoracique seront le résultat des dispositions inverses, savoir :

a. Le manque de hauteur qui fait dire que la *côte est courte*, que le *cheval est enlevé*, qu'il est *peu descendu*, qu'il *manque de cerceau*, qu'il lui *passe de l'air sous le ventre*, ou encore qu'il a *besoin de prendre de la côte*, enfin, qu'il est *haut sur jambes ;*

b. Le défaut de profondeur ;

c. La largeur insuffisante qui fait qualifier la *poitrine d'étroite*, la *côte de plate*, et le cheval de *comprimé entre deux portes ;*

d. La surcharge occasionnée par un excès de volume du ventre.

Du ventre.

Le ventre ou abdomen comprend deux régions secondaires : le *ventre proprement dit* et le *flanc*. On pourrait étendre cette subdivision, à l'exemple de l'anatomie humaine, qui reconnaît neuf sous-régions, qui sont : l'épigastre, les hypocondres, la région ombilicale, le flanc, l'hypogastre et les fosses iliaques. Seulement, les trois dernières n'auraient plus de raison d'exister chez le cheval.

Quoi qu'il en soit, la conformation du ventre retentit sur le fonctionnement des organes respiratoires. On sait que le ventre *volumineux*, encore qualifié d'*avalé* ou de *ventre de vache*, est une défectuosité grave surtout dans les services de vitesse. Jamais d'ailleurs cette disposition ne se rencontre chez le cheval d'hippodrome, au moins quand il est à l'état d'entraînement, car plus tard c'est un défaut commun dans ce type. Ce n'est pas, bien entendu, chez la jument qu'il doit être critiqué, mais il se voit aussi fort souvent chez l'étalon de pur sang, où il est produit par un nouveau régime ayant pour base l'emploi d'aliments moins concentrés, et aussi par l'apparition de l'embonpoint.

Lorsque le ventre manque de volume, on le qualifie de *retroussé*, *levretté*, et le cheval est dit *étroit de boyaux* ou *efflanqué*. Souvent alors le flanc présente une saillie très forte de sa ligne médiane ou corde, ce qui le fait appeler *flanc cordé*. De même que le flanc cordé se joint à l'étroitesse de l'abdomen, le *flanc creux*, dont la partie supérieure est excavée, s'unit au ventre avalé.

Le ventre retroussé est l'indice d'une mauvaise digestion et d'un manque habituel d'appétit, à moins qu'il ne soit le résultat d'un état maladif ou de l'entraînement, comme pour les chevaux de course, quand toute accumulation adipeuse est éliminée, et qu'en plus les aliments employés appartiennent au genre concentré, c'est-à-dire possédant de hautes propriétés nutritives sous un faible volume. Il y a donc là une question d'appréciation assez délicate.

Si les animaux sont à l'herbage, il y a tout lieu d'espérer que le ventre se rétractera lorsqu'ils seront en service, surtout si ce sont des poulinières qui viennent de sevrer, ou des jeunes animaux.

Organes génitaux chez le mâle.

Le développement des organes génitaux chez le mâle est regardé comme indiquant une constitution résistante, mais il convient d'ajouter qu'on ne possède à ce sujet aucune donnée certaine, l'aptitude à la reproduction n'ayant aucune relation avec la résistance organique et la richesse nutritive.

V. — MANIFESTATIONS EXTÉRIEURES DU TEMPÉRAMENT

Le tempérament lymphatique, a son signe distinctif essentiel dans la prédominance des liquides blancs. On y rencontre les constitutions organiques plus ou moins modifiées par une sorte d'imbitition aqueuse. Cette modification peut se borner au système lymphatique ou s'étendre au sang, et même aux éléments anatomiques : tempérament nerveux-lymphatique, hydro-hémie, tissus grossiers et manquant de tonicité.

Le lymphatisme exagéré amène une diminution des propriétés vitales, d'où le nom de *tempérament commun*, par lequel le vulgaire distingue cette espèce de constitution organique de celle qui accompagne une puissante innervation. Extérieurement, les races communes se reconnaissent par l'abondance du tissu cellulaire sous-cutané, une grande épaisseur de la peau, et la grossièreté des phanères.

Ce qui frappe plus encore, c'est une sorte d'empâtement qui fait disparaître les particularités anatomiques; les formes deviennent *confuses* ou *noyées*. Cet aspect est aussi souvent indiqué en ajoutant au nom des régions le qualificatif impropre de *grasses* et celui plus juste d'*infiltrées* : c'est ainsi qu'on dit *tête grasse, extrémités infiltrées*.

En même temps, de *longs poils* se montrent sur les ganaches, dans l'auge, dans les conques auriculaires, à la partie postérieure des paturons et même de toute l'extrémité antérieure des membres. Les taches de *ladre*, les *crins lavés*, la *queue épaisse*, la *crinière double*, le bord supérieur de l'encolure trop surchargé et quelquefois dévié chez les étalons communs, ce qui s'appelle *encolure tombante*, sont aussi des indices de lymphatisme.

On éliminera facilement les causes d'erreur résultant des *engorgements passifs des membres* ou de *l'empâtement des parties latérales du chanfrein*, chez les jeunes chevaux, au moment de la sortie des dents molaires. Il sera tout aussi commode de reconnaître les fraudes consistant à couper les oreilles, ce qui fait appeler le cheval *moineau* ou *bretaudé*[1], à les *soutenir avec un fil de soie* ou à couper les poils, *à faire la toilette*, ainsi que cela se nomme en termes de maquignonnage.

La texture tégumentaire propre au tempérament nerveux, fait que les particularités anatomiques qui existent à la surface du corps sont très apparentes, disposition que l'on indique par la rubrique « netteté » opposée au terme « empâté » qui sert à désigner la conformation inverse. Cette caractéristique est appréciable sur toute la surface du corps, mais beaucoup mieux à la tête et aux extrémités. Dans ces régions les particularités anatomiques sont plus nombreuses, aussi leur accentuation est-elle l'indice d'un plus haut degré de distinction.

L'activité nerveuse se traduit encore, en même temps que le caractère, par l'*expression de la physionomie*, résidant surtout dans l'aspect de l'œil, qui peut être vif ou morne, doux ou mauvais, dans l'énergie du port des oreilles, qui se placent dans une direction perpendiculaire à la tête, ce qui les fait qualifier de *hardies* ou d'*oreilles de renard*, en général dans la tonicité ou vigueur de la contraction musculaire que l'on doit rechercher partout où elle est appréciable : dans l'aspect des naseaux, dans le soutien de la langue et la fermeture des lèvres tout spécialement.

Certaines défectuosités de l'organe de la vision peuvent rendre l'expression difficile à saisir : telles sont la petitesse

---

1. Cette opération est à peu près complètement délaissée aujourd'hui. Nous avons cependant vu, tout récemment, une jument venant d'Angleterre qui l'avait subie.

jointe à l'épaisseur des paupières qui dissimulent en partie le regard, dans les yeux appelés *gros* ou *de cochon*, et le volume exagéré du globe oculaire donnant un aspect disgracieux qui fait établir une comparaison avec les *yeux de bœuf*. Une indication du même genre réside dans les yeux *caves ou creux* qui se lient souvent à une constitution minée par l'âge ou les maladies, et pour l'œil *cerclé*, auquel le détachement spécial de la couleur de la sclérotique, relativement aux paupières, donne un aspect qui pourrait faire croire à la méchanceté, si on n'était prévenu.

Ce serait une faute grave que de confondre le manque absolu de soutien des oreilles chez le cheval dit *clabaud*, dont les pavillons auriculaires oscillent abandonnés à eux-mêmes pendant la marche, avec le défaut de conformation consistant dans un mauvais mode d'attache, ou un excès de longueur, qui fait appeler le cheval *mal coiffé, oreillard, à oreilles de cochon*, suivant que c'est surtout l'attache qui laisse à désirer ou que c'est la longueur et même le repli des extrémités, qui pèche d'une façon plus ou moins marquée.

De même, il faut accorder une signification bien différente à *la paralysie du bout du nez et des lèvres*, qui se porte souvent alors d'un côté, ainsi qu'à l'habitude vicieuse de sortir et de rentrer la langue, qui la fait nommer *serpentine*, et au défaut de tonicité qui laisse la lèvre inférieure et la langue *pendantes*, c'est-à-dire abandonnée à l'action de la pesanteur.

** *

** * **

Une fausse indication trop communément répandue, et qu'il convient d'attaquer, est celle qui consiste à admettre que chez les animaux moteurs, les tempéraments sont nécessairement liés aux fonctions locomotrices par un développement corrélatif.

Il en serait ainsi, sans aucun doute, si des éléments étrangers ne s'ajoutaient au fonctionnement organique général. Mais il est facile de voir que la fonction digestive, par exemple, peut augmenter isolément, ce qui produit la réserve organique connue sous le nom d'engraissement. De même, l'intervention des excitants peut développer l'irritabilité nerveuse au détriment des autres fonctions.

D'un autre côté, il peut aussi arriver que dans un équilibre organique parfait la cessation de la gymnastique, jointe à l'usage de l'avoine ou simplement à un changement de climat, conserve le tempérament nerveux, alors que l'activité des autres fonctions diminue. Le croisement peut également amener, par un autre procédé, la destruction de la corrélation fonctionnelle : le rejeton peut prendre le système nerveux du père et le tempérament lymphatique de la mère, etc. C'est sur ce défaut d'équilibre qu'est établie la différence qui existe entre la *vigueur* et *l'irritabilité*, qu'on rencontre chez les individus trop nerveux, jeunes ou privés d'exercice. Le vulgaire applique la qualification *feu de paille* à cette excitabilité excessive, et par là indique qu'il faut n'y voir qu'une chose factice, sur laquelle il serait puéril de compter, si on poursuit un but sérieux.

Herbert Spencer considère les sociétés comme la reproduction, sous un vaste format, des organismes qui les constituent, et, dans cette idée, il compare le rôle du système nerveux à celui des gouvernements.

Cette fonction préside, en effet, aux rapports avec les milieux ou agents extérieurs : elle reçoit les impressions, recherche ou écarte les causes favorables ou nuisibles. En outre, elle régularise l'équilibre qui doit exister entre les fonctions, et même entre les éléments anatomiques jouissant jusqu'à un certain point d'une existence autonome.

Dans le même ordre de conception, l'individu comme la société peut présenter un défaut d'harmonie entre la résistance constitutive et l'action excessive des agents directeurs; alors, par une exigence inconsidérée, la limite d'élasticité est dépassée : *l'épée use le fourreau.*

En suivant toujours le même rapprochement, il y a une question de valeur nutritive individuelle intrinsèque, dérivant du climat, de la nourriture, de la gymnastique fonctionnelle et des causes diverses, qui doit être prise en sérieuse considération ; c'est en elle que réside le fondement distinctif de ce qu'on nomme finesse des tissus, tonicité et lymphatisme.

Comme dernière conclusion, il faut donc admettre que les conditions exactes, présentées par les fonctions multiples qui établissent un lien entre l'innervation et l'accomplissement des actes de la locomotion sont trop compliquées pour que leur appréciation soit possible, au moins d'une façon absolue, en sorte qu'on ne peut accorder aux indices des tempéraments nerveux et sanguins qu'une valeur relative, et que la mesure exacte de la puissance dynamique et individuelle n'a de procédé de mesure véritablement certain que l'utilisation ou au moins l'essai dans des conditions rationnelles.

III

ESSAI DU CHEVAL DANS LE SERVICE AUQUEL ON LE DESTINE

Bien que ce soit une cause de discrédit pour les études hippologiques, il faut bien avouer que l'analyse de la conformation la mieux établie est le plus souvent insuffisante pour faire apprécier la valeur du cheval. Dans tous les cas, l'essai dans le service est assurément fort utilement employé comme moyen complémentaire, il est même bien peu de praticiens qui ne le regardent comme le critérium par excellence de la détermination des aptitudes économiques.

C'est précisément pour obtenir des indications sérieuses à cet égard, en ce qui concerne les reproducteurs, que l'on a institué les épreuves sur les hippodromes. On s'explique d'ailleurs les difficultés auxquelles on se heurte. lors de l'étude directe, quand on considère qu'en présence d'un animal moteur, comme dans un ordre de choses plus élevé vis-à-vis de l'homme, on doit compter avec des éléments très divers, parmi lesquels le *caractère* n'est pas le moindre. En plus, il existe des points véritablement impossibles à juger « extérieurement », tels que le degré d'altération provenant des tares et maladies, ou même certaines défectuosités de conformation.

Pour toutes ces raisons, on devra toujours tenir en haute considération l'examen des *performances* pour les chevaux qui en présentent, et l'*épreuve* bien instituée s'il s'agit de sujets absolument inconnus. En face des jeunes animaux, la question est plus complexe encore, car il y a à déterminer non seulement leur *valeur présente*, mais aussi *leur avenir*, ce qui exige beaucoup de sens pratique et une longue observation. Dans ce cas le *pedigree* peut offrir d'utiles renseignements, mais il ne faut pas oublier que les lois de l'hérédité sont complexes dans leurs manifestations et que les marchands augmentent encore ce caractère aléatoire en ne se faisant pas un cas de conscience de fournir leur marchandise de cartes d'origine auxquelles elle n'a aucun droit. Ces fraudes sont cependant peu communes chez les chevaux de race pure, étant donné leur nombre limité et les précautions prises pour que de tels résultats ne puissent causer des erreurs regrettables.

1. — Du degré de dressage et du caractère.

L'essai permet tout de suite de s'assurer du *degré de dressage* auquel est arrivé le jeune cheval et c'est là un point réellement utile à prendre en considération, en raison des difficultés et des risques inhérents à la mise en service, ainsi que des dépréciations qui surviennent trop souvent à ce moment.

Les principaux vices de caractère que l'on peut rencontrer sont ceux qui font qualifier les chevaux de *méchants*, *rétifs*, *rueurs*, *cabreurs*, *pisseux*, *ombrageux*, etc.

La rétivité est constituée par le refus de travailler, accompagné quelquefois du reculer sans motif et souvent dans des conditions qui peuvent causer des accidents graves. C'est là un des défauts les plus à redouter et le nombre des chevaux doués par ailleurs de qualités extraordinaires, qui lui ont dû leurs insuccès, est considérable.

L'usage non motivé des moyens de défense naturelle caractérise la *méchanceté*. L'étalon a surtout de la tendance à mordre ou à frapper du devant; au contraire, la jument est plutôt disposée à frapper du derrière. Cette distinction n'a d'ailleurs rien d'absolu. La méchanceté n'empêche pas le cheval de se livrer pendant le travail et même souvent d'être tout aussi bon, seulement son utilisation peut devenir très dangereuse. Ce défaut se décèle souvent par la dureté de l'œil et l'habitude de baisser les oreilles à l'approche de l'homme; il sera au moins toujours prudent d'être en défiance en présence de ces manifestations.

Si, avec les indices propres à la méchanceté, il y a expulsion d'urine ou de liquide vaginal, le plus souvent accompagnée d'un cri de colère, du fouaillement de la queue et d'une ruade, cette forme d'irritabilité nerveuse qui ne s'observe guère que chez les juments, les fait appeler *pisseuses*. Les juments atteintes de ce défaut sont ordinairement plus ou moins rétives, et subissent, de ce fait, une très importante dépréciation.

Malheureusement, le vice qui vient d'être indiqué est assez fréquent chez les chevaux de course; il est même remarquable que les juments gagnent rarement dans les épreuves de fonds, précisément, semble-t-il, parce que l'emploi de la cravache tend à les rendre pisseuses.

On sait ce qu'il faut entendre par les appellations de chevaux *rueurs*, *emballeurs*, qui se *cabrent*, *ombrageux* ou *peureux*, et les dépréciations graves qui peuvent en résulter dans un service comme les courses de vitesse, par la double imminence des entraves qui peuvent s'établir pendant le travail et des accidents et des lésions qui peuvent survenir.

Les vices de caractères peuvent s'observer dans les conditions les plus variées : constamment ou d'une façon intermittente ; souvent au départ, mais aussi en présence des dispositions particulières les plus diverses. Est-il besoin de faire remarquer que pour les chevaux difficiles à l'écurie les accidents qui peuvent se produire ne sont pas, dans certains cas, des faits négligeables, au contraire. On n'oubliera jamais, non plus, que certains chevaux sont dangereux à la forge, et quelquefois impossibles à ferrer ou même refusent de se laisser lever les pieds.

Parmi les vices indiqués ci-dessus, il en est un qui a, sur le résultat des courses, une influence souvent aussi grande que les défauts de caractère : c'est *la possibilité de se soustraire* à l'action du mors.

Pour tous ceux qui connaissent les exercices violents du turf cela ne saurait faire de doute. On tire, en effet, un avantage incalculable de la façon de mener la course, et c'est même en cela que consiste l'habileté du jockey. Combien, dès lors, ne doit-on pas trouver de difficulté à maintenir à un train convenable le cheval qui menace, à chaque instant, d'échapper à l'action de son conducteur.

Souvent, malgré tous les moyens préconisés, les martingales et autres, on ne peut rien obtenir de sérieux à cet égard. D'ailleurs, ici comme dans chaque genre d'emploi, il y a des invidualités contre lesquelles tous les moyens de dressage échouent de la façon la plus absolue.

2. — Résistance au travail.

D'une façon générale, la détermination de la *résistance au travail*, ce que l'on appelle communément le *fond*, est une des parties les plus importantes des moteurs animés, mais aussi une des plus difficiles à juger.

On ne connaît sûrement la valeur dynamique dont dispose un cheval qu'après s'en être servi pendant quelque temps. Il faudrait, tout au moins, pour posséder quelque assurance à ce point de vue, avoir la faculté de pratiquer un essai sur une distance en rapport avec le travail journalier qu'on se propose d'exiger. Et même, à ce *desideratum*, il faudrait ajouter la possibilité de s'assurer de la façon dont l'épreuve a été supportée : si l'appétit s'est bien conservé, ainsi que la gaieté, et si les membres n'ont pas souffert. Malheureusement ce sont là des conditions peu réalisables dans la pratique, d'autant plus que les chevaux mis en vente ne sont pas, le plus souvent, nous le répétons, à un âge, et dans un état d'entraînement où on puisse porter sur eux un jugement définitif.

Surtout, il ne faut pas oublier que la quantité de travail exigible varie suivant la vitesse et l'intensivité de son application. C'est là un point sur lequel nous aurons à revenir.

3. — Vitesse.

La vitesse, comme le genre de service du reste, est en partie subordonnée au genre d'adaptation.

A part cela, dans chaque mode d'emploi on peut avoir besoin d'une vitesse plus ou moins grande, dont on ne connaîtra l'existence que par l'utilisation directe. Encore, ici, il n'y aura pas à compter d'une façon exagérée sur les effets de l'entraînement; une gymnastique bien entendue peut certainement conduire loin dans ce sens, mais il est nécessaire de ne pas oublier qu'il y a peu à faire pour perdre tout le bénéfice à tirer de ce moyen d'amélioration. En outre, il faut toujours penser aux frais et aux ennuis de toutes sortes qui se présentent si souvent dans l'accoutumance au travail, aux maladies du jeune âge, etc.

On ne doit pas, surtout, se laisser prendre à cette vitesse factice, résultat d'une nervosité exagérée provenant d'un croisement ou d'un mode d'élevage défectueux.

La vitesse peut exister sans ampleur dans les enjambées, il faut alors que les mouvements soient multipliés, que le cheval *répète*, suivant le terme adopté.

4. — Régularité des mouvements.

La régularité des mouvements, conséquence directe de l'énergie et des bons aplombs, est une beauté extrêmement importante. Sa destruction dénote des défauts de conformation ou de constitution, et peut déterminer des lésions plus ou moins graves, ensemble de causes de dépréciation contre lequel on apprend relativement assez facilement à se mettre en garde.

Dans le trot et dans le pas, lorsqu'on voit le cheval de derrière, au moment du départ, et de devant, lorsqu'il revient, les plans dans lesquels se meuvent les membres des bipèdes antérieurs et postérieurs doivent être parallèles (*marcher en ligne*). En plus, pendant que le cheval passe devant la personne qui l'observe, il doit y avoir une harmonie ou plutôt une subordination complète dans les déplacements des extrémités antérieures et postérieures, pour qu'une rencontre soit impossible.

Le manque de coordination ou de régularité dans les mouvements, pendant le trot et le pas, amène le *forger*, le *couper*, le *croiser*, le *billarder* et les *jarrets vacillants*.

Il n'entre pas dans le cadre que nous nous sommes tracé d'étudier ces défectuosités, pas plus que celles qui proviennent d'altérations de l'appareil locomoteur : les *épaules froides* ou *chevillées*, le *harper* et les autres *boiteries*, l'*effort de rein*.

5. — Brillant.

Dans les allures, le mot *brillant* a un sens un peu analogue à celui que l'on accorde vulgairement au terme beauté.

Directement assimilable à ce qu'on appelle la distinction dans l'étude de la conformation et le tour artistique dans

les œuvres d'art, le brillant ne présente rien qui soit matériellement mesurable au point de vue dynamique, et
cependant il peut en résulter une variation de prix allant
du simple au double et même au triple.

Au premier plan, parmi l'ensemble des qualités ainsi
désignées, on trouve ce qui donne la grâce à l'aspect général : l'énergie, la hauteur dans le port de tête et de queue.
A côté de cela, surtout depuis quelques années, on attache
la plus haute importance à l'exagération dans l'ampleur
des mouvements en hauteur, surtout sans doute parce que
cela attire l'œil.

L'ampleur dans la détente des membres postérieurs
s'appelle *avoir de la chasse (pistonner)* et la même forme de
mouvements, dans le devant, est indiquée par l'expression
avoir du geste. Cette dernière qualification est souvent
remplacée par les termes : *stepper* et *trousser*, et le manque de hauteur par les rubriques également connues :
trotter en allongeant le membre ou *en queue de billard.*

On indique généralement que le cheval qui trotte en
allongeant *rase le tapis* et que ce mouvement des membres
s'effectuant sans les éloigner du sol occasionne les *butter*,
ce qui est vrai ; mais on va trop loin si on ajoute que le
manque de *relever* expose aux chutes : il est facile de
s'assurer, en effet, que c'est surtout dans les descentes
que le cheval se couronne, tandis que le butter se produit
principalement dans les côtes. Cette question étant assez
intéressante, pratiquement, nous compléterons ces observations en faisant remarquer que les chutes surviennent
presque toujours, en dehors du cas où le cheval est pris
de peur, par l'impuissance à combattre la vitesse acquise,
par la maladresse due ou non au jeune âge et par suite
d'un état douloureux des membres siégeant surtout dans
leur partie inférieure, tels que les lésions des canons
(suros), des tendons, des boulets, des paturons, des couronnes (formes) ou des pieds (fourbure, encastelure, bleimes, seimes, etc.).

CHAPITRE II

TRAVAIL, ALIMENTATION ET REPOS

Le problème ainsi posé est une des grosses difficultés que rencontre le zootechniste, au moins quand il s'agit d'une détermination établie sur des chiffres se rapprochant de l'exactitude, car, comme résultat général, c'est un fait parfaitement acquis.

On conçoit d'ailleurs l'embarras où sont placés les chercheurs qui envisagent cette question, puisqu'ils se trouvent immédiatement en présence d'éléments fondamentaux qui sont autant d'inconnus. C'est donc de ce côté que doivent s'orienter les nouveaux travaux.

Quand à nous, qui devons embrasser la question dans son ensemble, nous suivrons un peu cette marche, mais sans dédaigner cependant les résultats acquis, quelle que soit leur nature. En conséquence, nous adopterons le programme d'études suivant :

1° Analyse de l'utilisation des forces chez les animaux moteurs ou *dynamotechnie*, ayant pour bases la mesure du travail locomoteur effectué (*dynamométrie*) et la production des forces locomotrices (*dynamopoièse*);

2° Détermination de la valeur nutritive des substances alimentaires (*bromatologie*) et du rapport qui subordonne cette valeur aux forces développées (*bromatodynamique*).

3° Enfin, la reconstitution organique par le repos, son rapport avec l'intensité du fonctionnement et la distribution du travail, ou ce que l'on connaît ordinairement sous le nom de *Régime*.

MESURE DU TRAVAIL LOCOMOTEUR OU DYNAMOMÉTRIE BIOLOGIQUE

La mise en regard du travail locomoteur fourni par le pur sang sur les hippodromes, et de celui qui correspond aux autres services économiques, est, relativement à la nécessité d'une distinction à établir entre la dynamométrie ordinaire et la dynamométrie biologique, tout à fait suggestive. Aussi allons-nous commencer par là.

A. — DYNANOMÉTRIE

1. — Expérimentation directe ou ensemble de faits fournis par l'observation.

Depuis longtemps, l'expérience a établi que les chevaux de poste qui travaillaient avec la vitesse de $4^m,44$ par seconde ne pouvaient faire que 20 kilomètres par jour, avec un poids de 500 kilogrammes, lorsque pour les chevaux de diligence qui traînaient 800 kilogrammes, à la vitesse de $3^m,33$ par seconde, le travail journalier était de 24 kilomètres.

M. Tredgold, par une série d'expériences bien établies, a trouvé que le même cheval ne fournit, lorsqu'il est employé au trot modéré, que la moitié du travail qu'il serait susceptible de développer au pas ordinaire. En ce qui concerne la rapidité de l'allure, il est arrivé à voir que avec une vitesse permettant de parcourir le kilomètre en 3'23", on obtient un travail moitié moindre qu'avec une vitesse inférieure, correspondant à 6'47" pour le même espace d'un kilomètre. Et encore, pour le même auteur, à cette dernière allure, le temps de travail peut-il être quadruplé.

D'après M. Hervé Mangon, les chevaux des facteurs de la poste de Paris peuvent faire un travail journalier évalué à 800 000 kilogrammètres, et quand ils sont employés à la erme de Trappes, où ils font leur service au pas, ils produisent jusqu'à 1 500 000 kilogrammètres. M. Moreau-Chaslon indique que le cheval d'omnibus, avec une vitesse de 3 kilomètres par heure, peut donner 605 203 kilogrammètres de travail utile.

Qu'on mette en regard de ces chiffres ceux qui ont servi à mesurer le travail au galop, sous ses différentes formes, nous trouvons :

1° Que « si l'on a parcouru 5 000 mètres au galop, on a mis en œuvre le maximum de la puissance du cheval : c'est le travail de toute une journée. Cependant, quelle que soit sa fatigue, une troupe peut toujours continuer à se porter en avant, en marchant au pas; vingt minutes après la course, le calme est revenu (général Bonie).

Bien que l'auteur ne nous dise pas si ses appréciations ont pour base la vitesse indiquée par l'*Aide-mémoire de l'officier d'artillerie*, c'est-à-dire $4^m,44$ par seconde, ou celle déterminée par l'*Ordonnance de 1829 sur le service de la cavalerie*, 5 mètres par seconde, ou encore celle dont il parle lui-même ailleurs, $8^m,33$ par seconde, c'est là un renseignement précieux.

2° Pour les chevaux de courses, les épreuves maxima sont fournies par Firetail, 1 609 mètres en 1'04"; par Frétillon, 2 000 mètres en 2'19"; par Aguila, 4 000 mètres en. 4'38"; par Flying Childers, 6 761 mètres en 7'30". Dans les trotteurs, nous trouvons : Sans-Souci, 4 000 mètres en 6'33"; Syrata, 5 000 mètres en 8'24" et Capucine, 6 000 mètres en 9'17" [1].

---

1. Nous ne parlons pas, et pour cause, des tours de force réalisés par quelques individus d'un fonds exceptionnel, comme la jument anglaise do par MM. Magne et Baillet, qui a parcouru cent milles (160 km.

Voici une liste des modifications de vitesse réalisées chez les trotteurs américains ; le mille y est pris comme base des records[1].

Noms des chevaux.	Dates où le record a été obtenu.	Temps.	
Andrew Jackson.	10 oct. 1834	2'42" 1/2	(monté)
	28 oct. 1835	2'38" 1/2	(monté)
Eltram Allen, p. Vermont Black Rawk.	28 oct. 1858	2'28"	(attelé)
George M. Patchem, p. Cassius et	1859	2'26"1/2	(attelé)
M. Clay.	2 août 1860	2'23"4/2	(attelé)
Fearnought, p. Young Moall. . . .	26 juil. 1868	2'23"1/4	(attelé)
George Wilkes, p. Hamblotonian, 10.	13 oct. 1868	2'22"	—
Jay Gould, p. Hamblotonian, 10. .	7 août 1872	2'21"1/2	—
Smuggler, p. Blanco.	7 août 1871	2'20" 3/4	
Mambrino Gift, p. Mambrino Pilot.	13 août 1874	2'20"	
Smuggler, p. Blanco.	1876	2'15" 1/4	
Maxey Cobb, p. Happy Median. .	30 sept. 1884	2'13" 1/4	
Axtell.	10 oct. 1889	2'18"	
Nelson, p. Y Rolfe.	21 oct. 1890	2'10"	
Allerton, p. Jay Bird	4 sept. 1891	2'9" 3/4	
Palo Alto, p. Electionner.	17 nov. 1891	2'7" 3/4	
Kremlin, p. Lord Russell.	10 nov. 1892	2'7"3/4	
Directum, p. Director	4 sept. 1893	2'7"	
	15 sept. 1893	2'6" 1/2	

2. — Examen des essais d'explication des faits précédents basés sur le calcul direct.

Si, avec M. le professeur Baron, nous passons au calcul, et que nous supposions qu'un cheval qui parcourt 2500 mètres a un poids de 440 kilogrammes, au galop l'effort est $500 \times 0,1 = 50$ kilogrammes ; au bout des 2500 mètres, cela fait un travail $= 125\,000$ kilogrammètres. N'est-on pas en droit de se demander, avec l'auteur cité, « si

930 mètres) en 12 heures, et une autre jument, *Betthy-Bloss*, ayant franchi 15 milles (24 km. 39 mètres) en une heure, sous un poids de 80 kilogrammes (661 Bols). Il y a quelques jours, la jument *Pomponne*, appartenant à M. Allain de Limart (Manche), a fourni un parcours de 253 kilom. en 53 heures.

1. Cette liste est empruntée à l'ouvrage de F.-S. Touchstone : *Les courses en France et à l'étranger*.

l'on n'a pas oublié un zéro, tellement ce calcul est absurde?... »

Il est vrai que M. Leclerc, en employant la formule $1/2\,MV^2$, est conduit à dire qu'il y a eu un débit de 5 000 kilogrammes pendant 103 secondes, soit 061 700 kilogrammètres.

Avec Crevat, le rendement d'un coureur de 500 kilogrammes, et une vitesse de 6 mètres par seconde, le faix étant 60 kilogrammes, la méthode de Sanson conduit au produit $560 \times 0{,}10 \times 6 \times 720 = 2\,419\,200$ kilogrammètres.

Mais dans ce dernier cas la méthode de Leclerc donne des chiffres exorbitants !

Alors, nous nous demandons, avec notre ex-maître d'Alfort, où est la vérité, qui il faut croire?... Ou plutôt nous trouvons qu'il n'y a en tout cela rien qui approche de la vérité scientifiquement démontrée.

$$*\!*\!*$$

Voici, d'ailleurs, les procédés de calcul indiqués par M. Baron :

S'agit-il d'un travail attelé, on a le produit :

$$T = P \times l \times K,$$

dans lequel P est la masse ou poids, l l'espace parcouru, et K le coefficient de frottement.

Si c'est un fardeau ou un cavalier qui s'ajoute au poids du corps, on établit simplement la multiplication

$$T = (P + p) \times l,$$

en désignant par p le poids du fardeau.

$$*\!*\!*$$

« Sur une pente, il n'en est plus ainsi : le poids P ne pèse plus *du tout son poids* sur la route considérée, et la

pression qui s'exerce tombe à P cos ω (en appelant ω l'angle
de la côte à l'horizon).

« Ce n'est donc pas K + P qui représente exactement
l'effort, mais bien K P cos ω.

« Si donc $l =$ la longueur de la rampe K P cos ω, l donnera
le travail de tractionnement proprement dit, travail auquel nous devons ajouter P l sin ω pour l'élévation définitive du chargement. En somme :

$$T = P \cos \omega \, Kl \times Pl \sin \omega$$
$$= Pl(K \cos \omega + \sin \omega)^1.$$

« Réciproquement, dans les descentes la diminution inverse du travail s'effectue, en sorte que sur un transport
un peu étendu, une compensation à peu près complète a
toutes les chances de se produire. »

En poussant l'analyse plus avant, on arrive à trouver
que si les choses se passent ainsi, dans l'appréciation ma-
thématique du travail, il en est rarement de même dans
la pratique : en descendant, le cheval travaille, dans la
plupart des cas, presque autant que quand il monte,
seulement c'est pour ralentir le mouvement, par un dé-
ploiement de force qui a beaucoup d'analogie avec le reculer.

Il semblerait donc que les routes accidentées devraient
être terriblement destructives pour les moteurs animés.
Et pourtant, si on prend des informations près des praticiens, il se trouve que c'est précisément le contraire qui
a lieu. Il y a déjà plusieurs années que nous l'avons noté,
en parlant des chevaux d'une grande usine des environs
d'Hennebont, pour lesquels on préférait une route mon-
tueuse au chemin de halage, bien que le transport de la
charge eût lieu dans le sens du cours de l'eau.

Pour les percherons employés au service de la poste,

1. R. BARON, *Zootechnie générale* de M. Cornevin.

hors de chez eux, dans les pays plats, des observations analogues avaient été faites. On explique la moindre fatigue résultant des variations topographiques par l'intermittence du travail qu'elles produisent.

Delaunay admet qu'il existe une analogie parfaite entre la relation qui lie les dénivellations de la vitesse et celle qui préside aux dénivellations de terrains.

« On peut donc dire que, lorsqu'une machine se trouve, à deux instants différents, animée de la même vitesse, quels que soient les changements que sa vitesse a pu éprouver dans l'intervalle, il y a eu compensation exacte entre les excès alternatifs du travail moteur et du travail résistant. » (DELAUNAY.)

Nous ferons une observation analogue à celle qui vient d'être indiquée pour les variations topographiques : les irrégularités dans la vitesse ne peuvent pas être autrement que coûteuses, si elles sont un peu brusques, comme c'est le cas dans les arrêts fréquents nécessités par cer tains services. Alors il y a absorption de la vitesse par un travail opposé à celui par lequel elle est née, développé par conséquent en pure perte, et dont la valeur s'ajoute à l'absorption de force vive qu'il est destiné à produire, de façon que la dépréciation dynamique est pour ainsi dire double.

Mais, contrairement à ce qui a été dit pour les variations dans la quantité de travail liées à la disposition accidentée des localités, la pratique est ici d'accord avec la théorie, pour reconnaître que les arrêts, à moins qu'ils ne soient très savamment ménagés, sont presque toujours préjudiciables à la valeur dynamique totale que peuvent fournir les moteurs, et de plus ils occasionnent rapidement des lésions graves dans les membres.

Remarque. — Ce qui ressort le mieux de l'examen des faits relatés ci-dessus, c'est qu'à mesure que la vitesse s'accélère ou que l'intensivité du travail devient excessive, *l'effort musculaire n'est plus en rapport avec le travail effec-*

tué, il augmente d'une façon invraisemblable et très difficile
à calculer.

**3. — De la précision relative qu'apportent, dans la mesure du
travail, les travaux récents de M. Marey et les données
que nous avons exposées.**

Nous ferons remarquer, tout d'abord, que l'emploi de
quelques formules tirées de la mécanique,

$$T = F e$$
$$T = 1/2\, M V^2.$$

par exemple, dont certains auteurs ont fait usage, ne con-
duisent à rien de sérieux, car la principale difficulté que
soulèvent les recherches de cet ordre est précisément la
détermination de l'élément F, ce dont on évite prudem-
ment de parler.

Cependant, on remarquera que le travail qui correspond
au transport effectué à l'aide des véhicules est à peu près
bien mesuré par la formule indiquée par M. Baron. Dans le
cas spécial du transport à dos et du travail automoteur, ce
qui manque le plus semble donc être la possession d'un
coefficient analogue à celui du frottement de roulement.

Une publication récente de M. Marey [1] montre comment
on pourrait avantageusement faire usage de la chronophotographie dans l'étude de la question. En effet, puisqu'il
est impossible de connaître la force produite, il semble
rationnel de l'apprécier indirectement en partant de la
détermination du travail, pour remonter, en se servant des
procédés usités par les mathématiciens, à la cause dont il
dérive.

. Les travaux du savant professeur du Collège de France
montrent bien la possibilité d'obtenir très exactement les
éléments principaux qui interviennent en dynamométrie

1. M. MAREY, *le Mouvement* (1894).

animale : les déplacements verticaux du centre de gravité ou de la masse, augmentée ou non du poids d'un fardeau, la rapidité des mouvements et les temps de suspension pour les allures vives.

Toutefois, il ne faudrait pas conclure trop vite, et tirer de là que la mesure des efforts dont dérive la locomotion est entièrement renfermée dans des formules aussi simples que des mensurations directes. Il existe des modifications du mode d'intervention des organes locomoteurs amenant des variations dans le rapport existant entre le travail produit et la force consommée, dont la forme principale paraît résider dans l'importance relative du rôle que jouent les organes passifs et les organes actifs dans les déplacements.

Aux allures lentes, quand le corps ne quitte pas le sol, les os et les tendons interviennent au maximum. Au contraire, dès que la progression atteint une certaine rapidité, l'action musculaire devient proportionnellement très active. Dans le premier cas, pour un travail donné, le rôle de l'élément passif domine, dans le second, c'est en admettant un surcroît de dépense en force musculaire qu'il faut compter.

Relativement à la *dynamopoïèse*, les connaissances que nous possédons sur la constitution des principes immédiats dans les plantes, surtout depuis la mise en évidence de l'intervention microbienne dans la fixation de l'azote par les expériences de MM. Hellriegel, Bréat et Schlœsing, ne peuvent guère fournir d'éclaircissement dans l'étude de la nutrition musculaire. Il serait aussi bien inutile d'insister sur ce qui concerne la nutrition générale des animaux, puisque tout y est controversé, les auteurs n'ayant pas encore réussi à s'entendre sur le siège et la signification véritable de la fonction glycogénique et de la formation de l'urée, ainsi que le prouvent les travaux de Cl. Bernard,

Pavy, Schiff, Addison, Führer, Sudwigton, Voït, Picardi, Chauveau, Kaufmann, etc.

Dans les conditions ordinaires, en dehors de la position décubitale, le poids du corps des quadrupèdes est supporté par trois ou quatre membres, et les efforts statiques qui résultent de ce genre d'attitude sont peu considérables, car les parties à peu près inertes, les os et les tendons, agissent presque seuls. Dans les variations d'instabilité qui correspondent aux diverses allures et à certaines attitudes, la fonction musculaire intervient au contraire, et son degré d'action est proportionnel à l'instabilité, qui, elle-même, est en rapport direct avec le mouvement ou au moins avec la force qui tend à la produire.

Or, en se reportant aux expériences instituées pour déterminer le rapport qui lie la quantité de travail et l'intensité des efforts produits, on obtient des chiffres analogues aux suivants que nous empruntons à Rosenthal :

Charge (en grammes)	0	50	100	150	200	250
Hauteur de soulèvement (en millim.)	14	9	7	5	2	0
Effet utile	0	450	700	750	400	0

On ne trouve pas encore là tous les éléments de variation, car on a prouvé qu'il faut tenir compte de la graduation des efforts (Fick) et de l'élasticité des traits (Marey), ce à quoi nous ajouterons l'influence de l'intermittence dans le travail.

****

Nous allons essayer de pousser plus loin encore l'analyse de cette question.

On doit se rappeler la décomposition à laquelle l'action des principaux muscles locomoteurs donne lieu : le dédoublement en un élément de sustentation et un autre de propulsion (p. 48).

A côté de cela, qu'on veuille bien se remémorer les conditions de l'intervention de la pesanteur comme agent dynamique, lorsque la rigidité du membre est assurée et que les efforts musculaires maintiennent l'angle coxo-fémoral ouvert (p. 23).

Ainsi délimités, les facteurs agissant dans la locomotion sont au nombre de deux : 1° une force active dérivant de la contraction musculaire ; 2° une puissance passive donnée par l'action de la pesanteur.

Or, de ces deux agents, l'un est constant, c'est l'effet de la gravitation. Au contraire, l'autre varie essentiellement et ce sont ses variations qui produisent les différents états de l'intervention des organes locomoteurs : les changements dans la force et la vitesse.

En même temps, il est vrai, l'effet de la gravitation, sans changer dans sa valeur réelle, modifie son mode d'intervention. C'est à cet ordre qu'il faut rapporter les associations diverses des membres dans les allures et les attitudes, dont une des plus remarquables est celle que prennent les extrémités antérieures quand le cheval de trait fait un effort violent, lorsqu'il se cramponne au sol afin de supprimer l'effet de soutien de ses membres pectoraux et les faire servir à la progression. On peut aussi citer, comme faits du même genre, l'abaissement de la tête et son extension sur l'encolure dans les efforts intenses de toute nature.

Les variations dont le mode d'action de la pesanteur est l'objet ont aussi pour but de permettre des augmentations d'effort dans les muscles de la croupe et de la fesse. Cela explique comment on n'obtient les surcroîts de vitesse et de force, qu'avec une dépense exagérée de travail musculaire.

Ainsi donc, d'une part, si les moteurs se déplacent à une allure lente, on utilise l'action de la gravitation au maximum. Avec une plus grande vitesse on établit un gaspillage de la force musculaire provenant d'une moindre appropriation de l'élément passif des mouvements. On peut aller plus loin, arriver à être obligé de combattre directement l'effet de la pesanteur, ainsi que cela arrive dans les allures où il existe un instant de suspension, un temps de *projection*, ainsi que cela s'appelle en termes d'hippiatrique.

En se pénétrant bien de ce qui vient d'être énoncé, on concevra facilement la raison pour laquelle la vitesse est toujours coûteuse, et aussi pourquoi cette vitesse est bien plus l'agent modificateur essentiel que l'allure elle-même, qui n'en est qu'une conséquence, ou plutôt qui l'accompagne nécessairement, au moins dans certaines limites. D'ailleurs la vitesse n'agit pas seule, on le comprendra encore, il y a à tenir compte, en même temps, de l'intensité de l'effort, qui agit par le même procédé (R. BARON).

Ici, comme dans beaucoup de cas, nous trouvons dans notre ex-professeur d'Alfort une intuition vraie de cet état de choses :

« La science dynamométrique et la tradition des praticiens s'accordent, dit-il, à reconnaître l'infériorité absolue du manège, comme dispositif, pour faire valoir la force des animaux. Il y a une perte ronde de 30 p. 100 (selon les chiffres du général Morin, le déchet irait même tout près de 50 p. 100, mais il est permis de penser qu'il y a erreur). La meilleure machine, celle que je ne crains pas de recommander, est le plan incliné mobile plus connu sous le nom de *piétineuse*.

« Ce dispositif imite complètement les effets de la roue du carrier et du chien cloutier (roue d'écureuil). On peut actionner, au moyen de cette piétineuse, tous les mécanismes mus jadis par les manèges, mais dans des conditions incomparablement plus économiques. En dehors des résistances passives qui sont moindres, en dehors du faible prix de l'instrument, etc., il y a notamment la défalcation du travail automoteur, attendu que ce dernier se confond ici avec le travail utile. Libre de tout harnais, un cheval de 600 kilogrammes peut dans sa journée monter à la hauteur d'une lieue, ce qui fait 2400000 kilogrammètres, sur lesquels il n'y a pas même 400000 d'inutilisables. Enfin ce système est préférable au manège de Wolf, comme dynamomètre. Malheureusement, il n'est pas possible d'employer en toutes circonstances cet intermédiaire par excellence. Nous retombons malgré nous sur les deux modes de services typiques signalés précédemment : porter et tractionner, et par conséquent sur la question du meilleur mode de tractionnement. »

Malgré les longues citations qui viennent d'être inscrites, nous croyons devoir encore recourir à la même source et donner les passages suivants, très remarquables à notre avis :

« Il y a deux axiomes dont on ne doit s'écarter qu'à son corps défendant : 1° l'animal tractionneur rend beaucoup plus que le porteur; 2° l'animal au pas ordinaire rend beaucoup plus que dans toutes autres conditions de vitesse.

« α) La première de ces deux propositions serait même d'une évidence trop banale si l'on n'essayait de la rajeunir en l'élargissant quelque peu. C'est probablement à ce point de vue que s'est placé M. Sanson lorsqu'il s'est risqué à dire que le cheval qui porte un cavalier de 80 kilogrammes durant deux heures, au trot $2^{m},50$ à la seconde, développe un travail utile de $80 \times 0,1 \times 2,50 \times 7200 = 144000$ kilogrammètres. Il n'y a pas la moindre circonstance atténuante à invoquer en faveur de sa théorie, car il ajoute que le mulet qui porte durant six heures, au pas de 1 mètre par seconde, deux blessés sur des cacolets, c'est-à-dire un poids total de 200 kilogrammes, déploie un travail mesuré par $200 \times 0,05 \times 1 \times 21\,600 = 216000$ kilogrammètres.

« A force de vouloir trop prouver, on rend suspectes les preuves elles-mêmes. Les animaux qui portent rendent moins en effet utile, mais ils produisent par eux-mêmes autant d'unités kilogrammétriques que ceux qui sont employés autrement. Il y aurait donc urgence, au point de vue didactique, à différencier nettement l'effet utile du travail qualifié utile. Il y aurait en un mot à tenir compte du « coefficient d'utilisation » du travail kilogrammétrique des moteurs vivants. Rectifiant, d'après cela, notre langage ci-dessus, nous dirons : Le service en mode de traction possède un coefficient économique absolument plus grand que le service en mode de faix, et abstraction faite du rendement propre des individus considérés.

« β) Mais lorsqu'on dit que l'animal au pas ordinaire rend beaucoup plus què dans toutes autres conditions de vitesse, on vise cette fois le rendement propre des individus travailleurs. C'est comme si l'on disait que en deçà comme au delà d'une certaine vitesse optima, l'animal perd de ses moyens mécaniques. Le travail automoteur et la surexcitation fonctionnelle (?) interviennent, en effet, dès qu'on exige de la vélocité.

« D'autre part, au pas ralenti, on fait généralement produire au cheval des efforts très considérables, sans songer que la compensation MV est une chimère. Mais fût-elle une réalité, une analyse sérieuse des faits démontre qu'il y aurait quand même surmenage de l'animal. Nous devons expliquer cette proposition.

« Il faut un effort de volonté pour s'opposer à un acte devenu inconscient et pour changer une allure acquise. Si les muscles sont abandonnés à leur impulsion machinale, ils retombent toujours dans le rythme qui s'est créé par les lois de l'automatisme. Le cheval accoutumé dès le jeune âge à un mouvement ralenti fait une dépense supplémentaire d'influx nerveux quand on veut accélérer son galop normal; il ne faut pas attribuer le surcroît de fatigue uniquement au surcroît de travail que produit la vitesse plus grande. En effet, ce malaise nerveux dû à l'effort que nécessite une coordination nouvelle de mouvement, l'animal l'éprouvera aussi bien, si on l'oblige de ralentir outre mesure une allure déjà lente comme le pas.

« Cette remarque, touchant la dépense cérébrale excessive d'un moteur qui va trop lentement, méritait d'être soulignée. Elle confirme notre loi de l'optimum. Nous y joindrons deux remarques confirmatives, c'est que : 1º en deçà comme au delà d'une certaine vitesse, le tirage s'éloigne de son coefficient le plus favorable; 2º au-dessus de tel effort moyen, comme au-dessus de telle vitesse moyenne, l'usure des membres augmente énormément, sans parler de l'usure générale. »

B. — DÉTERMINATION DE LA VALEUR NUTRITIVE DES SUBSTANCES ALIMENTAIRES

I. — BROMATOLOGIE

Action cœnogénétique des aliments.

« Quelle que soit la nature de nos influences modificatrices, que nous agissions sur l'embryon ou sur l'individu adulte, ce sera toujours à l'élément nutritif que nous devrons nous adresser. » (Cl. BERNARD.)

La citation empruntée à G. Cuvier, indiquée antérieurement, a, au fond, un sens tout à fait analogue à celui de la précédente, de sorte que les deux plus grands naturalistes dont notre pays puisse s'honorer se sont rencontrés pour admettre l'action prépondérante de l'aliment comme agent modificateur.

Cette intervention ne s'arrête pas à une modification établie dans les habitudes et dans les mœurs, comme résultat de nouvelles conditions dans la lutte pour la vie, du *struggle for life*, comme disent les naturalistes anglais. Il y a là, certainement, un élément puissant de transformation, dont Charles Darwin et son précurseur Lamarck ont déjà fait sentir l'importance; mais, en dehors des effets provoqués par les changements survenus dans la gymnastique fonctionnelle des organismes, il réside un agent peut-être aussi puissant de mutation morphologique dans la nature même des substances nutritives.

Voici ce que cela veut dire :

Les lecteurs qui nous ont suivi attentivement dans le chemin parcouru admettront facilement que les animaux supérieurs ne font en somme que dégager les forces vives potentialisées dans les aliments. Eh bien, nous croyons qu'il y a, en plus de la chaleur et de l'électricité emmagasinées, d'autres puissances dont la conception est assurément des plus difficiles, dans l'état actuel de la science, mais qu'il est presque impossible de méconnaître.

Autrement dit, quand nous saurons qu'un aliment renferme à l'état latent telle ou telle quantité de chaleur ou d'électricité dynamique, nous ne saurons pas encore probablement tout, il restera à apprécier le ou les agents qui établissent des différences incontestables entre les substances végétales dont la composition chimique est à première vue absolument identique.

Que, pour un moment, on fasse abstraction de la concentration et des relations nutritives et adipo-protéiques, des rations offertes aux animaux, est-il un physiologiste qui hésitera à reconnaître que, hors de ce double objet d'action, il y a des *propriétés spéciales* dont il faut tenir compte.

A notre avis, il paraît impossible de ne pas sentir une relation intime entre la nature distinctive des espèces et leur alimentation, toute question de mœurs à part. Les herbivores, bien qu'ayant à peu près le même genre de nourriture, diffèrent essentiellement les uns des autres, et, plus que probablement, quelques-uns des caractères qui les distinguent doivent être le résultat des modifications de nourriture propre à chacun d'eux. Souvent même des changements en apparence accidentels ont pour cause indirecte cette influence.

Nous pourrions parler ici du caractère agressif communiqué au chien par la nourriture animale, et faire remarquer que le développement si particulier des fonctions cérébrales dans certaines races humaines peut, jusqu'à un certain point, n'être que le résultat de la présence d'une grande quantité de phosphore dans le pain qui a été, dès les temps les plus reculés, l'aliment préféré et communément adopté par nos ancêtres !

Quoi qu'on pense de ces cas spéciaux, il est difficile de ne pas reconnaître le rôle de la nourriture en tant qu'élément modificateur. Ce fait est une notion vulgaire d'observation dans la race chevaline où il est admis que « le principal secret de la fabrication des bons chevaux se trouve dans le coffre à avoine ». Personne ne méconnaît non plus que les caractères de la race de *pur sang anglais*, particulièrement la prédominance nerveuse qui la distingue plus spécialement, sont des résultats immédiats de l'action excitante de substances alimentaires qu'elle reçoit, au moins autant que de l'exercice rationnel auquel elle est soumise.

C'est, notons-le en passant, une chose extrêmement curieuse et tout à fait intéressante au point de vue scientifique général, que cette formation d'une race présentant une nervosité excessive, sous un climat humide où, par conséquent, toutes les conditions déterminantes du tempérament lymphatique paraissent avoir été réunies ! Que sont, à côté de cela, les objections tirées du peu de modifications apportées chez les herbivores par l'usage de la nourriture animale ? Y a-t-il seulement là les conditions d'une expérience de quelque valeur, quand l'hérédité conservatrice, établie pendant une série de siècles, lutte contre une influence de quelques années !...

D'ailleurs, ainsi que nous l'avons dit et répété, les animaux ne font que se substituer aux plantes comme agents de dépotentialisation et de consommation de l'*énergie actinique* (R. BARON)[1] avec les modifications si variées

---

1. Du grec ἀκτύν, rayon. — La puissance actinique est, par conséquent, l'énergie chimique rayonnante du soleil.

qu'elle peut présenter. Or, nous sommes encore bien peu instruits sur la nutrition des plantes, et il ne faudrait pas croire qu'on ait atteint le fond des choses quand on a exprimé que les principes dits excitants ont une action portant sur le système nerveux, en le rendant plus irritable. Sait-on seulement ce que c'est au juste que ces agents incitateurs, quelle est leur origine et le rôle qu'ils doivent jouer dans la nutrition végétale ? Car, tout le fait supposer, ils sont accumulés dans la graine en vue du développement de la jeune plante, tout comme les éléments non azotés et quaternaires. L'avenir trouvera sans doute là un sujet intéressant à approfondir.

Pour le moment, si nos connaissances sur les agents excitants sont imparfaites, cela n'indique pas qu'on doive en abandonner l'étude. On sait au moins qu'ils ont une action réelle et qui défie véritablement, pour les équidés, les [substitutions] alimentaires qu'on a essayé de réaliser. De plus, la physiologie végétale offre encore, à cet égard, certains renseignements qui peuvent être assez précieux pour ne les point négliger. Les botanistes commencent à revenir sur l'insensibilité dont on avait fort gracieusement, mais sans raison réelle, gratifié les végétaux. Des expériences et des observations bien dirigées ont montré que les plantes sentent et se meuvent puisqu'elles recherchent la lumière, qui est, ainsi qu'on le sait, l'élément essentiel de leur nutrition.

Dès lors, pourquoi n'admettrait-on pas que les composés excitants qui s'accumulent autour du germe sont, à une période moins avancée de la vie végétale, disséminés dans toute la masse organique qui la forme ?

En dehors de cela, la variété de constitution offerte par les principes ternaires et quaternaires a certainement une raison d'être qu'il serait oiseux de vouloir nier.

Laissons à l'avenir le soin de jeter un peu de lumière sur toutes ces questions, mais, pour l'instant, concluons que tout nous autorise à accorder une puissante influence modificatrice aux formes diverses qu'affectent les éléments nutritifs, et qu'il ne faut pas perdre de vue cette action, si on veut, sinon expliquer, du moins pressentir autant que possible les mutations organiques et fonctionnelles.

La faible capacité de l'estomac des équidés montre qu'à l'état de nature ils devaient manger peu à la fois et souvent; ils n'ont pas, comme les ruminants, le pouvoir de faire revenir leurs aliments pour les remâcher et les insaliver à nouveau, aussi doivent-ils consacrer un temps relativement long à leur repas. La disposition de leurs dents incisives, comparée à celle que présentent les bovidés, fait penser que le cheval est plus qu'eux organisé pour pincer l'herbe courte et fine, et c'est sans doute à ce genre particulier de nourriture qu'il doit le tempérament énergique et les formes nerveuses qu'il présente à un plus haut degré que les autres herbivores.

Digestibilité des substances alimentaires.

L'interprétation rationnelle du rôle de l'alimentation pendant la période de développement conduirait, seule, en dehors d'une analyse approfondie, à comprendre la nécessité d'une alimentation fortement azotée à cette période, puisque les principes quaternaires, en plus de leur effet nutritif, doivent subvenir à un excès de consommation correspondant à une partie destinée à compenser la prédominance de l'assimilation sur la désassimilation.

Mais, grâce à des recherches faites par les zootechnistes allemands, on n'en est plus à ces données vagues. On avait déjà remarqué que les corps gras, en certaines proportions, facilitent l'absorption des substances albuminoïdes, et que l'amidon jouit à un degré moins élevé des mêmes propriétés. Partant de ces résultats et à la suite d'expériences et d'analyses chimiques, on est arrivé à montrer que le rapport MA des matières azotées à celui des matières non azotées, MNA, obéit à des lois à peu près exactes, ayant l'âge comme élément modificateur.

En effet, dans le lait, la relation qui vient d'être indiquée est aussi élevée que possible, puisqu'elle est tantôt un peu supérieure, tantôt un peu inférieure à $\frac{1}{2}$, et que ce rapport s'élargit avec la durée de la lactation. D'ailleurs, en poussant l'observation plus loin, on trouve encore de nouvelles confirmations, car dans les jeunes herbes absorbées pendant l'allaitement ou au moment du sevrage, la composition chimique correspond à la relation $\frac{1}{3}$, puis devient $\frac{1}{4}$ et $\frac{1}{5}$, à mesure que l'époque de la fructification approche.

Il y a cependant plusieurs objections tendant à diminuer la valeur de cette interprétation. D'abord que la composition du lait et celle des végétaux est essentiellement variable, ce qui ne saurait être contesté. En outre, les tempéraments individuels doivent avoir une réelle influence, aussi bien que les saisons et les climats. Un autre fait contradictoire encore plus important, c'est qu'à l'état de nature tous les animaux, sans distinction d'âge, sont appelés à consommer les jeunes herbes à relation nutritive étroite, au commencement du printemps[1].

*
* *

Le rapport qui vient d'être indiqué a reçu le nom de *relation nutritive* (STOHMANN). On est arrivé à démontrer

---

1. « M. Sanson donne comme modèle de ration intensive, pour 100 kilogrammes de cheval de trait au pas :

	Protéine.		
1 k. foin de sainfoin (esparcette).	0,133	0,025	0,345
1 k. 500 seigle.	0,165	0,030	1,008
0 k. 800 germes de malt (touraillons).	0,189	0,023	0,289
1 k. paille.	»	»	»
	0,487	0,078	1,612

$$\text{Relation nutritive.} \quad \frac{M.A.}{M.N.A.} = \frac{487}{78 + 1\,612} = \frac{1}{3,5}$$

qu'il existe un rapport analogue entre les matières azotées et les substances grasses. Comme pour la relation nutritive, le *rapport adipo-protéique* (Cnusius) s'indique par une fraction dont le numérateur donne la quantité des principes quaternaires, et le dénominateur le chiffre mesurant la proportion des principes gras.

Les expérimentateurs ont trouvé qu'il ne faut pas que la quantité de graisse soit plus faible que celle qui donne la fraction $\frac{1}{2}$, et que le rapport ne doit pas s'élever au-dessus de $\frac{1}{3}$.

On sait déjà que la proportion de la graisse est très forte dans le lait, et que dans les plantes elle diminue

« Comme modèle de ration intensive, pour 100 kilogrammes de cheva travaillant aux allures vives, il pose :

1 k. foin de pré..	0,085	0,030	0,383
0 k. 800 avoine	0,090	0,048	0,452
0 k. 800 son de froment..	0,112	0,030	0,360
0 k. 300 févorolles	0,075	0,005	0,133
1 k. paille.	»	»	»
	0,368	0,113	1,328

$$\text{Relation nutritive}\ldots \quad \frac{\text{M.A.}}{\text{M.N.A.}} = \frac{368}{113 + 1\,328} = \frac{1}{3,0}$$

« M. Ayraud donne pour un cheval de 700 kilogrammes devant produire huit heures de débit à la seconde = 75 kilogrammètres : 5 kilogrammes de foin de pré; 5 kilogrammes d'avoine; 3 kilogrammes de févorolles, 3ᵏ,50 de maïs et 6 kilogrammes de paille dont 2ᵏ,500 comme ingesta. Cela fait : 1ᵏ,802 de protéine; 0ᵏ,560 de graisses;

8ᵏ,526 d'hydrates de carbone. Relation nutritive $= \frac{1}{5}$.

« Le Dʳ E. Wolff donne, pour un bœuf de trait 500 kilogrammes, 0,800 d'albuminoïdes et à peu près 5 kilogrammes de substances non azotées : Le rapport $\frac{\text{MA.}}{\text{M.N.A.}} = \frac{1}{7}$ pour le moins. A propos des chevaux d'agriculture, du poids moyen de 500 kilogrammes, il accorde 0,900 d'albuminoïdes, et 6ᵏ,300 de substances non azotées. On a tout juste : $\frac{\text{M.A.}}{\text{M.N.A.}} = \frac{1}{7}$.

« Je sais qu'un esprit conciliant s'efforcerait d'arranger tout cela au moyen de la protéine efficace et de la protéine brute. Mais son effort malheureux nous confirme dans notre doute méthodique » (R. BARON).

progressivement à mesure que la végétation se développe. Les jeunes animaux conservent pendant assez longtemps la faculté de digérer une plus forte proportion de corps gras.

D'après quelques auteurs, en même temps que les corps gras influent sur l'absorption des composés azotés, ils favorisent aussi l'assimilation de l'amidon et de la cellulose. Ce qu'il y a de certain, c'est qu'il faut encore tenir compte des individualités, des saisons et des climats : les faits rapportés, concernant la nécessité d'une alimentation adipeuse dans les climats froids, et partant pendant l'hiver, ont, à cet égard, la valeur d'une véritable démonstration expérimentale [1].

*
* *

Abstraction faite des conditions précédentes, la digestibilité des principes alimentaires et surtout des composés azotés, qui sont les plus onéreux à produire, varie encore suivant la nature des aliments, à ce point que les zootechnistes qui ont cherché à utiliser les renseignements fournis par la composition chimique sont arrivés à conclure que les substitutions alimentaires et l'appréciation de la digestibilité qui en est la base, ne peuvent donner des résultats sérieux que quand elles se font entre des aliments du même genre.

C'est ainsi que M. Schneider est arrivé à résumer les coefficients de digestibilité des matières azotées pour les divers groupes d'aliments, dans le tableau suivant :

Fourrages secs (foin, luzerne, trèfle, vesces, sainfoin, serradelle, etc.)	60
Pailles, données comme nourriture.	50
Pailles dans les mélanges alimentaires.	60
Fourrages verts.	70
Tourteaux et sons	70
Graines et grains.	95
Racines et tubercules.	95
Drèche, pulpe, résidus de distillerie.	95

1. N'y aurait-il pas avantage à ajouter du phosphate de chaux à la la ration, lors du sevrage ?

Et encore, M. Schneider lui-même le fait remarquer, ces chiffres sont loin d'avoir une valeur absolue, et cela se conçoit en raison de la différence qui résulte de la consommation à l'état vert ou à l'état sec, de la complexité extrême de composition suivant la nature du sol, le climat et les conditions d'humidité qui ont présidé à la végétation. En outre, il y a certainement des différences d'une plante à une autre, non seulement pour elles-mêmes, mais aussi par rapport au genre d'animaux qui doit les consommer.

Une autre influence constatée expérimentalement c'est celle qui tient à la concentration des principes alimentaires employés dans les substitutions.

« Quand dans un repas un animal reçoit plusieurs aliments différents, en général ce sont ceux qui sont le plus promptement et le plus complètement désagrégés par les fluides digestifs qui fournissent le plus de matières à l'absorption. Ce sont alors les principes qui sont le plus facilement transformés et dissous, qui sont absorbés en plus grande quantité. Il en résulte que si la ration est plus que suffisante pour les besoins de l'économie, et composée en partie d'aliments durs et fibreux, et en partie d'aliments plus facilement attaquables, ce sont ces derniers surtout qui nourrissent[1]. »

Enfin, la *cuisine zootechnique*, par ses divers procédés : la division mécanique, la fermentation, la germination, la cuisson, la macération et la panification, peut aussi intervenir, mais ne donne pas, chez les chevaux en général, de bien bons résultats. Il a été reconnu, par une suite d'expériences bien conduites, que loin de favoriser la digestion des grains d'avoine en les broyant, on en rend au contraire la chymification plus lente et plus imparfaite. Les praticiens sont presque tous d'accord à ce sujet, même pour les poulains, chez lesquels l'opération aurait plus de raison d'être. Tout au plus peut-on penser qu'il y aurait

<hr>

[1]. J.-H. MAGNE et C. BAILLET, p. 382.

quelque avantage à concasser l'avoine donnée aux vieux chevaux dont la mastication laisse trop à désirer.

Il est probable que l'insalivation, qui n'est parfaite qu'avec une mastication prolongée, est un puissant élément digestif, que les glandes intestinales et les glandes abdominales annexes de l'appareil digestif n'arrivent que très difficilement à remplacer. Peut-être serait-il possible d'éclairer utilement cette question par l'expérimentation directe, en recherchant les désordres qui se produiraient dans la digestion lors de la privation des sucs salivaires. Le résultat est d'autant plus probable qu'on a toujours remarqué l'effet indigeste (*rafraîchissant*) du son et des farineux donnés dans beaucoup d'eau (*barbotages*).

Composition des aliments utilisés par les animaux moteurs[1].

Les indications consignées dans les tableaux suivants suffiront pour donner une idée de la constitution absolue et relative des aliments dont font usage les animaux de travail.

Nous laissons à part, pour le moment, les végétaux consommés à l'état vert, leur étude sera mieux à sa place dans la partie de cet ouvrage qui traite de l'allaitement et de la nourriture des poulains.

1. Ces renseignements sont extraits du *Traité d'hygiène* de MM. J.-H. MAGNE et C. BAILLET.

Composition des Grains et des Graines.

	MATIÈRES AZOTÉES	GLYCOSIDES	LIGNEUX CELLULOSE	MATIÈRES GRASSES	ACIDE PHOSPHORIQUE moyenne	SELS	EAU
Blé dur (Payen).	23.88	61.80	0.59	2.02		0.90	10.81
Blé tendre (Payen)	14.50	72.68	0.35	1.57	0.91	0.90	10.00
Froment (Kühn)	12.00	72.30	0.50	1.10		0.50	13.60
Seigle (Kühn).	11.70	69.30	1.20	2.00		1.60	14.20
Seigle (Poggiale)	8.90	65.54	6.36	1.97	0.83	1.75	15.51
Orge (Kühn)	13.00	67.00	1.30	2.20		2.00	14.50
Orge (Poggiale).	10.66	60.03	8.78	2.38	0.85	2.62	15.23
Orge pour le bétail (Grandeau). . .	10.80	55.20	11.66	3.55		6.22	12.52
Avoine (Kühn)	17.70	63.90	»	6.00		»	12.00
Avoine (Poggiale).	10.93	62.96	3.36	5.92	0.58	3.00	13.83
Maïs (Kühn)	15.20	70 50	»	3.80		0.90	10.00
Maïs (Poggiale).	10.21	63.44	4.09	6.89	0.54	1.48	13.89
Féveroles.	29.70	49.90	2.90	2.00	1.02	3.00	12.50
Féveroles (Grandeau)	24.88	47.16	6.85	1.67	»	3.28	16.16
Fèves (Boussingault)	24.40	51·50	3.00	1.50	»	3.60	16.00
Fèves (Grandeau).	26.30	49.50	3.70	2.20	»	3.50	14.80
Graine de lin (Boussingault). . . .	20.50	19.00	3.20	39.00	»	6.00	12.50
Graine de lin (Grandeau)	22.36	22.42	5.6	33.13		4.26	12.15

Composition des Foins des Prairies naturelles et artificielles (M. GRANDEAU).

	MATIÈRES AZOTÉES	GLYCOSIDES	LIGNEUX CELLULOSE	MATIÈRES GRASSES	ACIDE PHOSPHORIQUE	SELS	EAU
Foins des prairies naturelles . . .	10.11	40.90	25.52	2.34	0.40	6.54	14.59
Trèfle blanc.	12.37	36.16	24.45	2.18	0.315	5.86	18.38
Luzerne	14.76	34.63	24.08	3.02	0.250	8.42	15.07
Sainfoin.	14.85	35.77	26.42	2.50	»	6.20	14.26
Lupuline	14.60	33.20	26.20	3.30	»	6.00	16.70
Trèfle blanc.	15.97	35.56	22.41	3.50	»	8.95	13.61
Vesce.	17.60	29.75	26.46	2.30	0.62	9.00	14.90

Composition des Pailles des Céréales.

	MATIÈRES AZOTÉES	GLYCOSIDES	LIGNEUX CELLULOSE	MATIÈRES GRASSES	ACIDE PHOSPHORIQUE	SELS	EAU
Paille de blé	3.03	40.90	37.48	1.10	»	3.94	13.55
Paille de seigle	3.61	33.41	44.65	1.35	»	3.97	13.00
Paille d'avoine	4.55	36.95	37.97	1.64	»	5.26	13.63
Paille d'orge	3.57	32.07	42.00	1.90	»	7.15	13.31
Paille de maïs	3.00	37.90	40.00	1.10	»	4.00	14.00

Composition du Son.

	MATIÈRES AZOTÉES	GLYCOSIDES	LIGNEUX CELLULOSE	MATIÈRES GRASSES	ACIDE PHOSPHORIQUE	SELS	EAU
Gros son	18.77	48.26	8.78	4.00	»	6.29	13.90
Petit son	17.22	55.62	5.17	3.70	»	4.39	13.90
Millon	14.90	51.00	10.90	3.60	»	5.70	13.90
Kühn	14.00	45.00	18.30	3.80	»	6.19	13.40
Grandeau	13.82	55.91	8.65	3.59	»	5.23	12.80

Composition des Racines.

	MATIÈRES AZOTÉES	GLYCOSIDES	LIGNEUX CELLULOSE	MATIÈRES GRASSES	ACIDE PHOSPHORIQUE	SELS	EAU
Carotte blanche (Boussingault) . .	1.50	10.90	0.80	0.20	»	0.60	86.00
Carotte (Grandeau)	1.28	11.38	1 62	0.24	»	1.11	84.37
Carotte (Garola).	1.30	9.60	1.90	0.30	0.08	1.00	85.30
Panais (Boussingault)	1 60	8.20	1.00	0.20	0.07	0.70	88.30

II. — BROMATODYNAMIQUE

MM. J.-H. Magne et C. Baillet posent le problème de la valeur dynamique des aliments dans des termes précis, que nous croyons utile de reproduire ici [1] :

« Comme nous l'avons dit précédemment, il serait avantageux d'avoir des procédés qui permissent d'apprécier, d'une manière exacte, les pertes de force qui résultent des conditions variées dans lesquelles se fait le travail. Si avec cela on connaissait avec certitude la puissance dynamique absolue d'un aliment type, il serait facile de calculer, en partant d'un même nombre, accepté comme équivalent mécanique, ce qu'il faudrait donner à un animal pour obtenir de lui un effet utile déterminé dans les diverses conditions où l'on pourrait le placer. Mais jusqu'à présent, on n'a point encore de données assez précises pour qu'il soit permis de baser sur elles des calculs certains en ce qui concerne la nourriture à donner aux animaux qui travaillent aux allures rapides, et nous devons nous contenter de faire connaître, presque sans les discuter, les chiffres, en petit nombre, que la pratique a révélés sur ce point [2]. »

Essayons, à notre tour, de donner une solution aussi bonne que possible dans l'état actuel de la science.

Ration d'entretien.

Contrairement à ce qui existe pour les machines industrielles ordinaires, les machines animées présentent, en plus de la consommation d'instables ayant pour but de subvenir à la dépense de forces établie du fait de la production du travail industriel, une absorption d'aliments

1. *Traité d'Hygiène vétérinaire*, p. 477.
2. MM. J.-H. Magne et C. Baillet, p. 477.

destinés uniquement à l'entretien des tissus dont elles sont formées.

Après tout ce qui a été exposé ci-dessus, les éléments constitutifs de la *ration d'entretien* sont faciles à mettre en évidence :

a) Les animaux moteurs ont une température constante, et la source de la chaleur qui est la base de cet équilibre et compense par conséquent les pertes qu'ils subissent par le rayonnement — se trouvant presque toujours dans un milieu plus froid que leur température interne — ne peut provenir que des substances nutritives, surtout des actions chimiques qui s'établissent lors de la combinaison de l'*oxygène* atmosphérique avec le *carbone* et l'*hydrogène* contenus à l'état libre dans les principes immédiats alimentaires.

b) En dehors des conditions de température et aussi de la dépense occasionnée par le mouvement évolutif — accroissement, génération, allaitement, — ainsi que des actes organiques qui y concourent — la digestion, la respiration, la circulation, etc. — et des mouvements restreints qui s'y rapportent, on admet, fort gratuitement il est vrai, un mouvement constant de composition et de décomposition au sein des substances vivantes, et la source des forces ainsi absorbées ne peut être, bien entendu, que dans l'alimentation ordinaire.

La ration d'entretien n'a pu être calculée qu'expérimentalement, en cherchant la quantité de nourriture nécessaire à la conservation d'un poids déterminé de matière organisée pendant la stabulation.

« M. Crevat, après avoir calculé la somme des déperditions qu'un animal au repos éprouve par la chaleur qu'il perd au sein du milieu dans lequel il est placé et par les mouvements nécessaires à l'accomplissement des actes de la nutrition (mastication, contraction du cœur, des muscles respirateurs, de la membrane charnue de l'intestin, etc.), estime la dépense d'un cheval de 500 kilogrammes

(ou d'un autre herbivore du même poids) à 220 grammes
de protéine et 4 620 grammes d'hydrates de carbone, ce qui
représente pour chaque 100 kilogrammes du poids vif
44 grammes de substance azotée, et 324 grammes de matières hydrocarbonées susceptibles de produire autant de
chaleur que 389 grammes de carbone. »

Ration de production. — Aliments réparant les pertes du travail automoteur et du travail industriel.

Le *travail automoteur* est donné par deux éléments,
le chemin parcouru et la masse de l'organisme déplacé.
On sait que le *travail industriel* peut être d'un calcul
moins facile, quand il s'effectue par l'intermédiaire des
machines et spécialement des voitures. Ces questions ont
d'ailleurs été traitées avec tous les détails qu'elles comportent.

Connaissant le chiffre total de la ration et celui de la
ration d'entretien, la ration de production s'établit par
une simple soustraction. Le partage entre les deux éléments qui restent ensuite se fait d'après leur valeur kilogrammétrique réciproque.

Partant de là, on a été tout naturellement porté à rechercher la valeur dynamopoiésique des substances nutritives.
Il est indispensable d'examiner sommairement les procédés employés, afin de pouvoir en faire connaître la valeur :

MM. J.-H. Magne et C. Baillet (pages 415 et suivantes)
prennent dans la ration de production les principes immédiats absorbés et calculent la quantité de chaleur dégagée par la combustion de ces instables pendant la dénutrition, et, dans le nombre représentant la quantité en
calories, ils admettent que 13 à 20 p. 100 (?) sont employés
au travail musculaire, et qu'en multipliant par l'équivalent
mécanique de la chaleur, 425, le résultat donne la valeur

du travail disponible, de laquelle il est facile de déduire le travail à exiger[1].

« Dans la combustion complète de ces matières, 1,25 d'hydrogène sont neutralisés par 10 d'oxygène, et il reste pour produire de la chaleur :

$$0 \text{ kg. } 079 \quad \text{de carbone qui } \times \ 8,080 = 638 \text{ calories.}$$
$$\text{et } 0 \text{ kg. } 00975 \text{ d'hydrog. } \quad \text{qui } \times 34,462 = 336 \quad —$$

$$\text{TOTAL.} \ldots \ldots \quad 974 \text{ calories.}$$

« 100 grammes de corps gras produisent, d'après cela, 974 calories, c'est-à-dire qu'ils ont une puissance calorique égale à celle de 120^{gr},54 de carbone. Pour 1 kilogramme, la puissance calorique des matières grasses serait donc égale à celle de 1205 de carbone. Ce nombre est un peu supérieur à celui de M. Gavarret, pour les raisons que nous avons données dans les notes précédentes.

« Les hydrates de carbone sont ainsi nommés parce qu'on peut représenter leur composition par une certaine quantité de carbone, plus de l'eau, de la manière suivante :

Amidon, inuline, cellulose, dextrine . . = carbone. 44,0 + { Oxyg. . 49,53 / Hydrog. 6,17 } = eau 55,7

Sucre. . . . . = carbone. 42,1 + { Oxyg. . 51,48 / Hydrog. 6,42 } = eau 57,9

Glucose. . . . = carbone. 40,0 + { Oxyg. . 53,30 / Hydrog. 6,70 } = eau 60,0

« Dans ces corps, l'hydrogène est entièrement neutralisé par l'oxygène et ne concourt en rien à la production de la

---

1. Voici les calculs auxquels il vient d'être fait allusion, qui ont été empruntés à MM. Frankland et Gavarret :

D'après M. Boussingault, la composition moyenne des matières grasses peut être représentée ainsi qu'il suit :

Carbone 79
Hydrogène 11
Oxygène 10

12.

chaleur. Le carbone seul peut être brûlé. Par conséquent, si l'on prend le sucre comme offrant la composition moyenne des hydrates de carbone, 100 grammes de ces corps ont la même puissance calorique que 42 grammes de carbone, et 1 kilo aurait la même puissance calorique que 21 grammes de carbone.

« Quand la protéine brûle complètement, il ne se forme point d'urée ; l'azote est mis en liberté et rejeté au dehors par l'acte de l'expiration, et la totalité du carbone et de l'hydrogène qui lui étaient unis doit passer à l'état d'acide carbonique et d'eau. Dans cette circonstance, les 23 d'oxygène qui existent dans la protéine neutralisent $2^{gr},87$ d'hydrogène, et il reste pour produire de la chaleur 51 grammes de carbone et $4^{gr},13$ d'hydrogène. Il se produit donc de la sorte :

Par le carbone. .   0 gr. 054   × 8,080 = 436 calories.
Par l'hydrogène.   0 gr. 00413 × 34,462 = 142   —

Total. . . . . ; 578 calories.

« Cette quantité de chaleur correspond à celle qui serait dégagée par la combustion de $71^{gr},53$ de carbone. Rapportée à 1 kilog. de protéine, elle correspondrait à celle qui dériverait de 715 grammes de matière azotée. La faible différence qui existe entre ce nombre et celui de M. Gavarret (638 grammes) résulte de ce que cet auteur a compté que l'hydrogène produit, à poids égaux, quatre fois autant de chaleur que le carbone, tandis qu'en réalité sa puissance calorique est un peu plus élevée.

« Le tableau suivant, dans lequel nous mettons en regard la composition de 100 grammes de protéine et de 34 grammes d'urée qui restent à éliminer après la combustion de la matière azotée par l'oxygène du sang, permet de bien saisir par quels éléments la chaleur est produite, et dans quelle mesure elle peut être produite.

10 grammes de protéine contiennent :	grammes	La combustion de 100 grammes de protéine laisse un résidu de 34 grammes d'urée qui contiennent ;	Ne sont point entrés dans la composition de l'urée
Carbone. .	54	6,8	47,2
Hydrogène	7	2,3	4,7
Azote. . .	16	16,0	0
Oxygène. .	23	9,1	13,0
	100	34,2	65,8

« Il y a donc $4^{gr},7$ d'hydrogène et $13^{gr},9$ d'oxygène qui n'entrent point dans la composition de l'urée. Les $13^{gr},9$ d'oxygène neutralisent $1^{gr},73$ centigrammes d'hydrogène ; il reste pour produire de la chaleur avec l'oxygène atmosphérique. Or on sait que 1 kilogramme de carbone produit 8 080 calories, et 1 kilogramme d'hydrogène 34 462 calories. Par conséquent, en multipliant par ces nombres, on obtient :

$$0 \text{ gr. } 0472 \text{ de carbone } \times 8\,080 = 381 \text{ calories}$$
$$0 \text{ gr. } 00297 \text{ d'hydrogène } \times 34\,462 = 102. \quad -$$

TOTAL. . . . . . 483 calories

« Il résulte de ce calcul que 100 grammes de protéine qui se transforment en urée produisent 483 calories, ou, en d'autres termes, autant de chaleur que pourraient en produire $59^{gr},19$ de carbone. Si on opérait sur 1 kilogr. de matière azotée, on trouverait que la chaleur résultant de sa combustion devrait représenter celle que pourraient engendrer 598 gr. de carbone. Ce nombre est un peu supérieur à celui qui est donné par Frankland ; mais cela résulte des valeurs un peu différentes attribuées à la puissance calorique du carbone et de l'hydrogène, et n'a aucune importance relativement au principe qu'il s'agit de montrer. »

Les données que nous avons maintenant à analyser sont une véritable critique des chiffres adoptés par MM. J.-H. Magne et C. Baillet et leur dénégation expérimentale, ce qui nous dispense de tout commentaire.

***

Parmi les travaux qui ont trait à la question à résoudre, les principaux sont ceux de MM. de Gasparin, Sanson, Crevat, Hervé-Mangon et Moreau-Chaslon. Toutes ces recherches expérimentales ont un fondement commun : elles visent la détermination de la quantité de nourriture nécessaire pour qu'un travail donné puisse être effectué, sans que les individus utilisés en souffrent, pour pouvoir du résultat obtenu remonter à la connaissance de la valeur dynamique d'une quantité connue de nutriments, et réciproquement.

Les procédés employés varient suivant que l'élément nutritif qui sert de comparaison est la protéine seulement, comme pour M. Sanson, par exemple, ou tous les principes alimentaires, méthode adoptée par M. Crevat, entre autres. D'ailleurs, si l'on connaît la composition de l'aliment type ou au moins la relation nutritive la plus favorable, il est toujours possible d'étendre la signification des résultats obtenus dans le premier cas. Aussi n'est-ce pas surtout de ce côté que des difficultés se sont présentées, mais bien dans la forme du travail étudiée et dans les différences correspondantes de la valeur kilogrammétrique des aliments. On peut s'en convaincre par les chiffres suivants, qui se rapportent à 1 000 000 kilogrammètres de travail à produire, pour lesquels il est demandé, par :

MM. de Gasparin.	0 gr. 450	de protéine
Sanson	0 gr. 625	—
Moreau-Chaslon (aux allures vives).	1 gr. 543	—
Hervé-Mangon　　　　　—	1 gr. 2	—
— 　　(au pas)	0 gr. 544	—

Les résultats indiqués par Crevat méritent une mention à part : il a trouvé 453 grammes pour un cheval d'agriculture soumis à un travail modéré, 477 grammes pour les chevaux employés au factage à Chartres, 470 grammes pour un cheval de culture, 483 grammes pour un cheval d'agriculture, 597 pour un cheval de camionnage.

C'est le moment de rappeler ce qu'on a dit ailleurs : que la critique éclairée est la base du progrès scientifique, et que l'expérimentation lui emprunte une partie de sa valeur. En manière de conclusion, rappelons une citation de M. Baron tout à fait *ad hoc :*

« Plus on s'écarte en dessus ou en dessous de cette quantité moyenne de 75 kilogrammètres par seconde, moins le travail utile (au pas) est considérable. Si l'on reste en dessous, que le cheval ne produise par exemple que 40 kilogrammètres par seconde, en réduisant l'effort ou la vitesse, il faut augmenter beaucoup la durée du travail, et l'animal se fatigue inutilement *rien qu'à se porter.* Si l'on augmente, au contraire, l'intensité du travail, que le cheval produise, par exemple, 120 kilogrammes par seconde, en augmentant l'effort ou la vitesse, il y a alors une bien plus grande perte de force vive employée à produire les mouvements intermittents de la respiration, de la circulation sanguine et des membres, parce que la puissance vive d'impulsion augmente comme le carré de la vitesse des masses en mouvement. »

Les résultats obtenus par les divers expérimentateurs et consignés dans les pages précédentes devaient être prévus, après les considérations dans lesquelles nous sommes entrés à propos de l'étude de la mécanique musculaire et de l'action du poids comme agents locomoteurs. Ainsi que nous l'avons dit en traitant de la dynamométrie, les zootechnistes futurs chercheront des équivalents mécaniques des aliments correspondant, non seulement à chaque allure et aux différentes formes du travail, mais même les modifications résultant des degrés d'intensité ou de vitesse — donnant le pas, le trot et le galop, raccourcis, ordinaires ou allongés, — et non plus un équivalent mécanique des substances nutritives ! Et, avec la complexité déjà très grande qui vient d'être supposée, aura-t-on encore bien tous les éléments du problème ? Ne faudra-t-il pas aussi penser un peu à la question d'adaptation et à la surexcitation fonctionnelle, dont parle longuement le professeur de zootechnie d'Alfort, etc. ?

Faisons aussi remarquer que ce qu'on sait de la *décomposition complète des principes albuminoïdes* détruit la ligne de démarcation acceptée par nos devanciers, qui séparaient en deux catégories entièrement distinctes la ration d'entretien et la ration de production. Les composés alimentaires quaternaires, s'ils sont les agents dynamiques par excellence et peut-être exclusifs, deviennent pendant les derniers degrés de leurs dédoublements des puissances thermogènes très importantes. Si donc le travail locomoteur effectué est assez *intense* et suffisamment *lent*, ils peuvent en grande partie subvenir à l'entretien de la chaleur animale. Dans le cas contraire, la chaleur créée trop subitement doit être éliminée en pure perte, en grand danger de devenir nuisible pour son agent générateur.

C'est sans doute à cet ordre de mutations biologiques qu'il faut attribuer les avantages que présente la nourriture très azotée chez les chevaux de trait lent, pour lesquels on fait entrer très rationnellement, et avec des avantages reconnus par la pratique, les féveroles et les autres légumineuses dans la composition de la ration, tandis que le cheval de course, qui produit un travail excessif dans un court espace de temps, n'en tire aucun bénéfice, au contraire ; mais ce dernier se trouve bien, en été, de la consommation d'une petite proportion de luzerne.

*
* *

Avant de terminer, nous avons à parler du rapport établi entre la surface du corps, la quantité de matière organisée qui le constitue, et l'alimentation.

Si on se rappelle les raisons qui nous ont fait admettre que l'évolutilité et en général tous les modes d'activité organiques intensifs, sont immédiatement subordonnés à l'étendue de la surface cutanée, il sera facile de s'élever à la connaissance de la proportionnalité qui doit relier l'alimentation et le travail, et même l'entretien de l'organisme, lorsqu'une plus grande surface est affectée à la réfrigération.

Quant au moyen d'apprécier cette surface, il n'en est pas de meilleur que celui indiqué par Crevat, qui consiste à multiplier par un chiffre déterminé expérimentalement le cube du tour du périmètre thoracique.

Voici les chiffres posés pour quelques types :

$$P = 85 \times C^3 \quad \text{(cheval de labour)}.$$
$$P = 80 \times C^3 \quad (\quad - \quad \text{de roulage}).$$
$$P = 75 \times C^3 \quad \text{(trotteur ordinaire)}.$$
$$P = 70 \times C^3 \quad (\quad - \quad \text{très rapide}).$$

De son côté, M. Baron, « en considérant que les trois dimensions géométriques s'opposent », comme cela a été exprimé (page 20), s'arrête à la formule générale $30 \dfrac{C^2}{H}$ dont il déduit les indications relatives à l'alimentation dans les différents services.

Dès lors, la recherche de l'équivalent dynamique des aliments apparaît sous son véritable jour, c'est-à-dire comme une pure fiction absolument irréalisable !

D'abord, ce n'est pas un équivalent dynamique qu'il faudrait chercher, mais bien des équivalents dynamiques correspondant à chaque genre de travail et à tous les degrés d'intensité qui peuvent se présenter dans les conditions si différentes offertes par la pratique, ce qui ne peut s'obtenir qu'approximativement, par l'expérimentation.

En outre, il serait nécessaire de bien stipuler que ces équivalents pris en particulier ne seraient applicables qu'à une adaptation spéciale des moteurs. Un cheval de course aura beau manger quinze litres d'avoine, il ne pourra pas tirer la charrue comme le cheval du misérable laboureur, auquel il n'est distribué que des herbes grossières et réciproquement. Et même les choses ne s'arrêteraient pas encore là : on aurait encore à tenir compte des individualités, tant dans leurs pouvoirs digestifs que dans leurs aptitudes plus ou moins marquées et dans leur degré d'entraînement. De sorte que, en fin de compte, l'appréciation générale paraît un problème d'une complexité véritablement effrayante dans la multiplicité des faits qu'elle embrasse[1].

Conclusion. — Sous le rapport de la subordination de l'aptitude dynamique des moteurs à la nourriture qu'ils reçoivent, ce qu'on a pu faire de mieux a été de réunir empiriquement un certain nombre de chiffres que tous les hommes du métier connaissent parfaitement, et de les prendre pour des bases essentiellement modifiables dans chaque cas particulier, par l'observation de l'état d'entretie et d'activité des moteurs, *en ayant soin de ne jamais dépasser la limite du nécessaire,* car ce qui est donné en plus n'est pas seulement perdu, il peut en résulter des complications des plus graves pour l'état de santé.

Il n'y a plus de doute sur le bien fondé de cette manière de faire si on examine les chiffres extrêmes trouvés, pour le travail journalier, par les expérimentateurs, même dans les services tout ce qu'il y a de plus ordinaire. Nous avons, en effet, pour le général Morris, opérant sur les chevaux d'artillerie, 2 208 000 kilogrammètres et pour H. Fritz de Zurich, examinant le tirage des machines à faucher et à moissonner, 4 017 600 kilogrammètres. On trouvera, comme

---

nous, que ce sont là des résultats un peu bien éloignés, et avec nous aussi on considérera qu'adopter une moyenne de 3 100 000 kilogrammètres, ainsi que le fait M. Sanson, c'est souscrire à une appréciation par trop gratuite !

Nous empruntons à Crevat le tableau ci-dessous, du genre de ceux où pourraient être réunis les enseignements déduits de l'observation des praticiens, et que M. Baron, a accompagné d'heureux commentaires que nous reproduisons textuellement :

« *a*) D'abord ce rationnement par les surfaces proportionnelles est le seul pratique, attendu que les chiffres donnés par rapport aux poids vifs des animaux doivent être rectifiés chaque fois que les sujets s'éloignent de la moyenne, presque toujours par conséquent.

« *b*) La mesure du travail utile et du travail automoteur surtout, combinée avec n'importe quel *équivalent mécanique* de la protéine alimentaire, ne conduira presque jamais à une estimation plus voisine de la vraie vérité que le choix immédiat du *cas* prévu dans le tableau.

« *c*) Le soin de combiner les coefficients de digestibilité et les relations nutritives convenables s'y trouve littéralement annulé, tandis que n'importe quelle autre méthode déductive laisse là-dessus une latitude et une responsabilité assez considérables.

« *d*) Quant à la question de formuler définitivement le menu des animaux, elle reste ni plus ni moins délicate qu'auparavant, attendu qu'on ne pourra jamais dispenser les gens de toute initiative.

« *Exemple*. — Un cheval de 640 kilogrammes est employé au roulage et fait un plein travail : quelle alimentation lui donnerez-vous ?

« Je regarde d'abord dans la dernière colonne (coefficient des poids), et je trouve 80. Cela veut dire que les chevaux de ce modèle pèsent généralement 80 fois le cube du tour de la poitrine. J'en conclus donc que ce périmètre égale très approximativement 2, d'où son carré $= 4$. C'est par ce

ESPÈCE ET CONDITION DES ANIMAUX	FACTEURS DES RATIONS			COEFFICIENT des poids.
	Sucre.	Protéine.	Graisse.	
Cheval de trot { rapide, plein travail	1,38	0,46	0,11	70
Cheval de trot { ordinaire, plein travail.	2,03	0,47	0,17	75
Cheval de roulage, plein travail.	2,09	0,47	0,12	80
Cheval d'agriculture. { bien nourri { plein travail. . . .	2,14	0,47	0,12	85
Cheval d'agriculture. { bien nourri { travail moyen . . .	1,95	0,38	0,09	85
Cheval d'agriculture. { bien nourri { demi-travail. . . .	1,76	0,28	0,07	85
Cheval d'agriculture. { mal nourri, plein travail.	2,20	0,47	0,12	90
Bœuf de travail { Bœuf de charroi. très bien nourri, plein travail.	1,88	0,39	0,10	75
Bœuf de travail { Bœuf de culture { bien nourri { plein travail.	1,90	0,37	0,09	80
Bœuf de travail { Bœuf de culture { bien nourri { travail moyen	1,71	0,28	0,07	80
Bœuf de travail { Bœuf de culture { bien nourri { demi-travail.	1,61	8,23	0,06	80
Bœuf de travail { Bœuf de culture { mal nourri, plein travail.	1,96	0,38	0,09	85

chiffre que je vais multiplier chacun des trois facteurs de la ration à déterminer :

$$4 \times 2,09 \text{ (sucre)} \quad = 8^k,360$$
$$4 \times 0,47 \text{ (protéine)} = 1^k,880$$
$$4 \times 0,12 \text{ (graisse)} \quad = 0^k,480$$

« On pourra donc essayer du premier coup la ration suivante : 5 kilogrammes foin de pré, 5 kilogrammes avoine, 3 kilogrammes féveroles, $3^{kil},750$ maïs et 6 kilogrammes paille (dont $24^{kil},500$ sont consommés comme aliment). Je dis « du premier coup », parce que cette ration a été présentée comme ayant la teneur suivante :

$$\text{Hydrate de carbone} = 8^k,426$$
$$\text{Protéine} \qquad\qquad = 1^k,802$$
$$\text{Graisses} \qquad\qquad = 0^k,560$$

« Mais j'ai reconnu en calculant, d'après les tables de Crevat, qu'il vaut mieux donner :

		Amylo-glycosides		Protéine efficace		Graisse digestible
6^k foin	$= 2^{kg},400$		342		96	
4^k avoine	$= 2^{kg},228$		428		212	
4^k féveroles	$= 1^{kg},836$	$+$	908	$+$	56	
1^k maïs	$= 1^{kg},242$		186		120	
2^k paille	$= 652$		30		14	

« Les 2 kilogrammes de paille sont pris sur une provision de 6 kilogrammes ou $6^{kg},00$. C'est à peu près la proportion mangée par l'animal. »

C. — RECONSTITUTION ORGANIQUE, SON RAPPORT AVEC LE FONCTIONNEMENT ET LA DISTRIBUTION DU TRAVAIL, DE LA NOURRITURE ET DU REPOS, OU CE QU'ON CONNAIT ORDINAIREMENT SOUS LE NOM DE « RÉGIME ».

L'alimentation des chevaux de vitesse est peu variée : l'avoine, le foin, la paille, et dans de faibles proportions le son, la farine d'orge et les carottes, sont presque exclusivement les substances alimentaires solides dont ils font usage, avec l'eau comme boisson.

Malgré cette uniformité de composition, l'ordre méthodique de l'association des substances nutritives adopté pour former la *ration*, où sont indiquées les quantités de chacune d'elles, et les repas qui règlent la distribution, en raison du travail, sont de la plus haute importance, aussi devons-nous nous y arrêter quelques instants.

La ration du cheval de course comprend forcément une très petite quantité d'aliments fibreux, car la digestion doit absorber le moins possible des forces nutritives, et le poids doit être constitué, autant que faire se peut, par des éléments locomoteurs actifs.

Dans les cas ordinaires, la ration pour ce genre de travail peut aller de 12 jusqu'à 15 et 16 litres d'avoine, ce grain étant donné presque à discrétion, et elle comporte à peine deux kilogrammes de foin, avec très peu de paille, en dehors de celle qui constitue la litière.

Les chevaux d'entraînement, sans doute en raison de leur genre de nourriture, boivent relativement peu. Cela est en rapport avec les observations de M. le professeur Colin qui indique, avec chaque kilogramme d'aliment supposé sec, de deux à trois kilogrammes d'eau. D'autre part, c'est peut-être aussi un caractère d'adaptation, car les Arabes habituent leurs chevaux à boire peu pendant le jour; c'est surtout le soir, après les avoir fait reposer, qu'ils leur distribuent les boissons.

A peu d'exceptions près, on a l'habitude de rafraîchir les chevaux de course en leur donnant du barbotage deux fois par semaine. Le plus souvent on ajoute au son au moins autant d'avoine et une proportion variable de graine de lin s'élevant rarement au-dessus de 100 grammes par cheval, et on arrose le tout avec de l'eau bouillante, puis on laisse refroidir.

*
* *

Pour le régime, comme pour les autres pratiques de

l'entraînement, rien n'est absolument fixe pour les chevaux d'hippodrome : chaque chef d'écurie a des coutumes
particulières.

Cependant, en général, il est une règle dont personne
ne se départit : c'est que le travail se fait le matin, et que
le premier repas se compose exclusivement d'avoine, environ deux litres, qui sont offerts [peu de temps avant de
seller. Les boissons ne sont données que consécutivement
à l'exercice, quand les chevaux sont refroidis.

Voici un régime appliqué aux chevaux de l'armée pendant les manœuvres, qu'une longue expérience a sanc-
tionné, et qui indique à peu près les termes généraux
autour desquels gravitent les modes de distribution à établir pour les chevaux de pur sang :

« Au réveil, on donne le tiers de la ration d'avoine :

« Au retour des manœuvres, on distribue le tiers de la
ration de foin. Une heure après, les chevaux ayant été
bouchonnés, on fait boire et l'on donne un tiers d'avoine
et un tiers de paille.

« Après le pansage de trois heures, on fait boire de
nouveau, et les animaux reçoivent le troisième tiers de
leur ration d'avoine et le deuxième tiers de leur ration
de paille.

« Enfin, le soir, on distribue ce qui reste, c'est-à-dire les
deux tiers du foin et le tiers de la paille. »

Il vient d'être indiqué que les entraîneurs admettent
qu'une partie de la ration d'avoine doit être distribuée le
matin, dès le lever. Nous pourrions ajouter qu'il est universellement reconnu que, pour tous les services, une
partie des aliments de force doit entrer dans le repas qui
précède le moment où le travail doit se faire. Il arrive
même, quand la tâche est de trop longue durée et trop
pénible, que les cavaliers et les conducteurs soigneux
arrêtent leurs chevaux pour leur donner un supplément

d'avoine. Il est non moins bien connu et non moins bien expliqué qu'un peu de repos est nécessaire après le repas, pour que la digestion soit commencée lors de la reprise du travail, et d'autant plus que les aliments sont plus difficilement digestibles. L'expérience a fait sentir la valeur de cette dernière règle, et les charretiers soigneux font manger leurs chevaux le matin, dès la première heure, bien avant le moment où ils doivent être attelés, parce qu'ils savent parfaitement bien le profit qu'ils peuvent tirer de cet usage.

L'avoine ainsi employée n'est peut-être pas aussi parfaitement digérée, mais il ne faudrait pas non plus accorder une valeur trop absolue au principe posé par l'aphorisme qui dit que « l'avoine du jour passe dans les crottins et l'avoine de la veille dans le sang ». En réalité, quand l'administration de la nourriture est faite quelques instants avant que des efforts excessifs soient demandés, si surtout elle est mangée assez lentement, bien mâchée et bien insalivée, et que les boissons ont été prises avant son administration, elle porte un grand bénéfice. Du reste, l'animal dont l'estomac est suffisamment lesté (?) est plus courageux à l'ouvrage (??) (voir 223) et les grains ont l'avantage de leur moindre volume et de leur plus faible poids, ce qui est un bénéfice incontestable relativement au travail automoteur et surtout par rapport à la facilité d'exécution de la ventilation pulmonaire. En outre, les principes excitants de l'avoine n'ont pas seulement une action excitante à longue échéance, ils agissent aussi à l'instant de leur absorption et contribuent à soutenir et à accroître l'énergie.

****

L'observation a appris que la régularité des repas est une condition indispensable d'une bonne hygiène. Ainsi que nous l'avons fait remarquer antérieurement, les organes digestifs, comme ceux des autres appareils, s'accoutument vite à l'intermittence du fonctionnement. Et, comme l'a prouvé l'exemple de la rétention prolongée du lait chez les vaches mises en foire, une trop grande distension des organes sécréteurs amène une suppression plus ou moins complète du rôle qu'ils remplissent. Ces raisons suffiraient par elles-mêmes pour faire comprendre la nécessité de ne pas varier inconsidérément l'heure des repas. Mais, une autre conséquence devrait aussi avoir un certain poids quand il s'agit de juger cette manière de faire : nous voulons parler de l'inquiétude qui peut en résulter et de l'influence qu'elle peut avoir sur le *caractère*, qui n'est pas, loin de là, une quantité négligeable pour aucun service, mais plus spécialement chez des sujets aussi irritables que le sont les chevaux de sang.

A cet égard, nous rappellerons un exemple qui s'est produit sous nos yeux, et qui prouve jusqu'où les choses peuvent aller. Il y a quelques années, nous avions acheté un jeune cheval qui paraissait très doux pendant les premiers temps que nous l'avons possédé. Environ quinze jours à trois semaines après l'achat, ayant eu l'occasion d'assister à un de ses repas, nous avons trouvé que la quantité d'avoine mise dans sa mangeoire était exagérée : une partie lui en a été enlevée. Le même résultat s'est renouvelé deux ou trois fois encore, par suite de l'incurie de l'homme employé. Ces faits, d'une importance secondaire en apparence, ont suffi pour rendre ce cheval tout à fait dangereux à l'écurie, surtout au moment où il mangeait l'avoine, à tel point que nous avons cru prudent de nous en défaire, mais seulement après plusieurs mois, pendant lesquels son caractère irascible n'avait fait qu'empirer.

Tout retard notable dans les repas a un autre fâcheux effet : il pousse le cheval à manger trop vite, pour assouvir la sensation douloureuse qu'occasionne la faim. Les aliments dont l'estomac est ainsi bourré sont souvent pris en quantité exagérée, mais, dans tous les cas, très imparfaitement triturés et insalivés. Il n'en faut pas plus, surtout si cela est fréquemment renouvelé, pour provoquer une altération assez profonde des organes digestifs. Souvent aussi ce manque de soin provoque des indigestions graves.

Les inconvénients qui viennent d'être indiqués peuvent naître d'une autre façon : quand on met les harnachements aux animaux pendant leur repas. Alors, non seulement le cheval est troublé dans la fonction qu'il accomplit, étant énervé, ce qu'il importe d'éviter le plus possible, mais encore, pensant qu'on va l'enlever avant qu'il ait eu le temps de se rassasier, il se presse à l'excès.

*
* *

La soif produit aussi une sensation douloureuse qu'on doit éviter. Mais il ne faut pas oublier que l'habitude, comme dans la plupart des conditions de la nutrition et du fonctionnement organique, a une grande influence; que, par exemple, nous le répétons, les Arabes, malgré la température élevée de leur climat, arrivent très bien à accoutumer leurs montures à boire très peu pendant les marches forcées auxquelles ils les soumettent, tant que dure le travail.

Lorsque les boissons sont prises en excès, elles provoquent une sudation excessive, qui entraîne un affaiblissement très marqué; en sorte qu'il ne faut pas pousser les animaux de travail à boire d'une façon exagérée, avec l'idée que l'on facilite ainsi leur digestion et une plus forte assimilation d'aliments.

On doit aussi éviter que les boissons soient prises avec trop d'avidité, comme cela arrive après le travail, ou quand les animaux ont été trop tourmentés par la soif. Dans ce cas on fait boire à plusieurs reprises et en petites quantités à la fois. Au besoin on modérera l'ingurgitation en jetant une poignée de foin sur l'eau, de manière à gêner sa préhension.

Il est possible d'obtenir une boisson rafraîchissante peu coûteuse avec le vinaigre très étendu d'eau, à la dose de 1 p. 20 environ, ou avec l'acide sulfurique alcoolisé et mélangé à l'eau dans la proportion de 2 p. 1 000, formant la *limonade minérale.* On évite d'abuser des condiments *réfrigérants* dont il vient d'être parlé, car, employés trop fréquemment ou en quantité exagérée, ils finissent par altérer la santé.

Il est à peine besoin de parler de la nécessité de ne pas donner de l'eau trop froide, de la faire séjourner dans l'écurie, surtout si elle provient d'un puits : c'est là une chose indiquée par le plus simple bon sens.

« En général, les animaux qui boivent beaucoup sont mous au travail et se couvrent de sueur au moindre exercice. Il faut autant que possible amener peu à peu ceux qui ont cette habitude à la perdre en diminuant de jour en jour la quantité d'eau qu'on leur laisse prendre. On a signalé des chevaux qui prenaient jusqu'à quarante-cinq litres de liquide dans les vingt-quatre heures. A part des circonstances exceptionnelles, un cheval de forte taille ne doit pas recevoir plus de vingt à vingt-quatre litres d'eau par jour. Au delà il y a abus. Les chevaux de petite taille appartenant aux races méridionales prennent rarement, malgré la température élevée de leur pays, plus de quatorze à dix-huit litres d'eau par jour. Ces quantités correspondent assez exactement aux besoins de l'économie, quand la ration est composée de substances comme le foin, la paille, les graines qui contiennent normalement peu d'eau associée aux matières dont elles se composent [1]. »

Dans une saison par trop rigoureuse, il n'y aurait aucun inconvénient à faire prendre quelques gorgées d'eau au cheval qui fournit un travail violent ; on ne peut pas alors craindre les arrêts de transpiration si le travail doit être repris et se prolonger pendant quelques instants encore.

Tout en ne s'écartant pas des règles précédentes, il y a aussi tout avantage à faire boire souvent et peu à la fois,

---

1. J.-H. MAGNE et O. BAILLET, *loc. cit.*, p. 271.

afin d'éviter les abaissements brusques de la température interne et les indigestions d'eau froide.

Dans le rapport à établir entre les aliments solides et les boissons, il ne faut pas oublier que l'estomac des solipèdes a une capacité très restreinte, par conséquent qu'ils doivent être abreuvés avant la consommation des aliments concentrés.

Quand les animaux rentrent à l'écurie, on leur met un peu de foin pour les distraire, en attendant qu'il soit possible de les faire boire; et, si une soif intense les empêche de manger, ce qui se produit souvent, on leur donne une faible quantité d'eau, en attendant qu'on puisse sans danger leur en offrir plus abondamment, et ce n'est, dans tous les cas, que lorsqu'ils ont fini de boire qu'ils reçoivent leur ration d'avoine.

*_**

Le son, les farineux et les grains concassés ne sont pas digérés plus facilement que les aliments donnés entiers, ainsi qu'on serait tenté de le croire, au contraire, et cela tient, pense-t-on, à une insuffisance d'insalivation et à une surabondance d'absorption d'eau, qui affaiblit la digestion et provoque la soif.

C'est précisément en raison de leur digestion imparfaite et de la consommation exagérée d'eau que ces produits alimentaires ont une action rafraîchissante, que l'on utilise lorsque les animaux sont échauffés : elles agissent en déterminant une supersudation, un effet diurétique et un ramollissement très marqué des fèces, pouvant aller jusqu'à la diarrhée.

A la longue ces substances sont débilitantes et amènent une dépression dans l'excitabilité nerveuse.

Les carottes agissent de la même façon, mais en plus elles ont une autre action, par la largeur trop grande de leur relation nutritive. Si la première condition indique de ne pas en employer des quantités exagérées, la seconde fait savoir qu'elles peuvent avantageusement se donner en même temps que le son.

« D'après Darwill, cité par M. Gayot, les entraîneurs anglais préparent pour leurs chevaux, avec le *limon* qui est une variété de *citron*, une limonade que les animaux prennent d'abord avec répugnance, mais à laquelle ils s'habituent, et qu'ils semblent prendre avec plaisir quand ils sont dévorés par la soif [1].

« Comme toutes les règles de l'hygiène, celle qui est relative à la distribution des boissons n'est pas absolue : elle doit varier selon les climats et selon les aliments dont les animaux se nourrissent. En Europe, les animaux, de même que l'homme, sont organisés pour résister au froid : ils consomment de grandes quantités de nourriture, ont une poitrine ample, et une respiration qui produit beaucoup de calorique. Mais avec cette constitution propre à résister aux frimas, ils souffrent en été, et ont besoin de boissons plus abondantes que les animaux des pays chauds. Les chevaux algériens, constitués pour vivre dans un climat brûlant, sont remarquables par leur excessive sobriété et souffrent infiniment moins de la soif que ceux de nos pays [2]. »

*
* *

Quelle que soit la distribution de l'alimentation et du travail qu'on adopte, la nécessité du repos est indiquée par la sensation de *fatigue* qui succède à l'exercice un peu prolongé, et on doit lui obéir, comme à tous les besoins instinctifs, au moins dans une certaine mesure.

Pendant le travail, les organes se débarrassent incomplètement des résidus que fait naître la dénutrition. En outre, les organes actifs doivent subir, de par l'effet de leur activité, une altération dans leur constitution. La diminution du travail fonctionnel — repos et intermittences

---

1. J.-H. MAGNE et C. BAILLET, *loc. cit.*, p. 274.
2. ID., *loc. cit.*, p. 272.

— puis sa cessation complète avec persistance des fonctions de nutrition — *sommeil*, — sont nécessaires, pour que la texture organique ne soit pas altérée.

C'est sans doute en vue de l'élimination de la chaleur excrémentitielle et de la décomposition plus intime des produits de déchets laissés par les composés azotés que l'*essoufflement* se produit après l'exagération du fonctionnement organique, et c'est vraisemblablement par suite d'une altération constitutionnelle, ayant peut-être en grande partie son siège dans l'organe central de la circulation, — comme tendrait à le démontrer l'analogie avec ce qui se passe dans les maladies de cœur, — que naissent les engorgements des membres. Dans tous les cas, ce sont là des signes caractéristiques de l'excès d'*exercice* que l'on devra toujours prendre en considération.

La *veille* est, par elle-même, indépendamment de tout travail particulier, une cause énorme de fatigue générale, puisqu'elle suffit pour rendre impérieux le besoin de repos complet ou sommeil, à des intervalles de temps relativement assez rapprochés. Il est vrai que la durée, et même jusqu'à un certain point le degré d'intensité du repos de la nuit sont immédiatement subordonnés au degré de fatigue. Ce besoin est aussi en relation étroite avec l'âge : un adulte passe généralement le tiers de sa vie à dormir, l'enfant la moitié, le nourrisson ne fait que manger et dormir.

Il reste à faire remarquer la différence qui existe entre le sommeil diurne et le sommeil nocturne, comme agents réparateurs, et la préférence qui doit être accordée au repos de la nuit. Déjà l'observation était à ce sujet un guide sûr : c'est à l'approche de la nuit que le besoin de sommeil se fait le plus sentir, et, avant même que nous soyons endormis, les paupières s'abaissent pour oblitérer l'action des derniers rayons lumineux. Mais le fait a été expérimentalement démontré par des recherches directes dont on trouve la relation dans les citations suivantes :

« Les anciens règlements des postes, avant l'établissement des chemins de fer, l'avaient parfaitement compris, car ils n'exigeaient pas que les relais fussent parcourus avec la même vitesse pendant la nuit et pendant le jour. Malgré cela on observait que les chevaux utilisés au service dans le premier cas étaient en général plus rapidement usés, et qu'ils étaient plus fréquemment victimes d'accidents [1].

« Deux colonels, d'après Sinclair, avaient eu entre eux une longue discussion pour savoir lequel convenait le mieux, pour une longue marche au milieu de l'été, de se reposer la nuit ou le jour. Comme la chose était, sous le point de vue militaire, assez intéressante, ils obtinrent de leur général d'en faire l'essai. Ils partirent l'un et l'autre avec leur régiment et parcoururent deux cents lieues. Celui qui marchait le jour et se reposait la nuit arriva à sa destination sans aucune perte d'homme ni de chevaux; tandis que celui qui avait cru préférable de profiter de la fraîcheur de la nuit pour faire le chemin, et de se reposer dans le milieu du jour, perdit la plupart de ses chevaux et plusieurs de ses soldats. »

1. J.-H. MAGNE et C. BAILLET, *loc. cit.*, p. 643.

CHAPITRE III

PRODUCTION ET ÉLEVAGE DES CHEVAUX DE SANG

I

CHOIX DES REPRODUCTEURS

La base de la reproduction rationnelle, ici comme pour toutes les races, est donnée par les lois de l'hérédité exposées dans un chapitre précédent (p. 29). Cependant, indépendamment de sa valeur héréditaire, la jument doit présenter l'ampleur de formes nécessaire pour loger son poulain[1], être bonne nourrice et fécondable.

1. — Fécondité.

Les modifications de la fécondité résultant des degrés de différenciation dans lesquels se font les unions sexuelles, ont été examinées antérieurement (p. 32 et suivantes), il n'y a pas à y revenir.

****

Des recherches directes ont prouvé que l'âge influe considérablement sur la fécondité des reproducteurs. En Angleterre, on a constaté que la proportion pour 1 000 des juments fécondées varie de 20 à 29 ans, entre 226 et 1. Les statistiques établies en se servant des renseignements fournis par l'*Annuaire du haras de Fredericksborg* (Copenhague), por-

---

1. C'est surtout en raison de ce manque d'ampleur que le produit des jeunes poulinières manque souvent de développement.

tant sur 10 357 juments, ont donné les résultats suivants :

Les juments âgées de   5 ans ont eu 48,2 poulains pour 100.
              —   6 à 8 ans   —   48,9   —
              —   9 à 12 ans   —   51,2   —
              —   18 ans et plus — 45,9   —

Le maximum de la fécondité existe donc à 12 ans. Les femelles à gestations multiples ont également moins de petits dans les premières portées, et il est rare d'y observer des gestations gémellaires. De sorte que l'ovulation paraît s'éveiller progressivement et disparaître de même.

Chez les mâles, la fonction de reproduction est moins influencée par l'âge. Cependant, on a affirmé que les vieux étalons donnent une plus forte proportion de pouliches (Phaéton). Il a été bien constaté que la monte fatigue davantage les jeunes reproducteurs.

*
* *

Il est aussi bien connu que les juments en trop bon état et trop nerveuses conçoivent moins facilement, et que le pansage, en rendant l'irritabilité trop grande, produit le même résultat. C'est sans doute à cette influence, autant qu'à la dilatation du col utérin, qu'on doit rapporter la facilité avec laquelle les poulinières deviennent pleines quand on les conduit à l'étalon dans les jours qui suivent la mise-bas, alors qu'il y a une véritable dépression des forces, conséquence des fatigues de l'accouchement.

Cependant, il ne faut rien exagérer, et on ne peut donner en exemple les juments qui sont laissées dans un état de saleté et de maigreur véritablement pitoyables. Et, ce qui semblera incroyable, c'est que ce ne sont pas seulement les femelles sans valeur qui sont ainsi abandonnées dans le plus complet dénûment, dont la maigreur révèle les souffrances et les privations supportées pendant la saison rigoureuse, par l'action directe des intempéries et le manque de soins le plus absolu !

Donc, les juments que l'on se propose de faire emplir

— suivant une expression consacrée, ou tout au moins très employée — doivent être seulement dans un état moyen. En plus, on les rafraîchira par la nourriture verte, si la saison est assez avancée, comme cela arrive lorsqu'elles n'ont retenu le poulain que très tard l'année précédente ; au cas contraire, s'il s'agit des premiers mois, on a recours aux carottes et au barbotage. Les jours qui précèdent la présentation à l'étalon, on ferait avantageusement absorber du sulfate de soude, qui contribuerait à détruire certaines acidités du vagin, et ainsi à faciliter l'action de la semence mâle. Mais il faut, bien entendu, que cet emploi se fasse en dehors de l'état de lactation.

Quelquefois une saignée de cinq à six litres faite *immédiatement avant l'accouplement* [1] a un effet calmant dont il est bon de tirer profit à l'occasion. Les Arabes vont jusqu'à dilater directement le col de la matrice. On a aussi indiqué les bons résultats donnés par plusieurs saillies successives et le changement d'étalon ; il ne faudrait pourtant pas s'engager trop loin dans cette voie. M. Cornevin dit que, d'après Berthon, à la jumenterie de Tiaret, on a élevé la proportion des fécondations en soumettant les juments à un régime rafraîchissant et « en les faisant saillir trois fois en cinq jours », quand elles sont disposées. Tous les étalonniers savent que certains mâles sont impuissants à féconder quelques femelles, tandis qu'ils sont productifs avec d'autres et réciproquement. On pourra donc user de ces différents moyens, si les juments continuent trop longtemps à revenir en chaleur, et aussi recourir aux injections d'une solution alcaline dans le vagin.

<h2 style="text-align:center">2. — Organisation.</h2>

Aujourd'hui on rejette, au moins dans son sens général, la théorie des compensations qui faisait admettre comme rationnel l'accouplement des individus présentant des dé-

---

1. Évidemment ceci ne ne peut être vrai que pour les juments pléthoriques.

fauts et des qualités inverses (*appareillement*). La tendance qu'il y aurait à retenir exclusivement les beautés des ascendants n'était acceptée que comme une conséquence de l'idée de Buffon sur la dégénération, et l'expérience a condamné cette interprétation, dans ce cas, comme partout.

****

Dans le groupe des chevaux de course, les différenciations présentées par les reproducteurs mariés ont pour limites extrêmes les unions entre parents, ce que l'on nomme les *unions en dedans* ou la *consanguinité*, termes qui correspondent aux appellations *Breeding in and in* des Anglais et *Familienzucht* des Allemands, d'une part, et les *unions en dehors* avec le sous-entendu en dehors de la famille, sans sortir de la race, d'autre part.

Lorsqu'on a en vue une aptitude bien déterminée et extrême, comme l'est le travail au galop aux grandes vitesses, on ne peut rien espérer de bon des unions discordantes, amenant la disjonction des caractères. Ce qu'il faut rechercher, au contraire, semble-t-il, c'est la continuation de l'accentuation de l'*amorcement* dans le même sens. On peut ainsi conserver et multiplier les effets de la gymnastique sur les organismes en voie de formation, c'est-à-dire dans les meilleures conditions de perfectibilité.

Ce que les éleveurs de pur-sang anglais appellent *la rencontre dans les courants de sang*, autrement dit l'heureuse influence qui résulte du croisement de certaines familles entre elles, n'est qu'une manifestation des effets de la concordance existant dans les unions, ou dérivant même, le plus souvent, d'une parenté plus ou moins éloignée.

Voici un exemple frappant de cet ordre de faits, pris dans une subdivision de la grande *famille de* MONARQUE, *la lignée des* TROCADÉRO, qui nous fournit, parmi les étalons faisant actuellement la monte en France:

Bariolet par Trocadéro et Barioletto par Orphelin.
Malgache par Bariolet et Miss Bowstring par Orphelin.

Chitré par Trocadéro et Sée par Orphelin.
Fra-Diavolo par Trocadéro et Sée par Orphelin.
Narcisse par Trocadéro et Julia Peel par Amsterdam.
Marico par Narcisse et Mab par Strathconan.
Richelieu par Trocadéro et Reine de Saba par Orphelin.

Le sang de Trocadéro *rencontre* donc parfaitement bien avec celui d'Orphelin, puisque sur sept chevaux de mérite, on en trouve quatre où ces courants sont mélangés à un degré très rapproché. Et, précisément, si nous examinons les pedigrees des deux reproducteurs dont il est question, nous trouvons un grand nombre d'ancêtres qui leur sont communs. Citons, entre autres, Sting, Royal Oak, Selim, Emilius, Arville, Benningbro, Highflyer, qui sont, la plupart, plusieurs fois inscrits dans les ascendances réciproques.

**

On peut passer rapidement sur les points longuement traités, les facultés reproductrices (p. 115), la taille (p. 20) et le caractère (p. 173). Il en est ainsi pour ce qui concerne la santé générale, et spécialement l'altération de la respiration (*cornage*) ou celle des yeux (*fluxion périodique*). Ces particularités ont une telle importance qu'il a été établi à ce sujet une surveillance spéciale régie par le Code.

Indépendamment de tout cela, il y a à tenir compte de l'aptitude à produire le *fonds* et la *vitesse*. Et en ce qui concerne le premier élément, nous ferons remarquer que beaucoup d'auteurs, qui portent contre leurs devanciers l'accusation de ne s'appuyer que sur des considérations métaphysiques en parlant du sang, n'ont pas agi autrement quand ils se sont occupés de ce qu'on est convenu d'appeler le *fonds*. Nous avons essayé d'indiquer les influences qui modifient cet élément, et le lecteur les retrouvera dans l'étude de la *surface de la peau* (p. 2), dans l'étude du *tempérament* (p. 170), dans la description des *modes d'adaptation* et de l'*harmonicité* (p. 15), enfin, partout où il est question de l'influence du *développement musculaire*.

Sans aucun doute, les auteurs qui ont insisté sur ce qu'on a appelé les modalités « du sang » sous-entendent l'idée d'aptitudes générales, liées à toutes les manifestations qui viennent d'être indiquées, mais qu'ils n'étaient pas à même d'expliquer. Il n'en est pas moins vrai qu'ils savaient tirer de la notion abstraite, ou plutôt pratique qu'ils possédaient, de véritables résultats, et que, à tout prendre, leurs idées valaient bien les indications erronées qui ont été émises par leurs détracteurs.

Aux points de repère qui viennent d'être invoqués, il faut ajouter ceux qui sont offerts par les questions exposées dans les pages 185 et suivantes; autrement dit, il ne faut pas perdre de vue que la valeur du travail musculaire ne peut se mesurer par les chiffres tirés de la dynamométrie ordinaire; que la vitesse ne s'obtient que par un véritable gaspillage de la force, ainsi d'ailleurs que les efforts excessifs dans le travail en mode de masse. C'est ce que les Anglais expriment en disant *it is the pace that kill :* c'est le train qui tue.

Souvent on constate qu'un cheval de très grand ordre n'offre pas absolument la conformation type qui a été indiquée, surtout dans le train antérieur. Nous avons trouvé des chevaux de pur sang dont l'angle de l'épaule est assez fermé et le bras relativement long[1]. Dans ce cas il semble rationnel de penser que si ces caractères eussent été mieux appropriés à leur genre d'utilisation, on eût pu espérer mieux encore que ce qu'ils ont fait. Assez souvent, d'ailleurs, nous avons vu ce défaut d'harmonicité coïncider avec le manque de fonds et de résistance des membres.

L'idée fondamentale qui préside à la sélection dans les aptitudes précédentes ne peut être modifiée quand on

---

1. Ne voit-on pas, d'ailleurs, des chevaux de petite taille devenir des vainqueurs par le haut degré de développement de leurs qualités intrinsèques.

considère les *allures* au point de vue de leurs beautés et de leurs défectuosités.

De même que la côte relativement plate est une beauté pour le cheval anglais, que le dos cassé fait partie de la conformation propre au trotteur du Norfolk, le trot en queue de billard et la disposition excessive à se porter en avant, marquée jusqu'à la tendance à produire l'imminence des chutes, et rendre les animaux-moteurs peu maniables sont propres au cheval de course, et ne peuvent, en aucun cas, être regardés comme des défectuosités dans ce genre d'adaptation. Ce qu'il faut surtout au cheval destiné à figurer sur le turf, c'est la vitesse au galop, et tout ce qui s'y lie ne peut être critiqué quand il le présente. Cela ne doit pas paraître plus extraordinaire que de demander la force au cheval de trait lent, la hauteur des allures — le stepper et même le trousser — et *tout ce qui attire l'œil* pour le carrossier. On comprendra aussi le motif qui fait que pour les chevaux de vitesse on néglige d'accorder aux *vices d'aplombs* toute l'importance qu'ils méritent lorsqu'il s'agit de trotteurs, et qu'il en est de même pour certains *défauts de coordination* ou de régularité dans les mouvements qui en sont la conséquence, tels que le *couper*, le *croiser*, etc., dont l'action n'est même pas perceptible au galop.

L'étude de la sélection doit évidemment comprendre l'examen des tares, qui sont le véritable critérium du défaut de résistance des régions. En ceci, comme en tout, il y a des hippologues qui exagèrent et d'autres qui ne veulent pas reconnaître l'importance que méritent les faits. On voit un cheval abominablement taré, et on l'excuse en faisant remarquer l'importance de ses *performances*. C'est là, en effet, un renseignement dont il faut tenir compte, surtout si les épreuves imposées ont été par trop multipliées, d'autant plus que les tares graves entravent à peu près toujours l'utilisation; mais il faut cependant savoir établir des réserves. On ne devrait pas compter dans les succès obtenus ceux qui ont amené le développement des altérations organiques, car alors la limite des forces a été dépassée.

II

ÉLEVAGE ET ÉDUCATION DU JEUNE CHEVAL

Le sportsman qui veut se créer un haras doit faire choix de ses poulinières et de ses étalons, en s'appuyant sur leurs pedigrees et leurs performances, tout en tenant compte des considérations qui viennent d'être indiquées.

En plus, il doit se rappeler que le pur sang anglais a été produit par les lieux et l'avoine, au moins autant que par le genre de gymnastique auquel on l'a soumis. En principe, l'élevage du cheval d'hippodrome ne se fera nulle part dans d'aussi bonnes conditions que dans les pays humides et tempérés, moyennement éloignés de l'Océan. Les individus de cette race qui proviennent du midi et du centre du continent n'ont pas ordinairement toutes les qualités du type auquel ils appartiennent, les premiers surtout parce qu'ils manquent généralement de taille et de gros.

1. — Soins que réclament les femelles livrées à la reproduction.

Comme on compte l'âge à partir du 1ᵉʳ janvier pour les chevaux de course, il y a avantage à les faire naître dès le commencement de l'année. Puisque la jument porte environ onze mois, on obtiendra ce résultat en faisant pratiquer les saillies, autant que possible, vers le mois de février. Toutefois, par suite de l'avance que peut présenter la mise-bas, il sera prudent de conduire la jument à l'étalon vers la fin du mois.

C'est à cette nécessité d'attendre le moment favorable, en vue de la détermination de l'âge, qu'il faut rapporter le grand nombre de cas de défaut de conception qu'on observe chez les juments de sang, et cette cause a une telle influence au point de vue économique qu'on peut se demander s'il n'y aurait pas avantage à prendre un point de départ plus avancé, dût-on faire naître les poulains un peu plus tard, en février par exemple. Ce qui justifierait encore cet essai, c'est que l'absence d'herbe au début de l'allaitement ne peut être que fort préjudiciable.

Dès que la jument refuse l'étalon, et qu'on a par cela même des raisons de penser qu'elle est fécondée, le mieux est de la laisser au pâturage et de la nourrir abondamment, car le produit profitera d'autant mieux, comme l'indique le bon sens le plus élémentaire. Est-il utile de faire observer que, si l'on a affaire à des poulinières en trop mauvais état, comme cela arrive malheureusement encore assez fréquemment, on ne peut leur donner, sans ménager les transitions, du premier coup une forte ration? Quand, pendant qu'elle est nourrice ou parturiente, ou les deux à la fois, la jument est encore dans sa période de croissance, il faut d'autant mieux soigner son alimentation, pour que ni elle ni ses élèves n'aient trop à en souffrir.

A première vue, il semblerait qu'il dût être désavantageux de ne pas faire saillir les mères dans ce dernier cas, surtout dans la race de course, où il faut avant tout chercher des sujets exceptionnels, tout ce qui est ordinaire étant sans valeur. En réalité, dans la pratique on n'a jamais bien constaté les mauvais effets de l'emploi de ce procédé d'élevage : aussi continue-t-on à profiter des avantages pécuniaires considérables qu'il procure. Mais, nous le répétons, en agissant ainsi, il est essentiel d'intervenir pour diminuer l'affaiblissement qui peut en résulter et, pour y arriver, de soigner tout particulièrement le régime et surtout de donner des aliments concentrés en forte proportion.

L'indication de la composition des végétaux verts sera ici tout à fait à sa place ; nous la résumons dans le tableau suivant[1] :

<hr>

1. Ces chiffres sont empruntés à Grandeau et à Kühn.

VÉGÉTAUX	EAU	MATIÈRES AZOTÉES	MATIÈRES GRASSES	GLYCOSIDES	LIGNEUX CELLULOSE	SELS	ACIDE PHOSPHORIQUE	RELATION NUTRITIVE
Herbes des prairies								
— avant la floraison	75.00	3.00	0.80	12.10	7.00	2.10		
— à la fin de la floraison.	69.00	2.50	0.70	14.30	11.50	2.00	0.18	
Luzerne en fleur.	74.00	4.50	0.70	6.30	12.50	2.00	0.14	
Trèfle incarnat en fleur.	81.50	2.70	0.60	6.10	7.50	1.60	0.12	
Sainfoin en fleur	80.00	3.20	0.60	8.20	6.50	1.50	0.12	
Vesce en fleur.	82.00	3.10	0.60	7.00	5.50	1.80	0.12	

Les effets de l'état dans lequel les végétaux verts sont consommés ont beaucoup préoccupé les éleveurs, et il y a, sur ce point, bien des préjugés; voici comment MM. Magne et Baillet les décrivent :

« On croit généralement que les légumineuses *mouillées* par la pluie, par la rosée, occasionnent la météorisation plus souvent que les légumineuses sèches. Il résulte d'expériences que nous avons faites à l'école d'Alfort que cette opinion n'est pas fondée; que les légumineuses n'occasionnent des indigestions que lorsque les animaux, pressés par la faim, mangent précipitamment.

« Le trèfle rouge, nous disait un propriétaire des environs de Varsovie, M. Wolowski, ne produit jamais des indigestions quand il est mouillé par la pluie ou par la rosée; mais il est dangereux quand il est desséché par le soleil ou par le vent, et il l'est plus pour les bœufs de travail que pour les vaches laitières. »

A cette nourriture on ajoute évidemment de l'avoine, comme aliment tonique et aussi pour l'apport des sels calcaires, qu'elle est destinée à réaliser.

Les indigestions venteuses, la diarrhée par l'usage prolongé de l'herbe humide et froide, ou simplement le refroidissement interne chez les animaux qui absorbent de la gelée blanche au pâturage, peuvent produire l'avortement, aussi importe-t-il de s'appliquer à en éliminer l'action. De même, on évitera les chocs, les chutes et les efforts violents, surtout les glissades en se rendant à l'abreuvoir. L'exercice modéré est des plus utiles et sans inconvénient; on ne peut guère établir une limite précise à son emploi, car on a vu des juments de chasse fournir, la veille de leur mise-bas, leur travail ordinaire sans qu'on eût aucun résultat fâcheux à déplorer.

Pour le cheval de pur-sang qui doit vivre dehors, on doit se rappeler que l'impressionnabilité de la peau dont il est doué crée une imminence morbide, et, en conséquence, le préserver le plus possible de l'effet des intempéries : on le rentre quand il pleut, surtout si la température est peu élevée ; on évite de le laisser sous le coup des grands vents ou d'un soleil par trop brûlant. Dans ce sens, on conçoit l'importance qu'il y a à ne pas faire des pansages trop complets, qui découvrent la peau en enlevant son épiderme et accentuent la sensibilité des téguments. C'est surtout dans la région du rein qu'il faut se garder de faire des massages et des frictions. D'une manière générale, chez la jument poulinière, les pansages doivent se borner à l'entretien de la propreté.

Ainsi que cela a été dit, la durée de la gestation est loin d'être absolument fixe ; on l'a vue varier de 320 à 419 jours, mais le produit ne vit pas s'il y a une avance de plus de quinze jours à trois semaines.

Les signes précurseurs de l'accouchement sont généralement faciles à saisir. Les mamelles se gonflent et il se forme à l'extrémité des membranes un résidu jaunâtre (*cire*) provenant de l'évaporation du lait épais qui commence à couler des canaux galactophores. En outre, les ligaments qui relient le sacrum et les os du bassin se relâchent, ce qui se traduit extérieurement par une déformation de la croupe (*croupe cassée*).

Lorsque les poulinières sont sur le point de mettre bas, un homme exercé les surveille jour et nuit. Dès que le part commence, en effet, les douleurs se continuent, la plupart du temps, avec une rapidité et une intensité véritablement extraordinaire chez les chevaux en général, mais plus encore pour le type dont il est question. C'est pour cela que le produit est étouffé très rapidement, si une irrégularité s'oppose à son expulsion.

Dans tous les cas, il n'y a que deux positions dans lesquelles la sortie puisse s'effectuer, par devant, avec les deux membres antérieurs et la tête, ou par derrière, quand les membres abdominaux apparaissent en premier lieu. En dehors de ces conditions, tout effort pour débarrasser la jument est plus que probablement inutile. D'ailleurs, quand on en a un peu l'habitude, il est souvent assez facile, au début, de ramener un membre ou la tête, si on a soin de n'agir qu'entre les efforts. Lorsqu'on voit que le part est languissant et qu'il est utile de venir en aide à la mère, il faut éviter de tirer par secousses et à contretemps avec les moments de contraction de la matrice.

Les éleveurs soigneux n'oublient pas que pendant huit à dix jours, et spécialement aussitôt après l'accouchement, les mères et les jeunes poulains ont besoin des plus grands ménagements. On évite les courants d'air, et en général toutes les causes de refroidissements par l'usage de couvertures, de boissons tièdes, etc. La nourriture qui convient alors est celle qui est à la fois légère et rafraîchissante ; on y fait entrer beaucoup de son, donné en barbotages. Le nouveau-né étant lui-même très sensible à l'action des agents extérieurs, il est important que sa mère le lèche, pour diminuer l'action des causes de refroidissement. Au besoin, on répand un peu de son ou de sel à la surface de la peau pour provoquer l'accomplissement de cet acte qui est exécuté tout naturellement, à de rares exceptions près.

Presque toujours les enveloppes fœtales sont expulsées peu de temps après l'accouchement; il n'y a alors qu'à les enlever, pour éviter qu'elles soient une cause d'infection, puis à renouveler la litière pour la même raison. Si leur détachement était retardé, il faudrait aller les chercher directement; *elles ne doivent pas séjourner plus de vingt-quatre heures dans l'utérus, autrement on s'exposerait à des accidents graves.*

**2. — Soins à donner aux poulains jusqu'au début
de l'entraînement.**

Le meilleur procédé est celui où les femelles et leurs produits sont laissés en liberté dans des enclos bien fermés et assez vastes, où ils peuvent trouver de l'herbe de bonne qualité, l'espace nécessaire pour prendre leurs ébats, et la quiétude la plus grande possible. Cette dernière condition n'est pas assez souvent réalisée en Normandie, où l'on croit que les chevaux doivent être ajoutés aux bovidés dans une proportion déterminée pour chaque pâturage. Ces idées sont absolument irrationnelles, on peut très bien faire succéder les équidés aux ruminants, si on veut utiliser les facultés propres à chacun d'eux, au point de vue de la consommation des substances végétales.

[*]

Ce serait une faute grave que d'empêcher l'absorption du lait épais appelé *colostrum*, qui apparaît après l'accouchement, et dont l'effet est nécessaire pour favoriser la purgation et mettre dans un bon état fonctionnel les voies digestives des jeunes animaux.

Il est quelquefois difficile d'habituer les juments à se laisser approcher par leurs poulains, surtout si ce sont des primipares et qu'on n'a pas eu la précaution de les accoutumer aux attouchements portant sur la région des mamelles. On essaie d'y arriver en levant un membre antérieur, puis un membre postérieur, ou en appliquant une plate longe à un membre de derrière si cela est nécessaire. Quand on a tout essayé inutilement, on a recours au tord-nez, qui est ensuite desserré progressivement. La sensation agréable que cause la traite, s'il n'y a pas d'état maladif ou une sensibilité exagérée, fait que, ordinairement, la mère finit par se laisser aborder.

Le poulain est facile à habituer à téter; il suffit de lui mettre le mamelon dans la bouche; s'il ne le prend pas tout seul, en lui faisant au besoin tomber quelques gouttes de lait sur la langue. L'instinct le fait ensuite exécuter naturellement la succion. On doit éviter de lui verser directement du lait; tout au plus serait-il utile de lui faire sucer les doigts trempés dans du miel, ou un linge imbibé d'eau sucrée.

On a recommandé de séparer les jeunes animaux de leur mère, de façon à les habituer tout de suite à une alimentation réglée et prise à des heures déterminées, afin de les empêcher de se gorger de lait, ce qui pourrait faire naître des indigestions, de l'entérite et de la diarrhée (Ch. Cornevin). Pour les juments de sang, cette règle ne doit pas être appliquée, car, il ne faut pas l'oublier, la valeur des produits doit toujours être élevée au maximum, coûte que coûte, et par conséquent il faut qu'ils soient nourris intensivement. Si des désordres intestinaux se déclarent, on applique un régime spécial à la mère, consistant surtout à la rafraîchir, et le poulain est soumis à un traitement approprié.

« Parfois une femelle, le plus souvent une primipare et habituellement une jument, n'a pas de lait. Les médecins qui constatent fréquemment ce fait chez la femme, conseillent la décoction de feuilles de ricin avec laquelle les seins sont baignés pendant 15 à 20 minutes, puis l'application sur ces parties d'un cataplasme fait avec ces mêmes feuilles qu'on laisse en place jusqu'à ce qu'elles soient sèches. Cette médication pourrait être essayée chez les femelles domestiques. On recourt assez volontiers à certaines graines excitantes et aromatiques qui passent pour galactopoïésiques comme l'anis, le fenouil, la badiane qu'on mêle à l'avoine ; on se trouvera bien aussi de faire boire le plus possible les nourrices, dût-on saler leurs aliments, l'ingestion d'une grande quantité d'eau tiède étant favorable à la sécrétion lactée, comme nous l'avons dit. Il est toujours utile de leur présenter des aliments aqueux ou même semi-liquides ; les buvées de tourteaux sont tout particulièrement à recommander, mais il arrive fréquemment que les juments les repoussent. »

Au cas où une jument aurait la mauvaise habitude de se livrer à un exercice trop violent en liberté, et qu'il pût en résulter un échauffement de son lait, préjudiciable à son élève, surtout s'il la tétait étant encore en sueur, on serai obligé de restreindre l'espace où elle est laissée libre, mais cela est assez rare.

Lorsque le poulain meurt ou naît mort, le lait peut gêner : il est indiqué de diminuer la nourriture et les boissons, de purger, de donner du sel de nitre et d'enduire les mamelles de pommade camphrée, surtout s'il s'y manifeste un peu de turgescence. On fera bien de tirer un peu de lait, si une tuméfaction un peu forte se déclare.

S'il est impossible de soumettre les juments et les poulains au régime du vert en liberté, il est indispensable de les laisser libres dans des paddocks assez grands pour qu'ils puissent galoper. On a vu des poulains réussir bien qu'étant élevés sans avoir de nourriture verte en quantité suffisante ; mais il faut au moins que les nutriments offerts soient d'une composition très riche, et ce qu'il y a encore de meilleur, c'est une forte proportion d'avoine avec du son et des carottes ou des panais, destinés à jouer le rôle de rafraîchissants, le son ayant en plus la propriété d'élever la relation nutritive par sa teneur en azote.

On associe avantageusement les racines et le son aux graines des légumineuses, surtout aux féveroles réduites en farines et à une petite quantité de graine de lin. Données seules, en effet, ces substances ont une relation nutritive trop large : on voit alors les crottins se ramollir à l'excès, et c'est là une indication dont il faut immédiatement tenir compte[1]. Il ne faut pas cependant abuser des

---

1. « Mais leur rôle (racines) dans la nutrition n'en a pas moins, malgré cela, une certaine importance. L'eau qu'elles renferment facilite plus que celle des boissons, l'absorption et l'assimilation des principes alibiles : elle remplace, pour les sujets que l'on nourrit au sec, pendant l'hiver, celle qui existe normalement dans l'herbe des pâturages, et prévient les inconvénients que présentent assez souvent une nourriture trop substantielle et trop riche. Elles provoquent, chez les femelles nourrices, la sécrétion d'un lait abondant.

« Les racines et les tubercules ont presque tous une relation nutritive assez peu élevée. Il y a donc lieu de les associer à des aliments qui soient

féveroles qui sont trop excitantes. Certains éleveurs se trouvent bien de l'emploi des *maschs*, composées d'une faible quantité de graine de lin, environ un décilitre par jument poulinière, d'avoine et de son, arrosés avec de l'eau bouillante, que le poulain mange avec sa mère, après refroidissement.

Outre les conditions d'étendue et de bonne clôture que doivent présenter les prairies où on fait l'élevage des poulains de pur sang, il faudra les rechercher peu montueuses et de bonne qualité. Les prairies basses et trop humides où la végétation est grossière, prédisposent au lymphatisme et ne conviennent nullement à ce genre d'industrie; il est préférable de les réserver pour les ruminants.

La nuit et pendant la saison froide, lors des intempéries, on rentre les élèves à l'écurie. On évitera alors de les séparer : ils seront réunis plusieurs à la fois, dans des boxes suffisamment spacieux. A l'écurie, comme dehors, le meilleur moyen, le seul pratique même, pour la race de course, est de laisser les jeunes en liberté, mais en ayant soin de les habituer de bonne heure à se laisser toucher, passer un licol et attacher pendant quelques instants. On n'agit pas autrement pour ceux qui restent à l'herbage; il est utile d'aller les voir fréquemment, de les caresser et de les accoutumer à l'homme, les poulains abandonnés presque à l'état sauvage étant toujours d'un dressage plus difficultueux et quelquefois impossible. En dehors de ces attouchements, on peut aussi commencer à les préparer à être dociles au pansage, en leur faisant subir des frictions avec la main ou un bouchon de foin assez souple pour ne pas occasionner des froissements douloureux de la peau.

Quelques semaines après la naissance, le poulain mange

riches en azote protéique et qui renferment peu d'eau, comme le son, les farines des légumineuses. Ils concourent à ramener à une relation nutritive favorable les rations constituées par ces substances. Ils ne renferment tous aussi qu'une faible proportion de matière grasse, et il est utile, dans certains cas, de tenir compte de leur pauvreté sous ce rapport. » (J.-H. MAGNE et O. BAILLET, *loc. cit.*, p. 189.)

de l'avoine avec sa mère, et ce grain a un effet excellent dès cette époque. Quelques éleveurs ont recours au concasseur pour préparer les grains offerts aux jeunes animaux, mais l'opinion des praticiens n'est pas unanime à cet égard. Ce qui est vrai, c'est que les indigestions d'avoine sont rares chez les produits distingués, contrairement à ce qu'on voit pour les chevaux communs, qui, comme leurs mères, en reçoivent une fois par hasard.

Ce à quoi il faut s'intéresser de bonne heure, c'est aux soins à donner aux pieds. Les auteurs qui ont vanté les avantages de l'usure naturelle de la corne, au point de vue de la conservation des aplombs, n'ont guère observé d'animaux déferrés. Ici, nul doute qu'il ne faille souvent intervenir pour rétablir les aplombs du sabot. Il est même bon d'appliquer des fers légers aux pieds de devant vers le 12º ou le 14º mois, afin de favoriser la conservation de la forme du pied. Les déformations sont moins à craindre aux extrémités postérieures, et, de plus, des coups de pied graves pourraient être donnés consécutivement à leur ferrure, aussi se borne-t-on à les tailler jusqu'au moment de la mise au travail.

Le sevrage s'opère vers le 6º mois. M. Sanson conseille de s'en rapporter à l'indication donnée par la pousse des dents pour le diriger, en raison de la relation qui existe entre la formation de toutes les parties de l'appareil digestif. Aucun éleveur ne se conforme à cette prescription, et il n'en résulte pas de grands inconvénients, car la pousse des dents est à bien peu de chose près uniforme, et les organes digestifs sont, à cette époque, dans un état favorable pour recevoir la nourriture ordinaire. En outre, il faut avoir égard à la mère et au produit qu'elle porte le plus souvent, lesquels souffriraient beaucoup d'une lactation par trop prolongée.

Les avantages qu'il y a à opérer progressivement le sevrage sont incontestables. Il est bon d'y consacrer environ trois semaines, en laissant encore téter trois fois par jour pendant la première semaine, deux fois la seconde, une fois la troisième. En même temps on veille à ce que la nourriture soit suffisante : de l'herbe autant que possible, mais, à l'occasion, des maschs, des carottes et du son. Au haras de Kisgber, en Autriche, d'après M. Cornevin, à partir du sevrage, qui a lieu à cinq mois, on distribue aux poulains, en plus de l'avoine à discrétion, 6 litres de lait de vache par jour; quelques-uns en prennent 10 litres. On continue ce régime jusqu'à un an. Les soins sont d'autant plus importants à cette période de la vie que, contrairement à un préjugé vulgaire, ce ne sont pas toujours les poulains faibles pendant l'allaitement et dans le très jeune âge qui font les plus mauvais chevaux; il y a trop d'exemples contraires à cette idée préconçue pour qu'on puisse la conserver. Souvent nous nous sommes demandé si le sevrage prématuré et l'application du régime sus-indiqué ne seraient pas préférables pour les poulains dont la mère est sous le coup d'une maladie chronique qui peut altérer la lactation.

Les poulains qui viennent d'être sevrés sont mis ensemble, par groupes assez nombreux, et ils arrivent peu à peu à être soumis au même régime que les adultes, vers 16 à 18 mois. Avant d'être mis à l'entraînement, ils mangent jusqu'à 10 à 12 litres d'avoine.

Pour tenir compte des besoins de l'économie, en raison de son développement, on a reconnu pratiquement qu'il est utile d'élever la relation nutritive des grains par le mélange avec du son. C'est que pendant longtemps les jeunes animaux conservent l'aptitude et le besoin de prendre un excès de substances protéiques. Des matières grasses, qu'ils peuvent emprunter à une petite distribution de graines oléagineuses dans les maschs leur sont également presque nécessaires.

On s'ingénie à conserver l'abondance de l'absorption de la nourriture pendant l'hiver, pour éliminer le retard qui pourrait résulter de sa diminution. Quelquefois le régime est trop échauffant et produit de la constipation. Quand cela arrive, il ne faut pas abuser de l'usage des purgatifs : il est préférable de donner des carottes et des barbotages.

Il faut se rappeler que la surface de la peau, si étendue proportionnellement chez le cheval de course, l'est encore davantage pendant le premier âge par suite d'un faible volume relatif, et aussi que les téguments sont pourvus d'une impressionnabilité excessive. L'action de l'air froid de la nuit et de la rosée qui l'accompagne sera donc soigneusement évitée par l'utilisation des logements et par une nourriture suffisante, dans laquelle les aliments thermogènes ne seront pas ménagés, surtout ici où il ne faut pas trop compter sur la graisse accumulée dans les tissus en fort petite proportion.

C'est en se basant sur des observations très judicieuses qu'on fait rentrer les poulains pour leur faire prendre leurs repas. On effectue ainsi un commencement de dressage d'une heureuse influence pour l'avenir. D'un autre côté, on est sûr que chaque yearling mange bien la ration qui lui est destinée, et aussi qu'un état maladif ne fait pas laisser les aliments. La perte de grain produite par les combats qui se livrent toujours lors des repas donnés dehors, jointe à l'avoine qui traverse sans profit l'appareil digestif, étant mal mastiquée, par suite de la précipitation avec laquelle elle a été mangée, dans la crainte de n'en pouvoir pas prendre une quantité suffisante, sont des pertes d'une valeur au moins équivalente à celle que coûtent les soins nécessaires pour éviter cet état de choses.

A l'âge de 13 à 14 mois on sépare les poulains des pouliches pour empêcher que les premiers, qui commencent à sentir l'influence des instincts sexuels, ne se fatiguent à essayer de saillir.

D'ailleurs, bien que l'aptitude à la reproduction soit peu marquée avant 18 mois, il est arrivé très exceptionnellement que des mâles d'un an se soient montrés féconds[1].

---

1. ABADIE, *Quelques faits de puberté précoce chez les deux sexes, dans les espèces chevaline et bovine.*

*_**

Avant de nous occuper de l'éducation du jeune cheval, nous devons dire quelques mots de l'emploi du phosphate de chaux dans l'alimentation des poulains.

Quelques zootechnistes, en s'appuyant sur des considérations de physiologie transcendante, ont admis que les sels minéraux ne peuvent pas entrer directement dans les organismes animaux, et que le phosphate de chaux ne saurait faire exception, qu'il soit employé sous forme de sel ou de poudre d'os.

Les expériences de M. le professeur Sanson paraissaient absolument démonstratives à cet égard, et on a regardé la question comme définitivement tranchée dans ce sens pendant quelque temps. Depuis, de nouvelles recherches faites, par le prince Koudacheff, concernant précisément des poulains, ont donné un résultat absolument contradictoire[1].

Nous avons pu suivre des essais de ce genre au haras de Kernevel, près de Lorient, *dans un climat maritime*, et nous devons avouer que les résultats n'ont pas été satisfaisants : la taille qu'on se proposait d'élever est restée petite.

Il faut donc attendre avant de se prononcer. Ce qu'on peut affirmer, c'est qu'il y aura toujours avantage à employer le phosphate de chaux comme engrais. De cette façon la végétation sera modifiée et les jeunes animaux ne pourront qu'en profiter[2].

3. — Dressage et Entraînement.

Toutes les divisions déjà établies dans l'élevage des chevaux sont artificielles ou plutôt mal délimitées, et il en

---

1. *Journal d'agriculture pratique*, 1890.

2. Une nourriture où les grains occupent une large place supplée en grande partie au défaut de richesse du sol en sels calcaires. Peut-être y aurait-il avantage à donner le lait contenu au fond des vases où on a reçu le produit de la mulsion ; les sels calcaires n'étant qu'en suspension dans le lait, tendent à tomber vers les parties déclives.

est ainsi des points qui restent à examiner : le dressage et l'entraînement proprement dit. En réalité, l'entraînement commence dès qu'un espace suffisant est offert au poulain pour qu'il puisse se livrer à un exercice un peu intensif. De même, le dressage est réalisé progressivement dans tout le jeune âge par le contact réitéré avec l'homme et l'habitude d'obéir qui se prend peu à peu.

DRESSAGE

Les discussions philosophiques sur les facultés intellectuelles des animaux ne pèsent pas d'un grand poids dans l'esprit des éleveurs. Pour peu qu'on ait eu à faire le dressage des animaux, et spécialement du cheval, qui nous intéresse en ce moment, on est convaincu que, pour être peu développé, son entendement établit parfaitement une relation de cause à effet. Aussi faut-il s'adresser constamment à son intelligence, lui faire comprendre indirectement, en y mettant suffisamment de patience, ce qu'on ne peut lui expliquer par la parole, et surtout ne pas céder aux mouvements de colère que provoque sa compréhension difficile. Il est même de règle qu'un animal qu'on dresse ne doit être corrigé que lorsqu'il comprend, et que par suite c'est par mauvaise volonté évidente qu'il n'obéit pas. La nécessité des corrections doit s'étendre, il est à peine utile de le dire, au cas où, *sans intervention de la crainte,* par méchanceté, les jeunes chevaux cherchent à mordre ou à frapper sans provocation préalable.

De tout temps il a été reconnu que le meilleur procédé de dressage consiste à agir d'abord par l'exemple, puis par degrés ménagés, pour arriver à ce qu'on exige. Veut-on passer un licol, on habituera d'abord le poulain à se laisser prendre, alors qu'il n'a pas encore la force suffisante pour se défendre. Puis, quand on pourra le maintenir, en le prenant par la queue, par les oreilles, ou mieux en limitant les mouvements en avant et rétrogrades, avec les bras passés l'un en avant du poitrail et l'autre en

arrière de la croupe, on le flattera en lui parlant doucement, de façon à lui montrer qu'on ne lui veut pas de
mal.

Nous conseillons, dans les cas extrêmes, de conduire le
poulain dans une écurie et de le placer le long d'une mangeoire où trois anneaux ont été fixés, les deux extrêmes
étant à un peu plus de distance que la longueur du jeune
animal, et le troisième correspondant à peu près au garrot.
Avec une longe, on limite les mouvements en avant et en
arrière, à l'aide des anneaux les plus éloignés, pendant que
le cabrer est empêché par une deuxième longe qui part de
l'anneau médian.

Après quelques séances de ce genre, on arrivera assez
facilement à fixer un licol de chanvre, à large têtière, qui
sera laissé à demeure. Plus tard on se sert du caveçon
pour habituer le jeune poulain à se laisser conduire. Enfin
une longe est adaptée au licol, et le jeune cheval habitué
à se laisser attacher sous la surveillance d'un homme placé
de manière à pouvoir immédiatement intervenir le cas
échéant. On procède d'une façon analogue pour le pansage
et l'application des harnais, qui sont d'abord représentés
par une simple couverture destinée à préparer et à recevoir la selle. Puis on applique des demi-fers aux pieds de
devant et on lève de temps en temps ceux de derrière.

Bien que le dressage soit commencé, nous le répétons,
dès le plus jeune âge, on s'en occupe plus particulièrement du douzième au dix-huitième mois. A cette période,
le jeune cheval est habitué au caveçon, puis à la bride, en
ayant soin d'employer un mors très doux sans rônes, en
forme de segments. Après, on arrive à placer une selle
et, toujours en allant graduellement, on serre peu à peu les
sangles, puis on y met des étrivières sur lesquelles on appuie
pour simuler le premier degré de la mise en selle.

En commençant cette dernière partie du dressage, il est
bon de diminuer un peu la ration d'avoine, afin de profiter
de l'affaiblissement qui en résulte. Pour la même raison,

quand il s'agit de faire monter pour les premières fois, il est bon de produire préalablement un certain état de fatigue par le travail au rond, qui est très dur. Quand tout est bien préparé, on met en selle, à l'écurie ou mieux dans la cabane à pansage voisine du terrain d'entraînement, en se servant d'un jeune domestique ou *boy*, hardi et assez solide pour résister aux défenses qui sont souvent très dangereuses. Les jours suivants, le groom monte et descend à plusieurs reprises, avec précaution, arrive à se pencher en avant et à caresser l'encolure, la tête étant toujours maintenue, cela va sans dire, à l'aide du caveçon.

Cette opération ayant été renouvelée pendant un temps variable avec la docilité du sujet à dresser, on le sort ensuite sur un terrain convenable, conduit à la longe, et on le promène quelques instants au pas. Lorsqu'il n'y a plus de danger, on fait marcher avec l'action de la bride, dont l'effet a déjà été utilisé avec celui du caveçon. On emploie un mors ordinaire, ainsi que cela vient d'être relaté, car l'embouchure brisée ne doit être usitée que le moins possible, pour les chevaux qui auraient des tendances trop marquées à se soustraire à l'action du cavalier. On arrive ainsi au premier temps de l'entraînement, pendant lequel les exercices se font au pas, dans une file de chevaux sages. Généralement, les premiers temps le cavalier monte et descend à l'écurie, où le poulain se défend moins que dehors.

Quand on considère l'influence que peut avoir le caractère sur l'avenir du cheval de course, il est impossible de ne pas songer à en tenir compte. Et dès lors on conçoit le bénéfice que peut offrir un dressage sagement conduit, tirant plutôt partie de l'émulation que de la force, qui mène si souvent à la rétivité. C'est particulièrement au début du dressage que les entraîneurs s'appliquent à prévenir les actes de défense, d'abord par ce que c'est à ce moment que le caractère se forme, mais aussi en raison du peu de résistance des membres et des lésions qui peuvent y naître accidentellement et détruire toute la carrière qu'on était en droit d'espérer d'un produit. Tout est alors question de tact, pour arriver au but sans encombre; il faut non seulement agir par degrés savamment combinés, mais aussi tenir compte du caractère craintif du jeune cheval, des accès de peur qui peuvent le pousser à des écarts dangereux, en lui faisant voir et approcher tout ce qui attire son regard d'une façon insolite. Si, par gaîté, il se produit des mouvements désordonnés, il faut savoir calmer et punir juste dans la mesure nécessaire pour faire comprendre que c'est une faute qui ne doit pas se renouveler.

Quelque excuse qu'on invoque, le nombre considérable des chevaux à caractère difficile qu'on rencontre dans la race de pur sang anglais montre qu'il doit y avoir quelque vice fondamental dans la façon dont on effectue son dressage et son entraînement. Étant donné la compétence et l'habileté pratique des directeurs des écuries d'entraînement et du personnel qu'ils ont à leur disposition, on est porté à se demander s'il n'y aurait pas lieu d'incriminer une cause étrangère à leur intervention, la jeunesse excessive des élèves, par exemple, ou la trop grande rapidité avec laquelle leur préparation doit être obtenue. Et, s'il en est ainsi, ce qui semble probable, on ne peut que penser qu'une réforme du code des courses est à désirer, ainsi que le pensent la plupart des hippologues les plus distingués, et il est d'ailleurs évident que ce changement ne porterait pas, comme on l'a dit et répété, une atteinte inévitable aux bases fondamentales de l'institution.

ENTRAINEMENT

Bien que dérivé du mot anglais *training*, qui est l'équivalent du vocable « dressage » dans notre langue, cette dénomination s'emploie actuellement pour désigner l'ensemble des pratiques qui servent à préparer les chevaux destinés à figurer dans les courses de vitesse; et, par extension, elle s'applique aussi à l'accoutumance au travail dans les services économiques ordinaires, qui se sert des mêmes procédés que l'entraînement proprement dit, mais que l'on qualifie plus généralement de *mise en service*.

Comme le substantif qui sert à les désigner, les manœuvres que comporte la préparation des chevaux de course ont été usitées primitivement en Angleterre, aussi bien d'ailleurs que les luttes aux vitesses extrêmes qui se livrent sur le turf. Dans les tournois et les jeux où le cheval figurait, que l'on retrouve dans les annales des autres peuples, la vitesse est toujours considérée comme une condition absolument secondaire.

L'institution des courses de vitesse n'a fait quelques progrès en France que consécutivement à l'introduction du *thorough-bred*, et pendant longtemps les jockeys anglais ont été seuls employés dans les écuries d'entraînement, en raison de leur connaissance approfondie de cet art spécial, mais aussi parce qu'ils avaient eu le talent de faire admettre qu'ils possédaient certains procédés secrets importants, qu'ils conservaient dans les traditions de leurs familles. Aujourd'hui, en face des résultats obtenus par quelques entraîneurs de notre nationalité, on ne peut plus s'arrêter à une telle croyance, et il ne reste plus aux entraîneurs anglais, pour les faire conserver dans certaines écuries, que l'habitude, et, nous le répétons, les aptitudes héréditaires que donne une longue suite de générations ayant poursuivi le même but.

DE L'ENTRAINEMENT EN GÉNÉRAL

Avant d'entrer dans quelques détails sur les questions qui ont trait à l'entraînement, il est indispensable de donner quelques avertissements préalables.

Tout d'abord, il faut qu'on sache bien que tout ce qu'on en peut dire ne peut être que très général, qu'il y a, dominant tout, une question de tact qu'on ne peut enseigner, qui ne s'acquiert que par la pratique et d'autant mieux qu'on est doué d'un goût tout particulier et d'aptitudes spéciales dans ce sens, car tout y est le résultat d'observations bien dirigées.

Ce qu'il ne faut jamais perdre de vue, c'est le but à atteindre, les ménagements qui doivent être pris suivant l'âge des animaux. On ne saurait se passer non plus de tenir compte des dispositions propres aux familles de chevaux dont on se sert. Chacun sait que la façon de conduire une course doit compter pour une grande partie dans le résultat final ; que le jockey doit, connaissant les chevaux de ses concurrents, les devancer tout de suite, ou les laisser partir. La même chose existe dans l'entraînement : il faut que celui qui le dirige sache de quel « sang » il dispose, autrement dit les aptitudes prédominantes propres aux familles, principalement les qualités de vitesse ou de fonds, de solidité des membres, de valeur suivant l'âge ou de facilité de préparation. Il y a là, tout de suite, des groupes à séparer et à faire exercer d'une façon différente.

En ce qui concerne le but poursuivi, il est évidemment tout tracé dans les courses à fournir. Il faut qu'à une époque déterminée le cheval puisse donner un maximum de vitesse et de résistance. Mais il faut se rappeler que la conservation de l'intégrité fonctionnelle et spécialement des membres doit être poursuivie avant tout ; il vaut mieux une préparation moins complète qu'une lésion un peu sérieuse de ce côté, et il faut savoir, à l'occasion, suspendre le travail. Immédiatement la question de déterminer s'il est préférable d'utiliser le cheval à 2 ans ou de ne s'en servir qu'à 3 se trouve posée. La réponse est d'autant plus difficile qu'il y a précisément parmi les aptitudes les influences d'âge : tel cheval qui est ordinaire à 2 ans sera exceptionnel à trois, si on sait l'attendre. Des résultats de ce genre sont fort fréquents, la connaissance des manifestations propres à chaque famille peut être utile à ce sujet, mais dans la solution acceptée, il faut toujours faire les réser-

ves dictées par l'apparition possible des qualités indivi-
duelles [1].

***

Dans l'entraînement, plus que nulle part, on s'inspirera
constamment de l'axiome fondamental de l'hygiène. *Natura
non facit saltus.* Et non seulement on prendra garde d'agir
progressivement, mais il sera nécessaire de régler les
degrés à parcourir. Il y a là, nous le répétons, une question
de sens pratique sans laquelle on ne peut obtenir aucun
heureux résultat. Le directeur d'une écurie d'entraînement
et même chaque jockey en particulier, doivent savoir reconnaître dans les individualités le degré de travail qui ne
peut être dépassé, et, loin d'aller trop avant, il est préférable de rester en deçà de ce point extrême.

On peut cependant fixer les grands points de cette action
de l'habileté humaine, les indices généraux de fatigue
donnés par le manque de gaieté et de vivacité, l'aspect
morne de l'œil, la perte de l'appétit, l'échauffement des
muqueuses ayant pour symptôme l'état pâteux de la langue
et la dureté des crottins, les signes d'épuisement des forces
résidant dans la mollesse pendant le travail, et l'essoufflement, les craintes que peuvent fournir, au sujet de la résistance des membres, les engorgements locaux, et rien que
la chaleur dans certaines régions. Au contraire, les degrés
qui précèdent ces points extrêmes et les ménagements
qu'ils réclament dépendent immédiatement du tact du
praticien, et tout cela a, dans le cas dont nous nous
occupons, une importance infiniment plus grande que
dans la mise en service ordinaire.

Depuis quelque temps, surtout pour les chevaux de
2 ans, on a bien moins recours aux suées et aux purgations qu'à une époque antérieure, quoique relativement

1. *Éclipse* réformé à 3 ans, par le duc de Cumberland, fut vendu
100 guinées à un marchand de bestiaux.

rapprochée de nous. C'est qu'il a été reconnu que ces troubles violents de la nutrition, à part les cas d'altération organique un peu sérieuse, sont plutôt nuisibles qu'utiles. Les chevaux qui les subissent en sortent affaiblis; aussi, à moins d'indication précise, ne s'en sert-on plus ordinairement dans les bonnes écuries d'entraînement. Tout au plus purge-t-on deux fois par an, et particulièrement au moment de la cessation du travail, car cette pratique, outre qu'elle n'est bienfaisante que dans des cas spéciaux, a l'inconvénient d'exiger un repos consécutif assez long, pour permettre la disparition de la dépression des forces qui en résulte.

On voit que c'est là une modification complète de ce qui était admis il y a seulement quelques années, puisque le comte de Lagondie[1] parle encore des suées se donnant à des époques variant de une par semaine à une par quinzaine, et qu'on trouve que la plupart des auteurs indiquent comme une règle fondamentale les purgations avant le commencement de l'entraînement et après chaque temps qu'il comporte. La première médecine ainsi donnée était, dans l'idée des praticiens, destinée à prévenir l'état fiévreux que fait naître la mise au travail, et celles qui lui étaient consécutives à en atténuer l'effet.

A notre avis, la pratique adoptée aujourd'hui, consistant à rafraîchir les chevaux une fois par semaine, avec du barbotage et de la graine de lin, en modérant le travail le lendemain du jour où cette modification de régime est appliquée, est bien préférable. L'absorption très abondante d'eau, qui est la conséquence de l'usage du son mouillé, amène une surélévation de l'action dépurative des sécrétions, sans produire le trouble qui accompagne forcément les purgations à l'aloès. Il y a là, faisons-le remarquer en passant, une coutume dont l'hygiène ordinaire pourrait, croyons-nous, tirer grand profit.

1. Comte DE LAGONDIE, *Le cheval et son cavalier*, p. 87 et suiv.

Relativement à la suppression des suées, dont on a admis les avantages un moment et dont on ne veut plus aujourd'hui, il n'y a guère de justification véritablement bonne de ces coutumes différentes, à moins qu'on n'admette, avec beaucoup d'entraîneurs, que le tempérament des chevaux de sang s'est beaucoup modifié. On a encore une explication probablemeut plus rationnelle en remarquant que la pratique de l'entraînement s'est perfectionnée et que dès lors on a pour mettre le cheval en condition, en forme, comme on dit aussi, des moyens supérieurs aux troubles fonctionnels violents dont faisaient usage nos devanciers.

On ne se sert guère des suées que pour les sujets dont on craint que les membres ne puissent résister, lorsque le travail sera suffisamment sérieux. On pense avec raison qu'il est préférable, quand cela est possible, de ne recourir qu'au travail savamment ménagé, dont le développement musculaire bénéficie largement.

Bien que, à la rigueur, ici comme dans la plupart des cas, il soit possible à la pratique de se passer des conceptions théoriques un peu avancées, il ne sera pas cependant inutile de s'inspirer, au point de vue de la détermination des conditions rationnelles de la gymnastique imposée au cheval de course, des idées que communiquent les méditations sur la biologie et plus spécialement les principes généraux que nous avons fait connaître.

Ce qui a été dit de la perfectibilité pendant la période de développement, du rôle des sécrétions, des effets spéciaux des aliments, et de l'établissement des actes réflexes devenant progressivement inconscients, ainsi d'ailleurs que de la surexcitation fonctionnelle, est d'une application directe dans cette partie du programme d'étude que nous nous sommes tracé.

Mais, ce dont on pourra encore plus tirer parti, ce sont les données relatives à l'origine de la chaleur animale et aux limites dans lesquelles elle doit se maintenir, pour ne pas amener la destruction plus ou moins complète d's tissus. L'intervention des réserves adipeuses agissant comme un poids mort, l'élévation de température dérivant de cette abondance excessive de combustible, l'obstacle qui en résulte pour l'action réfrigérante externe, par la diminution des fonctions cutanées et de la circulation périphérique, tout cela explique les excès de surélévation de la température interne et l'essoufflement. Rappelons, à cette occasion, qu'il y a, sur la diminution du nombre des mouvements respiratoires par l'entraînement, un travail très remarquable de M. le professeur Marey, que nous engageons nos lecteurs à consulter, en regrettant qu'il s'applique seulement à l'homme, et que des recherches analogues n'aient pas encore été faites pour les animaux.

PRATIQUE DE L'ENTRAINEMENT

L'entraînement commence à 18 mois; il se divise en deux préparations dont une va jusqu'au mois de janvier, tandis que la seconde, qui constitue l'entraînement proprement dit, comprend tout le temps qui sépare des premières courses, qui ont lieu bien plus tôt en Angleterre qu'en France.

CHOIX DU TERRAIN D'ENTRAINEMENT

Le choix du terrain sur lequel les chevaux doivent subir la gymnastique de l'entraînement n'est pas indifférent, loin de là. Il est nécessaire que l'espace qu'on y consacre soit assez vaste pour éviter les tournants trop courts, et que le sol n'offre pas une trop grande dureté, qui prédisposerait aux lésions de toutes sortes des extrémités des membres. Souvent ces conditions sont difficiles à réaliser; il arrive fréquemment qu'au moment des gelées et de la neige, on recouvre le parcours ou *piste* d'une couche de vieille litière ou de tan.

En raison de l'équilibre spécial qui réside dans le galop, et aussi de la position que prend le jockey pendant ce genre d'exercice, en se penchant en avant, il est utile que le terrain soit disposé en pente légèrement montante, de façon à pouvoir accélérer l'allure sans surcharger les extrémités antérieures.

CHEVAL SPÉCIAL POUR CONDUIRE LES REPRISES

Le chef de reprise (*head lad*) doit posséder un cheval spécial déjà dressé et entraîné, car il arrive peu souvent qu'il puisse trouver, dans le groupe à faire travailler, un seul cheval d'un caractère assez calme et suffisamment vite pour remplir ce rôle, ou au moins cela n'est qu'exceptionnel.

ENTRAINEMENT DES CHEVAUX DE DEUX ANS

Première période.

Pendant la première période d'entraînement, le poulain est dégrossi ou *débourré*, suivant l'expression adoptée.

Le premier degré de l'exercice commence par la marche au pas, en cercle, le matin, pendant deux heures et demie à trois heures, et l'on continue ce travail un mois[1]. Pendant tout ce temps les chevaux sont mis en files pour éviter l'ennui et atténuer les défenses par l'exemple.

Dès cet instant, on commence à habituer les poulains à l'usage de la cravache et des éperons, mais avec les plus grandes précautions, pour éviter de les rendre difficiles ou même craintifs.

A partir du deuxième mois de l'entraînement, on se sert des jambes ; on entreprend le trot, puis on arrive peu à peu à demander quelques départs au galop. Il est aussi nécessaire d'habituer le jeune animal à tout ce qui pourrait l'effrayer, particulièrement à la foule. S'il y a des accès de peur, il ne faut pas oublier que toute répression et tout

---

1. Cette disposition est d'ailleurs toujours préférable pour le cheval monté, qu'on évite de soumettre aux allures vives dans les descentes.

emploi de la force sont moins utiles que la douceur et la persuasion, et exposent à une lutte qui crée une imminence d'altérations, quelquefois très graves, pour les membres.

Quand ce complément de dressage est terminé, on laisse généralement le cheval reposer avant d'entrer dans le deuxième temps de la première période. A cette reprise le galop doit devenir régulier et on peut commencer à se rendre compte de la valeur du jeune cheval. Vers la fin de ce temps, on exerce les élèves côte à côte, en les faisant sucessivement prendre la tête de la reprise, dans des temps de galop de 8 à 900 mètres.

Avant d'abandonner les sujets à préparer au repos qui précède la seconde période d'entraînement, on les essaie de façon à déterminer ceux qui seront plus tôt faits, les autres devant être mis momentanément au repos, ne pouvant figurer sur les hippodromes avant la fin de la saison ou à trois ans.

Deuxième période.

Après le repos donné dans les derniers jours de l'année, au début duquel on fait prendre une médecine, on passe à la deuxième période d'entraînement.

On arrive à donner progressivement de la vitesse à l'allure, et, consécutivement à chaque galop, de longs temps de pas.

Dans le second temps de cette deuxième période, on donne tous les deux jours un galop un peu vif de 800 à 1 200 mètres, dans lequel, par moments, on accélère l'allure, et en faisant toujours suivre de beaucoup de pas, et de bons pansages, qui facilitent le fonctionnement de la peau.

A ce point de la préparation, une forte nourriture est nécessaire ; on distribue 5 repas d'avoine, et aussi, contrairement à un préjugé qui a longtemps existé, 6 à 7 livres de foin, car l'emploi de cet aliment n'a pas les inconvénients qu'on lui prêtait, mais au contraire est d'une heureuse intervention.

On a soin, par exemple, d'employer la muselière pour empêcher la consommation de la paille, ce qui donnerait souvent trop de poids et de volume à l'abdomen, et deviendrait une double cause de diminution de la vitesse et de difficulté de la respiration.

On a parlé des féveroles données à la fin de l'entraînement, mais ce n'est pas généralement chez les chevaux de deux ans qu'on les emploie, à moins qu'ils ne souffrent de l'estomac, surtout parce qu'elles sont trop excitantes pour les organes digestifs.

Quelques entraîneurs donnent de la luzerne en été, et s'en trouvent bien. On est porté à se demander si la relation nutritive de ce fourrage très riche en azote, ainsi que le trèfle d'ailleurs, n'a pas un effet favorable par l'absence relative de principes exclusivement thermogènes.

La fin de la seconde période d'entraînement exerce toute la perspicacité de l'entraîneur. C'est surtout à ce moment qu'il doit s'attacher à saisir tous les signes de fatigue qui peuvent apparaître dans la santé générale, aussi bien que dans l'état des membres. Le travail et la nourriture sont modifiés chaque jour, en raison des particularités qui se présentent. De plus, il ne faut jamais oublier que le jeune cheval ne doit pas être poussé à la dernière limite de sa résistance; il est nécessaire de penser à son avenir qui pourrait ainsi être compromis. Cela est d'autant plus facile à réaliser que l'étendue du parcours, à cet âge, est toujours peu considérable.

Quinze jours avant la première course on établit un galop d'essai. Comme pour la lutte réelle, on commence par museler et laisser à un repos relatif la veille, en ne faisant subir qu'un court galop. L'épreuve se fait sur une distance de 8 à 900 mètres avec des chevaux de 3 ans dont la vitesse est parfaitement connue, et qui reçoivent un poids analogue à celui qui leur serait imposé dans un handicap, un peu exagéré même.

C'est surtout pendant la dernière semaine qu'on exige

des galops très vites, sauf le jour qui précède la lutte où l'exercice est très modéré.

Est-il utile de faire remarquer que le propriétaire, soucieux de la conservation de son élève sait s'arrêter à temps, dans les luttes à livrer, et donner le repos nécessaire, même au détriment de son intérêt immédiat, ne voulant pas compromettre l'avenir de ses élèves?

ENTRAINEMENT DES POULAINS RÉSERVÉS POUR LES COURSES D'ARRIÈRE-SAISON, DE 3 ANS ET AU-DESSUS

Il a été dit que, après la première période d'entraînement pour les courses de deux ans, certains poulains ayant été reconnus insuffisants sont abandonnés momentanément. Ils restent ainsi au repos dans des pâturages choisis ou dans de vastes paddocks, mais toujours abondamment nourris avec de l'avoine, jusqu'au mois de septembre. La mise en travail ne peut pas être plus longtemps retardée, car le développement ne se ferait plus autant dans le sens déterminé qu'il est destiné à prendre. En outre, le corps aurait trop de gros et son poids pourrait surcharger les membres au moment de l'application de l'entraînement. C'est surtout dans l'état où se trouvent alors les poulains qu'on est quelquefois obligé de recourir aux suées, que l'on applique avec tous les soins qui seront indiqués ultérieurement.

La marche adoptée pour la préparation des chevaux de trois ans, à part cela, ne diffère en rien de celle dont on se sert pour ceux de deux ans. Seulement, l'animal pris à cet âge devant figurer dans des courses plus sévères, il est nécessaire d'arriver à lui demander plus de résistance dans les galops, qui doivent atteindre 1 800 mètres à la fin de la saison.

L'essai du poulain de trois ans se fait avec des chevaux de quatre dont la valeur a été bien déterminée par les handicaps dans lesquels ils ont paru. Dans ce cas, comme à deux ans, on fixe les poids à rendre par les chevaux âgés en se basant sur les règles bien connues des handicaps.

Cette première période d'entraînement étant terminée, les élèves sont laissés au repos jusqu'en janvier. Dans les premiers jours de l'année ils sont remis au travail, d'abord modérément, jusqu'à ce que commence la préparation finale, qui s'effectue en 8 à 9 semaines.

Le premier temps de la dernière préparation dure environ un mois, pendant lequel les galops sont plutôt longs et soutenus qu'extrêmement rapides. Le travail à l'allure de course peu poussée se fait sur une distance de 1.200 mètres, et les jeunes coursiers prennent successivement la tête de la reprise.

Vers la fin du premier temps, on arrive à demander, d'un seul coup, à une allure modérée, 1 600, 1 800 et 2 000 mètres. C'est à ce moment que l'entraîneur a besoin, comme pour la fin de la préparation des chevaux de deux ans, de toute son habileté pratique. Nous ne reviendrons pas sur la description des éléments qui attirent surtout son attention, puisqu'ils ont été assez longuement décrits dans les pages précédentes.

Pendant la dernière semaine, la vitesse des galops est poussée à sa dernière limite. Deux jours avant la course on donne un galop presque forcé. C'est après cet essai qu'on voit, par l'aspect extérieur, — la gaîté, la liberté de la respiration, — et le temps plus ou moins long que le désordre fonctionnel met à se rétablir, si la condition est réellement bonne, et si on peut avoir l'espoir de sortir heureusement de l'épreuve qui va avoir lieu.

Comme à deux ans, l'entraîneur doit exercer une surveillance de tous les instants, de façon à suspendre au besoin le travail, dès que quelque sujet d'inquiétude sérieux se présente.

ENTRAINEMENT DES CHEVAUX DE STEEPLE-CHASE

Ce qu'il y a de particulier dans le travail propre à mettre en condition les chevaux de steeple-chase, c'est que

la solidité des membres doit être avant tout la condition
à poursuivre. Pour obtenir ce résultat, on se sert beaucoup
du pas et même du trot, jusqu'à 5 à 6 heures par jour,
interrompus par un temps de galop vers la fin de l'entraînement, mais en y arrivant toujours progressivement,
cela va de soi.

D'ailleurs il est reconnu que la conformation du trotteur, surtout par la solidité du rein, se rapproche de celle
du cheval d'obstacle, et que les sujets les plus remarquables dans cet ordre, surtout avant qu'on eût diminué
les obstacles au point où ils sont aujourd'hui, avaient
presque toujours un ou plusieurs croisements avec les
races communes.

Quand on considère la puissance d'amortissement dont
semblent devoir être doués les membres antérieurs dans
les exercices du saut, on est étonné qu'ils y résistent. Mais
cet état de choses paraît bien plus extraordinaire encore
lorsqu'on remarque qu'il est habituel de prendre, dans les
écuries de steeple-chase, les chevaux dont les membres
souffrent dans les courses plates. Il doit y avoir là quelque chose de tout particulier, tenant surtout au train où
sont menées les courses dans l'un et l'autre cas, et à l'allongement de l'allure qui en résulte.

Les chevaux qu'on prépare pour les courses d'obstacles
sont l'objet de soins des plus minutieux en ce qui concerne les membres. Comme pour les suées, nous traite-
rons longuement de cette question dans la description
technique de l'application des soins hygiéniques.

Est-il utile de faire remarquer que ce genre de sport
est complètement sorti de la voie qu'il poursuivait à l'origine : la création d'une race de hunter portant lourd et
abordant tranquillement l'osbtacle. Plus encore que les
courses plates, les courses d'obstacles ne sont actuellement qu'un jeu et un motif de réunions publiques, n'ayant
que fort peu d'influence sur l'amélioration réelle de l'espèce chevaline.

TROISIÈME PARTIE

CHEVAUX DÉRIVÉS DU PUR SANG PAR LE CROISEMENT

GÉNÉRALITÉS

Par le croisement, le pur sang a donné naissance à des métis divers dont quelques-uns ont une très haute importance économique : on peut rapporter à cette origine la plupart des chevaux distingués que l'on trouve dans les nations européennes, et spécialement en France.

Avant de passer en revue ce genre de production hippique dans les conditions très différentes qu'il présente, nous allons nous attacher à résumer les principes généraux qui doivent servir de base dans la direction raisonnée qu'il convient de préconiser dans cette opération zootechnique.

1. — Des divers modes de croisements.

Le procédé de croisement le plus simple est celui qu'on a appelé *croisement de première génération*, et qui a été très justement comparé à l'industrie mulassière.

Directement à l'opposé de ce degré de rapprochement sexuel entre les races, on trouve le *croisement continu*, croisement d'absorption ou de substitution, qui a pour but de remplacer la race croisée par un type ethnique importé.

Cette forme de substitution des races, outre qu'elle est généralement plus économique, offre des degrés transitoires qui s'harmonisent presque toujours mieux avec les progrès agricoles qui appellent la modification du type d'animaux usité. En plus, il s'opère une adaptation progressive au milieu qui n'est pas sans offrir de grands avantages.

Comme forme intermédiaire entre les procédés précédents, on trouve le *croisement alternatif* ou *bilatéral* et le *croisement de retrempe*, qui permet de maintenir les individus à adaptation mixte à un degré déterminé, par suite des proportions variables suivant lesquelles les races unies entrent dans le mélange réalisé.

Il n'y a pas, physiologiquement, une différence bien marquée entre le genre de reproduction précédent et le *métissage proprement dit*, ou l'union des métis pris à des degrés divers. Cependant, il est juste de faire observer qu'il existe dans le croisement alternatif une intervention plus ou moins fréquente d'une forme organique non modifiée par le séjour dans le milieu de production. De plus, le métissage peut utiliser la consanguinité et les degrés de différenciations biologiques.

Quant à poser la question de la persistance de l'impureté des races, une fois un croisement opéré, ou du retour intégral à l'une des formes originelles entrant dans la formation du métis, c'est s'engager dans des discussions un peu oiseuses, car la solution adoptée dépendra des idées que l'on a sur l'origine des différences ethniques, au moins fondamentalement. Les créationistes pencheront forcément vers l'idée de retour forcé et intégral, tandis que les évolutionistes admettront que les populations métis peuvent atteindre la fixité. Il est évident que la réversion ne perd pas facilement ses droits, mais ce que nous avons indiqué de la perpétuation de quelques populations métis peut aussi être une preuve de la puissance des modifications mésologiques sur la destination définitive des individualités mixtes. Ici, comme dans beaucoup de cas, ainsi qu'on l'a dit avec beaucoup de raison, il est dangereux de trop généraliser du moment qu'il s'agit d'êtres vivants, nos connaissances en biologie générale étant encore, sur beaucoup de points, fort insuffisantes. D'ailleurs, pratiquement la solution du problème est trouvée, puisqu'on connaît des groupes de métis se reproduisant avec fixité, pendant le temps assez prolongé où on a pu les observer. Il ne peut être parlé que de la probabilité d'être forcé de revenir postérieurement à la race améliorante, ce qui, économiquement parlant, ne semble pas nuire beaucoup à la valeur du procédé.

2. — Des degrés de participation des races croisées dans la constitution des types métis.

Sous l'instigation des idées sur la dégénération des races émises par Buffon, on admettait que le sang de la race pure devait seule servir à mesurer le degré du croisement; on arrivait ainsi à indiquer que le produit résultant de l'union de la race améliorante avec la race commune était de demi-sang, et qu'une nouvelle intervention de la race croisante créait un trois-quarts-sang.

Cette appréciation manque d'exactitude, ou plutôt n'est plus en rapport avec les données nouvelles qui ont cours, car il faut partir de ce principe que les deux races conjuguées sont pures chacune dans leur type. On trouve alors que pour obtenir le trois-quarts-sang il faut trois unions successives avec la race importée, ce qui n'est pas précisément la même chose, on le voit.

***

Ces distinctions n'ont d'ailleurs aucune valeur absolue, car, comme pour l'individualité, il y a des races qui ont une *influence prépondérante*, qui transmettent plus sûrement leurs caractères, sans qu'il soit facile d'en donner la raison. Tout au plus peut-on supposer qu'elles ont une plus grande *potentialité*, c'est-à-dire qu'elles sont dans des degrés différents de variation, puisqu'il est bien connu que l'ancienneté de la race n'est pas toujours une raison suffisante. Par exemple, il est notoire que le pur sang anglais transmet son type avec une persistance qui n'est aucunement en rapport avec sa récente formation.

Une remarque analogue a été faite relativement à l'effet de la réversion. Ce n'est pas toujours dans les types les plus différenciés qu'elle apporte les plus grandes difficultés à la constitution des formes intermédiaires. Cela s'explique en supposant une *affinité spéciale* des races provenant d'une certaine analogie de filiation ou d'une convergence bien appréciable dans leurs caractères organiques. La différenciation, quoi qu'on en pense à première vue, n'est pas toujours une preuve absolue d'éloignement : les écarts que l'on constate fréquemment dans le dimorphisme sexuel paraissent, à cet égard, une preuve absolument péremptoire.

Il y a un point dont il a déjà été parlé, sur lequel il est encore utile de fixer l'attention : c'est la différence qu'établit l'habitat dans les milieux économiques nouveaux. Si on croise, en effet, deux métis, l'un deux cinquièmes sang et l'autre trois cinquièmes sang, on n'obtiendra pas, cela est plus que probable, le même résultat qu'en unissant un sujet de race pure et un individu de race commune. Il y aura même des différences suivant que l'on procédera en prenant le mâle ou la femelle dans l'une ou l'autre race ; le poulain étant soumis au même régime que sa mère, il aura plus de tendance à lui ressembler.

Les faits qui viennent d'être relatés ne sont pas sans valeur pratique. On a fort bien constaté, au contraire, que les reproducteurs anglo-arabes ne donnent pas, dans le Midi, une production aussi régulière que les demi-sang pris dans la race locale. De même, on sait aussi qu'il n'est pas indifférent d'introduire du sang dans les trotteurs, par le père ou par la mère. Les officiers des haras et les éleveurs regardent ces propositions comme des vérités définitivement acquises.

Il y a également là une preuve que c'est à tort que l'on a supposé que la réversion doit nécessairement se faire du côté de la race qui compte le plus de degrés dans la formation du métis; l'expérience est loin de confirmer cette affirmation.

3. — Règles à observer dans la mise en pratique du croisement et du métissage.

Cette méthode zootechnique a été en but à des critiques acérées, mais aujourd'hui on est revenu à d'autres appréciations, en face de quelques résultats bien précis, surtout de ceux que constituent les races de blé mixtes et quelques races analogues de petits animaux domestiques, où l'on trouve une persistance aussi marquée que dans les types ethniques bien délimités.

Ce qui a amené un moment de discrédit dans l'emploi des croisements améliorateurs, c'est l'extrême difficulté que comporté leur réalisation et les insuccès forcés qui ont signalé les débuts de la mise en œuvre de la méthode, par un emploi peu judicieux. Aujourd'hui, à moins d'accepter sans vérification les conceptions doctrinaires, on est forcé d'admettre une assez grande persistance des populations métis. D'ailleurs, il faut se garder de pousser trop loin le décompte des insuccès attribués au croisement, car dans les races les plus pures il y a des déchets, et réellement, on semble avoir voulu exagérer les chiffres comparatifs d'une façon invraisemblable.

Les études zootechniques profitent actuellement des progrès réalisés par la Biologie générale. Une des données les plus incontestables qui aient été mises en évidence, c'est l'intimité du rapport qui lie les populations animales avec le milieu qu'elles habitent. Les diverses espèces sont douées, comme cela a été indiqué, d'une assez large faculté de variabilité, mais il faut savoir agir progressivement dans les changements poursuivis et ne pas s'écarter des conditions matérielles indispensables.

On trouve l'application directe des considérations de ce genre dans la détermination du format des groupes ethniques. L'expérience a prouvé que l'on ne peut espérer de bons résultats en cherchant à grandir les populations animales, à quelques espèces qu'elles appartiennent, par l'importation seule d'étalons mieux doués sous ce rapport. C'est même surtout par un choix judicieux, basé sur les lois de l'apparition du géantisme et du nanisme, qu'on arrive le plus sûrement à quelque chose d'utile dans ce sens. Encore faut-il ne pas oublier que le succès définitif dépend surtout des améliorations réalisées dans l'état des aliments, et par conséquent dans les conditions culturales. En agissant autrement, on grandit les animaux, mais ils restent étriqués, décousus, incomplets dans leur développement.

En général, il faut bien se pénétrer de cette vérité qu'un progrès n'est définitivement acquis que lorsque le milieu est en rapport avec la constitution de celle des races croisées qui a le plus d'exigences, sous quelque rapport qu'on se place. Seulement, le milieu agit plus lentement sur les tempéraments; il se produit à ce point de vue quelque chose d'analogue à la persistance de la précocité que l'on observe pendant quelque temps dans les plantes du Nord déplacées vers le Sud, et dans les races d'animaux précoces tombées dans des conditions économiques qui ne leur conviennent nullement : il faut quelque temps pour que l'accélération du mouvement évolutif se modère. Ceci explique la nécessité de revenir périodiquement à la race améliorante, que l'on constate dans certains cas.

En ce qui concerne les dispositions morphologiques, il

en est sur lesquelles le milieu naturel n'agit qu'indirectement, même quand elles sont du groupe des caractères modifiables, parce qu'elles dérivent de l'existence d'un milieu artificiel.

Les conditions du rapport avec les milieux étant bien déterminées, on a encore à étudier la subordination qui lie les formes ethniques entre elles, mais il existe, on le sait, des affinités qu'il est très difficile de connaître autrement que par l'expérimentation directe. Dans les équidés, à cause de la multiplicité des modalités de leur emploi, on trouve tout particulièrement une large marge dans la connaissance de cette subordination. Il peut cependant être posé comme ligne générale, qu'il y a surtout à tenir compte de l'ouverture des angles et de ce que M. Baron a appelé l'anamorphose. Ainsi que l'a dit M. Alassonnière, sous une autre forme, on obtient le maximum de chances de réussite, en unissant entre eux les types à *intensité de contraction* ou à *étendue de contraction*, à rayons osseux larges et courts ou à os longs et effilés latéralement. En somme, il faut compléter et perfectionner un genre de conformation, au lieu d'en prendre le contre-pied (CORNEVIN). Et, comme preuve de la valeur de ce principe, nous indiquerons que le croisement du pur sang a surtout été avantageux quand il a été uni aux variétés de l'ancien type germanique des carrossiers, tandis qu'il n'a donné que des résultats plus que précaires avec les races de gros trait.

Si on veut produire des métis du premier croisement, il est indispensable de n'employer que des familles déjà améliorées par la sélection : on trouve, là encore, une cause considérable de discrédit pour les méthodes de croisement. En unissant des juments communes défectueuses avec les chevaux distingués, on fait naître des produits sans valeur commerciale, ce qui aurait dû être prévu à l'avance. Le cheval commun, au contraire, même quand il est défectueux, conserve une certaine valeur, car il n'a pas autant besoin de la solidité de constitution qu'exigent les services de vitesse, et l'aspect disgracieux est pour lui une chose relativement secondaire. C'est là un des côtés de la question qui présente le plus haut intérêt au point de vue économique.

La subordination du tempérament et de l'état généra de la nutrition avec le milieu est souvent des plus complexes. C'est plutôt en l'examinant pour les espèces qu'on en perçoit bien l'importance réelle. Voyez le mouton couvert de laine, et mettez à côté de cela son peu d'aptitude à vivre dans les climats et les lieux humides ! Au contraire, le cheval de pur sang anglais est en partie dérivé de l'action du climat océanien, aussi ne réussit-il nulle part aussi bien que dans les plaines fertiles et brumeuses qui avoisinent l'Océan. Ailleurs, il est permis de penser que son implantation est jusqu'à un certain point hypothétique ou au moins un peu aléatoire; tout au plus peut-on avoir quelque tendance à croire qu'il pourrait convenir à d'autres localités humides. Mais, c'est là cependant une question qui ne pourra être définitivement jugée que par l'expérience, étant donné surtout la complexité des origines ethniques de ce type. Et encore faut-il ne pas perdre de vue que les essais n'auront une véritable autorité que s'ils sont établis judicieusement, en conservant les bonnes poulinières, et au besoin en prenant des reproducteurs mâles dans les étalons croisés fournis par le milieu où l'on opère, fussent-ils même un peu inférieurs à ceux que l'on pourrait y amener. C'est un tort de prétendre, ainsi que beaucoup d'éleveurs ont de la tendance à le faire, qu'un beau cheval est toujours un reproducteur de choix; l'observation qu'il y a des affinités impossibles à prévoir ne peut être sérieusement contredite. Il est aussi non moins bien connu que l'influence du degré d'acclimatement est, pour les types importés, un avantage des plus sérieux, dans certains cas.

DES DIVERSES FORMES QU'ADOPTENT LES PRODUITS PROVENANT DU CROISEMENT DES RACES LOCALES AVEC LE PUR SANG ANGLAIS.

Les individus issus du croisement du pur sang anglais avec les races locales sont souvent désignés sous le nom collectif de *demi-sang anglais* ou simplement de *demi-sang*.

Quelquefois aussi, pour suppléer à ce que cette appellation a de trop peu précis, on emploie des qualifications moins générales, mais qui conservent encore un sens assez vague, parce qu'elles sont surtout fondées sur l'aspect extérieur, le degré réel de croisement indiqué par le pedigree étant devenu trop difficile à calculer : c'est ainsi qu'on dit qu'un cheval est *très près du sang*, de *demi-sang* ou *possède un peu de sang*.

Lorsqu'il s'agit d'un croisement avec le cheval arabe, on l'indique directement par la dénomination composée *croisé arabe*.

Les distinctions basées sur le but utilitaire ont peut-être plus de valeur, si elles ne sont pas plus précises : dans cet ordre on a le *cheval de selle*, subdivisé en cheval de grand luxe ou *hack*; en cheval de chasse ou *hunter* et en cheval de voyage connu aussi sous le nom de *roadster;* on a également les *chevaux carrossiers* et les *postiers*, destinés à être attelés à une voiture à quatre roues, et partagés chacun en gros et petit postier ou carrossier, suivant leur volume; enfin, entre les deux, du moins comme service, on trouve le cheval attelé à la voiture à deux roues, qui tire et porte à la fois.

Il serait déplacé d'entreprendre de décrire ici ces divers types, qu'il est d'ailleurs facile de présumer par ce qui a été dit antérieurement, (p. 109 à 171), aussi nous bornerons-nous à des indications des plus sommaires.

La conformation idéale pour le cheval de selle consiste dans un équilibre parfait de ses différentes parties, joint à la solidité des membres et à une bonne disposition du balancier céphalo-cervical.

On doit donc demander de bons quartiers de devant et de derrière, un dessus horizontal et solide, des articulations nettes et bien developpées.

De plus, le garrot a besoin d'être haut, prolongé en arrière et bien fourni, et cela s'obtient surtout par l'inclinaison de l'épaule. La croupe sera peu oblique.

La sortie de l'encolure, sa forme rapprochée de celle dite pyramidale, favorisant l'action des rênes et l'étendue des actions doivent être recherchées, à moins que ce ne soit une monture pour une femme, cas où l'encolure de cygne est toujours préférable.

Est-il besoin d'attirer l'attention sur le développement de la poitrine et du ventre, et sur l'attache de la queue?

Les allures énergiques, amples tout en étant relativement moins relevées, sont les meilleures.

Ce qui distingue surtout le hunter du cheval de selle de luxe, c'est peut-être un peu moins d'impressionnabilité et de distinction ou plutôt de grâce, cela étant compensé par une solidité exceptionnelle et une aptitude toute particulière pour le saut. Souvent aussi le hunter est plus ample et moins redressé dans les rayons supérieurs des membres, parce qu'il doit porter un certain poids.

Le bon cheval de voyage, dont le type est celui des chevaux de l'armée, à l'inverse des précédents, doit se rapprocher du trotteur, avec les conditions de la résistance, un caractère calme, et moins de finesse dans les tissus.

Le beau carrossier est relativement plus étendu que les autres types — couvre beaucoup de terrain, comme on dit en langage d'écurie — sans être long, ce qui s'obtient par l'horizontalité de l'épaule et de la croupe (voir p. 111).

Évidemment, beaucoup de branche, une tête fine et expressive sont des beautés absolues.

En plus, et par-dessus tout, il faut de la hauteur dans les allures, un beau port de tête et de queue.

Si ces conditions sont réunies, on passe à la rigueur sur les défauts de résistance relatifs : on pardonne un peu d'abaissement du train antérieur, de faiblesse dans le dessous, c'est-à-dire dans l'extrémité inférieure des membres, surtout pour ceux de devant. On ne tient pas non plus trop compte de la régularité absolue d'aplombs, à moins qu'il n'en résulte des irrégularités d'allures telles que le couper, le forger, etc.

Toujours la poitrine et le ventre doivent avoir un bon développement, qui flatte le coup d'œil d'ensemble.

Nul doute que ce ne soient pas là les chevaux les meilleurs producteurs de travail, que l'horizontalité de la croupe et même la hauteur exagérée des mouvements n'exagèrent la fatigue. Pour la seconde cause, il n'y a aucun doute possible ; la première a une action non moins évidente par la nécessité d'une sorte d'adaptation momentanée pendant le travail de traction.

Mais, avant de porter un jugement trop sévère à cet égard, on ne doit pas oublier que pour presque toutes les choses de luxe, comme dans un ordre de faits plus élevé, pour l'esprit pratique chez les gens du monde, le but utilitaire est presque toujours plus que secondaire, et qu'il n'y a aucune raison pour que cette manière de voir se modifie quand on envisage les services qu'on demande aux moteurs animés.

Ainsi que cela a été dit, il y a deux genres de chevaux carrossiers : le grand et le petit. Ces deux modes d'adaptation ont pour principal point de distinction les différences de taille et de volume, mais aussi quelques points particuliers qu'il est utile de passer en revue.

Les grands carrossiers réunissent toutes les variétés comprises entre le fort cheval distingué destiné à être attelé à deux ou à former les chevaux de timon dans les attelages à quatre, et le grand carrossier léger, également

16

attelé à deux, ou formant la volée dans les attelages à quatre, jusqu'au gros postier ayant un peu de sang, mais largement et solidement établi, qui se recrute de moins en moins dans les chevaux de trait trottant, regardés comme trop communs.

Il est évident que pour un cheval de cet ordre qui doit être attelé seul, sur un coupé de famille un peu lourd, on a moins égard à l'élégance qu'aux qualités de service, et cela d'autant plus que le harnais, dans ce cas, couvre bien des défauts. Alors, un peu d'inclinaison dans la croupe, favorisant la production de la force de traction et la solidité du rein, n'est non seulement pas un défaut négligeable, mais ce sera même une condition à rechercher.

Les carrossiers légers forment aussi un groupe assez étendu, variant par le degré de distinction. Au haut de l'échelle se trouvent les attelages traînant un coupé léger ou une voiture offrant peu de tirage. A ceux qui s'attellent seuls à une voiture extrêmement légère, comme aux grands carrossiers du même genre, on pardonne bien des choses. Pour ce dernier service, les modifications de conformation indiquées doivent encore être considérées comme avantageuses.

Pour être attelés à la voiture à deux roues, les chevaux doivent présenter une grande solidité dans les membres antérieurs et un garrot suffisamment bien organisé. A part cela, on en trouve d'ordre divers. Les chevaux de selle conviendraient bien à ce service, comme chevaux de luxe, s'ils étaient suffisamment sages. On passe à la rigueur sur un peu de manque de rigidité dans le dessus, surtout s'il est large et que la solidité du rein ne laisse rien à désirer. Lorsqu'il y aura un peu de poids à faire tirer, on s'arrangera encore mieux d'un peu d'inclinaison dans la croupe.

Le véritable cheval mixte, pouvant être monté et attelé, qui a été l'idéal rêvé par certains hippologues, est forcément plus ordinaire dans chaque service. On le trouve surtout réalisé dans le *Cob*, qui est un fort cheval trapu, relativement court, à formes arrondies, à dessus court et large, à encolure plutôt courte et assez volumineuse, à extrémités solidement charpentées. Un tel cheval peut porter un poids exceptionnel, mais sans aucune grâce, ni aucune facilité dans les mouvements, et il pourra aussi, à l'occasion, s'atteler à une voiture à deux roues ou à une voiture à quatre roues, mais plus avantageusement au premier genre de véhicule.

Remarque. — Pour un service sérieux, tous les chevaux de voiture doivent, en même temps qu'ils remplissent les conditions *ad hoc*, citées ci-dessus, présenter les dispositions particulières aux chevaux trotteurs.

MÉTIS FRANÇAIS

PROVENANT DU CHEVAL DE PUR SANG

CHEVAUX DE DEMI-SANG

DANS LA CIRCONSCRIPTION DU DÉPOT D'ÉTALONS DU PIN

Le dépôt d'étalons du Pin, ou plutôt le haras du Pin date de la fin du règne de Louis XIV.

On est peu renseigné sur les chevaux que l'État entretenait comme reproducteurs dans les années qui suivirent la fondation de cet important établissement. D'après la chronique, ce furent d'abord des chevaux de la race locale, des orientaux et des espagnols, joints aux danois et aux mecklembourgeois. Personne n'ignore l'anathème porté contre l'influence des derniers.

Le prince de Lambesc y introduisit quelques chevaux anglais, surtout des demi-sang, dont quelques-uns figurent dans les *pedigrees* de certains étalons de mérite, fondateurs de la variété actuelle. Les plus connus sont le Glorieux, le Parfait, l'Aleyrion, le Pépin, le King, le Docteur et les fils de Hégflyer.

Dans les deux départements du nord de la Normandie, l'élevage du cheval laisse encore beaucoup à désirer sous le rapport de la production des chevaux distingués, et même en ce qui concerne l'élevage du cheval en général. La production du nord-ouest, dans le département de la Manche, se rapproche beaucoup de celle du dépôt de Saint-Lô, excepté peut-être aux environs de Pont-l'Évêque, où le tempérament nerveux est relativement fréquent. Le meilleur centre d'élevage, sinon le plus populeux, se trouve dans le Merlerault, autour du canton de ce nom et de ceux de Nonant-le-Pin, de Séez et d'Alençon.

M. du Hays a fait une étude très complète des chevaux de l'Orne et de leurs origines, ainsi que des conditions dans lesquelles ils sont élevés. Pour tout observateur impartial cette variété de demi-sang est douée de qualités exceptionnelles, tenant certainement surtout au milieu, car les étalons du Pin offrent comparativement beaucoup plus de trempe que ceux de Saint-Lô, de la Bretagne et de la Vendée, bien que ces différents reproducteurs aient la même origine.

Comparés dans les deux centres d'élevage de la Normandie, les chevaux de la circonscription de Saint-Lô, et ceux du département de la Manche en général, sont plus favorisés sous le rapport de la taille.

A notre avis, il est un point sur lequel M. du Hays n'est pas exact, et qu'il est important de rectifier : c'est quand il parle du développement de la fluxion périodique et de la rareté du cornage dans la région.

La seconde affection n'est guère plus rare dans le Merlerault qu'ailleurs, et l'absence de fluxion périodique doit probablement être surtout le résultat de la vie à l'air libre, en pleine lumière, les animaux étant rarement rentrés à l'écurie, même la nuit, en dehors des jours les plus rigoureux de l'hiver.

Ayant habité successivement la Bretagne dans tous ses points, et y ayant vu la maladie périodique des yeux affecter les proportions d'un véritable fléau, nous avons été fort étonné lorsque, venu en Normandie, nous y avons trouvé une exception aux idées admises sur l'étiologie de la maladie, par son absence dans ce climat humide par excellence, à côté de la fréquence exagérée des affections rhumatismales.

Après bien des réflexions, après avoir un moment songé à la constitution du sol, à l'absence de calcaire en Bretagne où les écrevisses ne peuvent pas vivre, et à son abondance dans l'Orne, nous avons abandonné cette idée en considérant l'extension de l'affection dans les Ardennes où le calcaire est abondant. Alors, en tenant compte des conditions d'élevage dans les divers pays et du rapport qui en résulte avec les maladies périodiques d'yeux, nous sommes arrivé à partager absolument les idées émises par notre collègue M. A. Trélut, dont voici un court exposé, publié par la *Revue vétérinaire* :

« Voilà une maladie qui fait subir des pertes considérables à l'industrie chevaline et dont l'étiologie mériterait bien d'être mieux connue. M. Trélut, qui l'a observée pendant plus de quarante ans dans diverses régions de la France, croit avoir découvert une de ses causes les plus fréquentes. Ayant exercé successivement dans l'Est et le Midi, il fut frappé de trouver tout autant d'animaux fluxionnaires dans un pays que dans l'autre, malgré les différences de races, de nourriture, de soins et les influences climatériques propres à chacune de ces régions. Il constata, par contre, une chose qui existait dans l'Est comme dans le Midi, c'était la déplorable habitude des éleveurs de loger leurs animaux dans des écuries sombres, où, bien souvent, la porte était la seule ouverture donnant accès à la lumière.

« L'appareil de la vision, privé de son excitant physiologique qui est la lumière, se modifie, s'affaiblit et finit par se détériorer. La fluxion périodique est une des manifestations morbides apportées dans l'œil par ce manque de fonctionnement. Voilà la cause à laquelle M. Trélut attribue la plupart des cas de la maladie et pour donner à son raisonnement la sanction des faits, il l'appuie sur un certain nombre d'observations assez concluantes :

« 1° Un éleveur intelligent de la plaine de Tarbes produisait depuis de nombreuses années des chevaux de demi-sang assez renommés. Malgré la sélection attentive des mères et des étalons, la fluxion périodique s'observait de temps en temps sur ses poulains. L'écurie, fort obscure, fut, sur les conseils de M. Trélut, inondée de lumière et depuis ce temps la fluxion périodique n'a plus reparu;

« 2° Un propriétaire se livrant à l'industrie mulassière depuis cinquante ans voyait toutes ses juments devenir fluxionnaires puis aveugles. Une jument de demi-sang, dont les ascendants étaient exempts de ce vice héréditaire, devint promptement borgne chez cet éleveur. Les écuries, très sombres, furent largement éclairées et la fluxion périodique devint un mythe.

« 3° Dans un établissement où l'on élevait des chevaux de course, quatre poulains anglo-arabes, logés dans une écurie bien située et bien éclairée, conservaient la vue intacte, tandis que d'autres juments placées dans une écurie obscure, située à proximité, devenaient aveugles en moins de deux ans.

« Si ces faits ne sont pas assez démonstratifs pour justifier l'opinion de M. Trélut en ce qui concerne l'étiologie de la fluxion périodique, ils sont de nature, dans tous les cas, à éclaircir la question.

« En Normandie où les poulains passent la plus grande partie de leur existence dans les pâturages, leurs yeux habitués à la lumière, sont exceptionnellement atteints de fluxion. tandis qu'au contraire, les poulains élevés en stabulation, dans des écuries privées de lumière, comme cela se pratique dans la plaine de Tarbes, deviennent très souvent fluxionnaires. Il y a là, dit M. Trélut, une relation de cause à effet qui est tellement évidente, qu'on est étonné de voir qu'elle n'ait pas encore été signalée par ceux qui pratiquent l'élevage du cheval[1]. »

Nous allons indiquer ci-dessous les principales familles que l'on trouve dans la variété. Avant, nous devons signaler quelques noms que l'on trouve dans le pedigree de quelques chevaux remarquables, sans cependant qu'ils aient la notoriété des chefs de famille. De ce nombre sont : Emilius (1828), pur sang anglais, duquel descend Royal ; Quand-même (1850) également de pur sang, puis, nous trouvons Pick-Pocket (1828), The Juggler (1832), Lanercost (1835) ; Brocadero (1843), Fitz-Pantalon (1847). A une époque plus rapprochée, il y a aussi à citer Tonnerre des Indes (1855), Trouville (1860) de qui descend Lumineux, ensuite Affidavit (1861), père de Qui-vive. Parmi les demi-sang et les Norfolk dont les noms sont restés inscrits, il y a surtout Y. Tapper, Cleveland, Lucholl, Talma, Valient, Lancastre.

Famille de Y. Rattler, 1820.

Demi-sang, par Rattler, par Old Rattler et une Snop mare d'une part, et par une Snop mare, d'autre part.

Descendance la plus connue :

1° Oscar (1821) avec Bacha (arabe).
2° Hamilton (1821) avec une fille de Highflyer et de Docteur.
3° Ingénieur (1822) avec une fille de Volontaire et de Docteur.
4° Mahomet (1823) avec une fille de Highflyer.
5° Railleur (1828) avec une fille de Highflyer et de Bacha.
6° Vautour (1829) avec une fille de Lattitat et de Y. Worwick.
7° Vizir (1833) avec une normande inconnue.
8° Xercés (1834) avec une fille de Y. Highflyer.

1. *Revue vétérinaire*, novembre 1893.

9° Aï (1836) avec une Cleveland.
10° Diomède (1837) avec une Y. Topper et Cleveland.

IMPÉRIEUX.

- **Voltaire,** avec une fille de Pilot, p. s. a., et Bacha, a., 1833.
  - **Kopirat,** avec une The Juggle et Y Topper, 1844.
    - **Conquérant** avec Elisa, par Corsair et Marcellus 1858.
      - Dictateur.
      - Beaugé.
      - Quinola.
      - Capucine.
      - Uriel, père de Galant II.
      - Reynolds, père de Sans Vergogne, de Fuchsia.
    - **Gall,** avec une Sir Henry, Dimsdale, 1862
    - **Kapirat II,** avec une Perfection, 1866.
    - Robinson.
    - Jay.
  - **Montaigne,** avec une Biron, 1846.
    - Grand-père maternel de Gaulois.
- **Homère,** avec une fille de D.I.O., 1841.
  - **Myrthe,** avec une Voltaire, 1846.
    - **Uzel,** avec une Ramsay, 1854.
  - **Ursin,** avec une Saumon, par Hamilton et Rattler, 1854.
  - **Virgile,** avec une Voltaire, par Impérieux.
- **Hospodar,** avec une fille d'Y et de Bacha, 1841.
  - **Nestor** avec une fille de Captain, de Candid et de Y Rattler, 1847.
    - **Solide,** avec une fille de Jaggard, 1852.

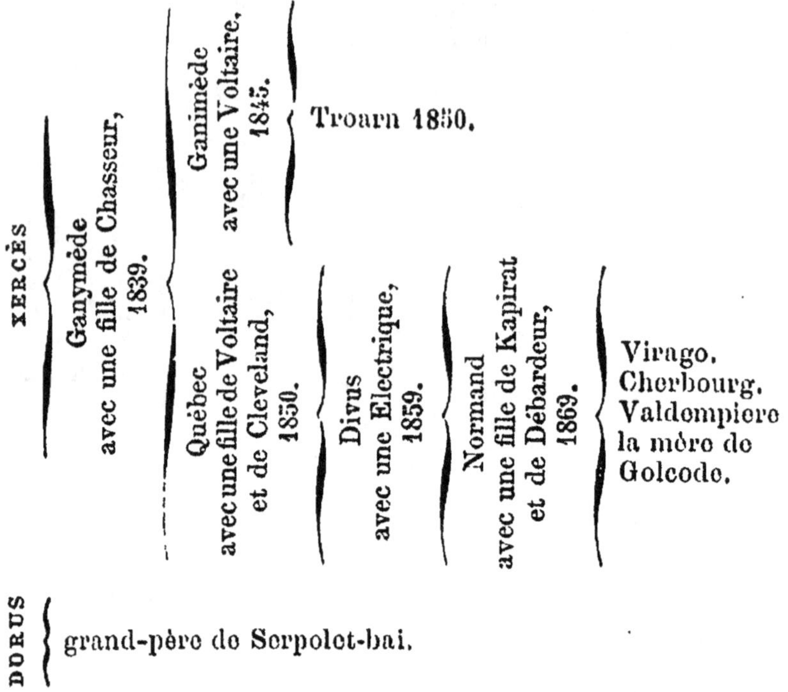

Famille de Eastham, 1818.

pur sang anglais, par sir Olivier et Cowslip, par Alexander.

Chasseur
avec une Y Rattler
1828

mère de Kramer.
mère de Ganymède.

Emule
avec une Y Rattler
et Docteur
1830.

Biron
pur sang anglais
issu de Captain, candidat d'Hélène.

Famille de Royal-Oak, 1823.

pur sang anglais, par Catton et Smolensko mare.

MERLERAULT, avec une Sylvion et Friedland, 1846.

PLEDGE, avec une Y Rattler et Vizir.

Rémus
avec une Xercès,
1851.

Thorigny
avec une Hector,
1853. } grand-père maternel de Palm et Jambes-d'Argent.

Umber, 1854.
Valdermar, 1855.

Abrandès,
avec une Noteur,
1856. }
Français,
avec une Tipple-Cider. } Koping.
Officier, avec une Fleuron.
Racoleur, avec une Élu.
Regnard, avec une Élu, la mère du trotteur Édimbourg.

Héliotrope, 1863 } partage sa paternité entre Pledge et Thésée, par Gainsbourg et Xercès.

Galba | partage sa paternité entre Pledge et Séducteur.

Famille de Sylvio, 1826,

pur sang anglais, par Trance, et Hébé par Rubens.

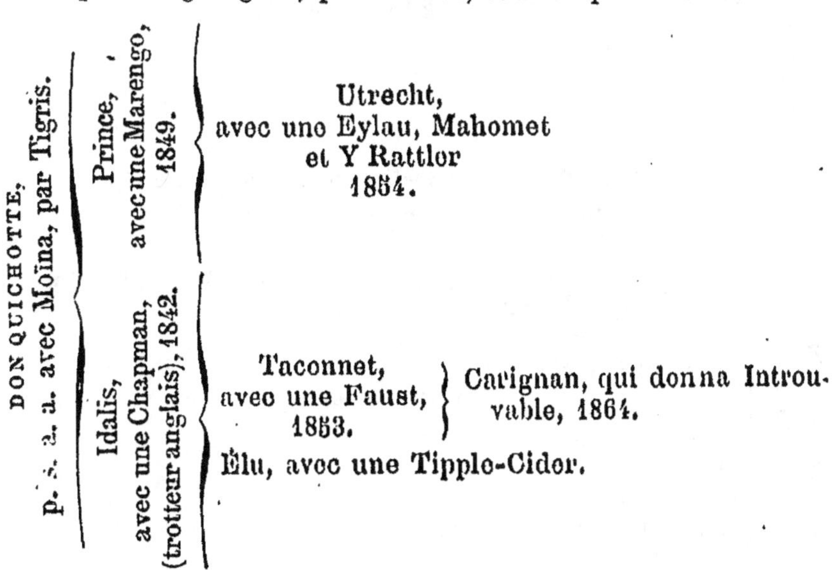

DON QUICHOTTE, p. s. a. a. avec Moina, par Tigris.

Prince, avec une Marengo, 1849.

Idalis, avec une Chapman, (trotteur anglais), 1842.

Utrecht,
avec une Eylau, Mahomet
et Y Rattler
1854.

Taconnet,
avec une Faust,
1853. } Carignan, qui donna Introuvable, 1864.

Élu, avec une Tipple-Cider.

FALIERO, avec une Dart, 1839.
{ Ottoman, avec une Basly et Impérieux 1848. }
{ Estafette, avec une Telegraph The Juggler et Cleveland, 1860, qui donna Mercure.

KADMOR, avec une Railleur, Colibri et Y Rattler, 1844.
{ Printemps, avec une Friedland Impérieux, etc. 1849. }
{ Condé, 1858, grand-père de Élau.

RAMSAY, avec une Impérieux pur sang anglais, avec Emelina, 1845.
{ grand-père maternel d'Uzel.

VLADIMIR, avec une Impérieux pur sang anglais, et Napoléon, 1855.
{ Beaucoup de descendants distingués.

Famille de Norfolk Phœnomenon, 1845,
demi-sang, d'origine douteuse.

NORFOLK-PHŒNOMENON 1845.
{ Y — { en même temps que Crocus, père présumé de Lavater.

Ypsilauti. | Noville. { Télémaque. Ulrich III. Quarteronne.

Hannon.
Niger.
Marignan.
Yelva | mère de Kilomètre.

CHEVAUX DE DEMI-SANG

DANS LA CIRCONSCRIPTION DU DÉPOT D'ÉTALONS DE SAINT-LO

C'est le centre principal d'élevage du demi-sang, car la population chevaline est très nombreuse dans les départements de cette circonscription et en grande partie constituée par des chevaux croisés. Un grand nombre des poulains élevés dans le Calvados sont nés dans la Manche. Bien souvent même, aujourd'hui, les éleveurs du Calvados viennent prendre des poulains d'un an dans l'Orne, chez les petits propriétaires qui les font naître et en tirent ainsi une assez bonne rémunération.

Dans le Calvados le mode d'élevage est moins bon que dans l'Orne. Là, pendant une partie de l'année c'est l'élevage au piquet, avec la nourriture verte des prairies artificielles, à laquelle on joint rarement de l'avoine, contrairement à ce qui a lieu dans le Merlerault. Dans ce dernier pays, outre l'influence de ce grain, presque toujours distribué dans une proportion raisonnable, les poulains paissent les herbes excitantes des prairies naturelles où ils vivent en liberté trouvant l'espace nécessaire pour prendre leurs ébats et se fortifier les membres.

Étant donné ces conditions de production, étant donné aussi l'action du climat dans ces deux régions, il n'y a pas lieu de s'étonner des différences obtenues. Dans le Calvados, par leur taille, les chevaux sont souvent propres à faire des grands carrossiers très majestueux, mais généralement mous et peu résistants dans leurs membres, qu'on ne met en service qu'avec des précautions infinies. Le cheval du Merlerault, au contraire, est de nature nerveuse, avec des articulations d'acier ; on y trouve d'excellents chevaux de selle et des petits carrossiers de première valeur, chez lesquels il y a cependant souvent à craindre les effets d'une trop grande irritabilité.

L'amélioration poursuivie à l'aide des croisements avec les chevaux de sang n'a été commencée que relativement tard dans la Basse-Normandie, et s'y est fait accepter très difficilement. Mais, dès qu'elle y a pris pied, elle a marché avec une rapidité absolument surprenante.

Les demi-sang semblent, comme dans l'Orne, avoir préparé la race à recevoir des types purs. C'est ainsi que les fils de Y Rattler occupent encore, dans ce nouveau centre, la première place, avec quelques autres demi-sang, qui agirent sur les formes défectueuses des poulinières locales. Parmi ces derniers, ceux dont les noms se sont conservés dans la mémoire des éleveurs et dans les généalogies sont : Y Cydnus (1828) qui a fait beaucoup de bien dans la Hague ; Y Gaberlunzic (1830) ; Urus venu de l'Orne et qui fit merveille dans l'Avranchin ; Sir Henry Dimsdale (1834) très apprécié dans le Val-de-Soir, ainsi que Tamerlan, fils de Gainsborag ; enfin Lahore (1840), employé aux environs de Saint-Lô et Shamrock (1870), fils de l'américain Sherpherd of Knapp et d'une jument anglaise, dont la descendance est souvent remarquable par ses allures.

Voici les principales familles qui se partagent ce groupe :

Famille de Y Rattler.

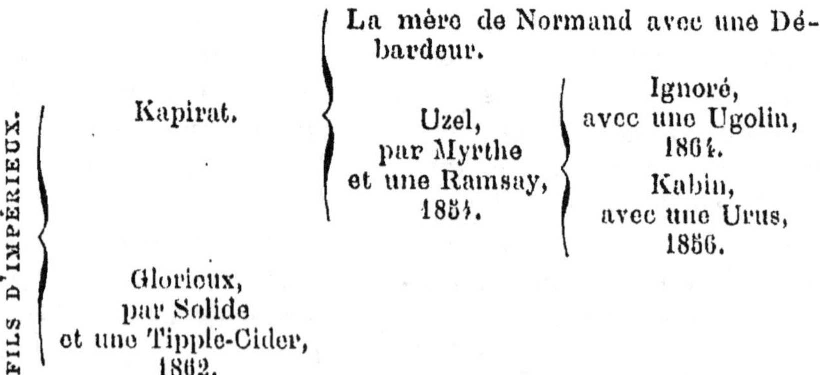

FILS DE XERCES. { -Ugolin,
par Parisien,
par Ganymède.

Famille d'Eastham.

Pégase,
issu d'une Y. Rattler et Hihgflyer,
1827.

Quandros,
par Chasseur,
1827.

Famille de Sylvio.

Bravo,
pur sang anglais,
par Belle-de-Nuit,
par Young-Emilius,
1854.

Don Quichotte,
pur sang anglo-arabe,
par Sylvio et Moïna,
1839-1860.

Sakas,
avec une Eastham,
1856.

Sancho,
avec une Vautour,
1855.

Famille de Napoléon.

EYLAU, 1836. {

Qui Perd-Gagne.
La mère d'Orfila.
La mère d'Allumette.
La mère de Coq-à-l'âne.
La grand'mère d'Apis.

Les fils de Notour.

Volant,
avec une Tipple-Cider,
1855.

Lodi,
avec une Solide,
1867.

Marengo,
par Napoléon
et Chloris, a. a.,
1835.

Famille de Royal-Oak.

Adolphus,
issu d'une fille
de Godolphin.

FILS DE PLEDGE.
{
Victorieux.
avec une Incomparable,
1855.

Giboyer,
avec une Chesterfield,
1862.
{
Orfila,
mère de Pactole.

Les fils d'Abrantès.
{
Vendôme.
Regnard.
Ray-Grass.
Partisan.

Famille de Tipple-Cider.

Pur sang anglais, par Défense et Déposit.
Ne fut pas employé dans la Manche.

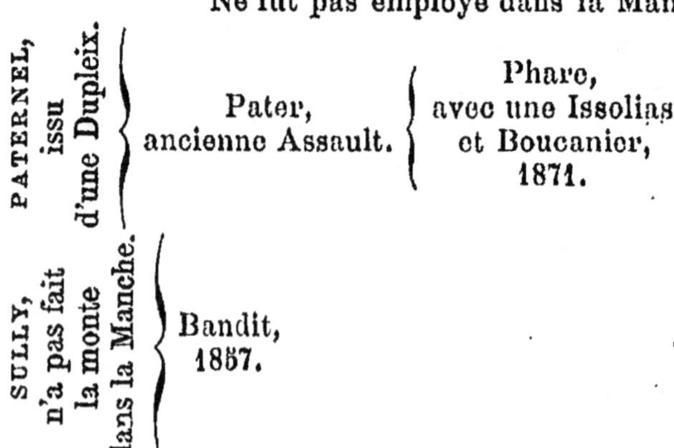

PATERNEL, issu d'une Dupleix.
{
Pater,
ancienne Assault.
{
Phare,
avec une Issolias
et Boucanier,
1871.

SULLY, n'a pas fait la monte dans la Manche.
{
Bandit,
1857.

Famille de The heir of Linne.

Pur sang anglais, par Galaor et mistress Walkes.

J'y songerai.
Modestie,
mère de Pâquerette
et de Tigris.
Miss of Linne,
mère d'Alcala.

Orphée.

Quickly.

Oronte.

Phaéton,
issu d'une Croccus,
1871.
{ Ellora.
Etincelle.
Finlande.
Gérance.
Galba.

Famille de Norfok-Phœnomenon.

Noirmont.

Fidèle-au-malheur.

Fils d'Y.
{ Lavater,
par Candelaria,
1867.

CHEVAUX DE DEMI-SANG
DANS LA CIRCONSCRIPTION DU DÉPOT D'ÉTALONS
DE LA ROCHE-SUR-YON

Dans l'ouest des anciennes provinces du Poitou et de la
Saintonge, on trouve d'immenses prairies formées par des
dépôts marins, et coupées en petites parcelles par des
fossés profonds, remplis d'eau pendant la plus grande
partie de l'année. Ce curieux pays, couvert de fossiles que
l'on casse pour empierrer les routes, devient de plus en
plus un centre important d'élevage du demi-sang.

Les chevaux élevés dans cette région sont laissés en
liberté, ce qui leur permet de prendre un exercice suffisant pour se fortifier les membres, en même temps qu'il
s'établit un développement bien pondéré des organes de la
nutrition. Du reste, malgré l'humidité du sol et de l'atmosphère, les herbes sont fortifiantes et toniques, en raison
sans doute de la nature des terres végétales.

Les chevaux du dépôt de Saint-Maixent que nous avons

vus en service dans les régiments sont généralement bons. Au moment de leur achat ils ont des pieds plats qui se refont presque toujours très bien. Nous n'avons pas constaté, quoi qu'on ait dit, que leur acclimatement fût particulièrement difficile; nous croyons même que l'armée n'a nullement à s'en plaindre.

Ce que l'on reproche surtout avec raison aux chevaux vendéens croisés, c'est l'absence de régularité dans la conformation et l'insuffisance de leurs allures. Ce dernier défaut disparaît de plus en plus par l'introduction des trotteurs de mérite importés de la Normandie.

L'amélioration par le sang a été lente à s'établir dans le Poitou et la Saintonge. Au début, l'étalon Éléphant, de la variété normande, eut dans le marais de Saint-Gervais une production des plus remarquables (1820); il fit, dit-on, plus de cent étalons. Après lui vinrent les pur sang Amadis (1830) par Eastham et Cauvas; Gambetti (1845), pur sang, par Émilius et Tarentella; Pied-de-Chêne par Royal-Oak et Essler; The Roué (1846) par Claret (Touchstone) et Roulette; Sir Benjamin (1848) par Lavercost et Queen of Beautry; enfin et surtout Black-Eyes (1856) par Malton et Rosabelle.

A ces reproducteurs il faut ajouter des individus dérivés des familles déjà citées en Normandie, dont les principales se trouvent dans la liste comprise dans les tableaux qu'on trouvera ci-dessous.

En plus, les deux chevaux de demi-sang Karibon (1866) par Abrantès et Quid-Juris (par The Baron) et Julien (1865) par Kormoran et une Performer (Cormoran, Jériko, par Biron, par Captain-Candid) ne sauraient être oubliés, à cause des traces de leur passage qu'ils laissent dans les pedigrees.

Famille de Y Rattler.

Fils de Diomède. { Intact,
par Émule,
fils d'Eastham, 1842.

Fils de Ganymède,
par Xercès.
}
Necker, 1847.

Fils de Troarne,
par Ganiménèdo,
fils de Ganymède,
par Xercès.
}
Barbe-bleue,
avec Montaigne, 1857.
Dongolah,
avec Montaigne, 1859.

FILS DE KAPIRAT,
par Voltaire, fils d'Impérieux.
}
Kapirat II,
avec une Perfection,
petite-fille de Robinson,
arrière-petite-fille de Jay,
1866.
}
Vanité,
avec une Vulgaire,
ayant donné Eurydice.
Brigadier,
avec une Glaneur.
Quiconce,
avec une The Roué.
Samson,
avec une Barbe-bleue.
Vaisseau,
avec une Royal Quand-même.
Ravigo,
avec une Accacia.
Alfort,
avec une Julien.
Danaüs,
avec une Black-Eyes.
Dandy,
avec une Julien.

Famille d'Eastham.

Amadis,
pur sang,
par Eastham et Canvas,
1830.
Fils d'Émule.
}
Molière, 1844.
Accacia,
fils de Parfait,
par Important,
et une Faliero, 1856.

Fils de Pégase.
}
Isigny,
par Y Cydnus,
1842.

Famille de Sylvio.

Cornichon,
demi-sang,
avec Vaillant,
1836.

Fils de Taconnet,   { John Bull,
par Idalis,   { par Sultan,
descendant de Don-Quichotte. { 1865.

Famille de Napoléon.

FILS DE FRIEDLAND.

Madrigal,
avec une Rattler,
1845.

FILS DE NOTEUR, descendant d'Eylau.

Fils de Centaure,   { Houdon,
descendant de Séducteur. { avec une Umber D. S,
                         { 1863.
                         { Jambes-d'Argent.
                         { par Thorigny D. S.
                         { 1865.

Lahire,
avec une Solide,
1867.

Karmignac, mère de Beauvoir, par Y Phœnomenon (1868).

CHEVAUX DE DEMI-SANG

DANS LES CIRCONSCRIPTIONS DES DÉPOTS

D'ÉTALONS DE LAMBALLE ET D'HENNEBONT

Au point de vue de la production des chevaux de demi-sang, la Bretagne n'a pas l'importance des centres précédents, loin de là. Ce n'est pas encore tant qu'on ne les y trouve pas aussi nombreux, la remonte de l'armée a même encore un certain nombre d'achats à enregistrer ; ce qu'il y a de tout particulier réside dans un état d'infériorité relatif des individualités de cet ordre. Cela tient surtout à la pauvreté des éleveurs qui s'empressent de vendre leurs produits réussis pour en tirer quelque argent, sans avoir le loisir de se préoccuper de l'avenir, des bénéfices éloignés que pourrait leur donner une manière de faire plus en rapport avec les conditions rationnelles de l'élevage.

En outre, la production du cheval de luxe est ici fortement entravée par plusieurs éléments difficiles à combattre : le peu d'élévation de la taille et la fluxion périodique surtout.

Une exploration faite à travers la presqu'île armoricaine montre que la production du cheval de trait est la base de l'élevage dans la région. Les moteurs de ce genre ont des types très variés, les fortes tailles et la corpulence se trouvent au voisinage des côtes, là où les engrais marins ont donné au sol les sels calcaires qui lui manquent en même temps que la culture s'est améliorée, pour la même cause, et pour d'autres dont il est impossible d'entreprendre la description dans cet ouvrage.

Les chevaux de trait les plus remarquables habitent les environs de Lannion. Sur le littoral des Côtes-du-Nord et dans les vallées du département d'Ille-et-Vilaine, d'un côté, et dans le Finistère de l'autre, on trouve aussi de bonnes populations avec une conformation moins régulière et une plus petite taille.

Le Morbihan est particulièrement pauvre en équidés de toutes sortes ; on n'y rencontre guère des chevaux de quelque valeur qu'au voisinage du Finistère.

L'élevage des métis offrant un certain degré de croisement avec le pur sang anglais comprend trois centres principaux : le pays de Corlay, le Léon et le sud du Finistère aux environs de Quimper.

On a rattaché les chevaux de Corlay à la race asiatique,

et d'après les auteurs les chevaux bretons de tout ordre auraient également subi l'action plus ou moins marquée du cheval arabe. Aujourd'hui où le sang anglais a été fort employé dans la montagne bretonne, c'est plutôt de ce type qu'il faut rapprocher les caractères de la variété en question. Comme aptitudes, ce sont des chevaux de selle ou des carrossiers légers lorsqu'on peut les atteler, ce qui n'est pas toujours facile. A la suite de l'importation de quelques trotteurs normands, la localité a fourni des sujets de ce genre qui ont eu de belles performances. D'ailleurs, cette population, bien qu'ayant une certaine renommée, a une valeur numérique restreinte.

Les chevaux du Léon sont des dérivés des trotteurs du Norfolk que nous aurons à décrire en parlant des chevaux de l'Angleterre. Ce centre d'élevage est assez important et les chevaux y atteignent un prix souvent élevé, bien que par leur tempérament et par le mauvais état fréquent de leurs pieds, — défauts qu'ils ont en commun avec leurs ascendants, — ce soient des sujets manquant de résistance dans le service. Ces vices sont d'ailleurs loin de s'améliorer par le mode d'élevage adopté, qui est des plus mauvais : c'est la stabulation avec une nourriture débilitante dans laquelle entre surtout le panais, le tout étant plus en rapport avec la production de bêtes de boucherie qu'avec celle d'animaux moteurs.

Le pays de Quimper, de Bannalec, et de Scaër, non loin du centre naturel de production de l'ancien bidet de Riec, a fait depuis quelques années de grands progrès; c'est là que la remonte trouve sa meilleure clientèle. On y rencontre surtout le cheval d'artillerie, avec beaucoup de trempe, mais également quelques chevaux de selle, amples et très développés dans leurs hanches, accusant beaucoup de tempérament, rappelant assez le cheval de chasse irlandais, bien que manquant presque toujours de régularité.

MÉTIS ANGLAIS PROVENANT DU CROISEMENT
DES RACES LOCALES AVEC LE THOROUGH-BRED

Les métis anglais provenant du croisement des races locales avec le cheval de course ont la plus haute réputation ; mais si cette bonne opinion n'est pas dénuée de fondement, elle est certainement exagérée, car on rencontre chez nous, en Normandie surtout, sous leurs plus belles apparences, tous les genres de chevaux de luxe. Si on ne voit pas plus de chevaux exceptionnels de la provenance que nous indiquons, c'est que les marchands, dans un but de spéculation facile à comprendre, leur créent de toutes pièces une origine anglaise. Nous avons pu observer quelques forts hunters normands qui ne le cédaient en rien à ceux que l'on regarde comme une spécialité de nos voisins d'outre-Manche. D'ailleurs, les prix énormes auxquels ils sont vendus en Angleterre indiquent qu'également ils n'y sont pas déjà si clairsemés.

Quoi qu'il en soit, la production anglaise est divisée en trois groupes, savoir :

1° Les chevaux du bassin de la mer du Nord, au-dessus du golfe Le Wash, qui se rapprochent assez de nos anglo-normands, en mieux, affirme-t-on ;

2° Les chevaux irlandais ;

3° Les trotteurs du Norfolk.

La première variété a son centre le plus estimé dans le comté d'York et plus spécialement dans le district de Cleveland. La notoriété de ce dernier centre a fait adopter la qualification de *Cleveland bai* pour désigner les chevaux de cette région, et elle indique à la fois la meilleure provenance et la couleur la plus générale que l'on rencontre chez les sujets de la variété. La dénomination *carrossiers du Yorkshire* a une origine analogue.

On trouve la même production dans le Durham et le Northumberland au nord, et dans le Lincoln au sud.

Nous n'avons rien à ajouter à ce qui a été indiqué à

propos des métis français issus du type germanique, comme ceux qui viennent d'être examinés.

Les chevaux irlandais sont une sorte absolument à part, en raison des caractères propres à la race locale croisée, qui appartient au même type que le cheval breton.

Les centres par excellence de production du cheval amélioré sont en Irlande, les comtés de West-Meath et de Kerry et il en est tenu un grand marché à Ballinasbe.

Afin d'avoir une bonne description du type général de la variété, il suffit de se reporter à M. E. Gayot, qui en a bien saisi les caractères tels qu'on les conçoit encore aujourd'hui.

« Par devant, dit-il, le cheval est haut et puissant, quoique étroit au poitrail; mais ce manque de largeur, à vrai dire, n'est que relatif et saute aux yeux, à raison du très grand développement des régions postérieures. Ainsi le cheval irlandais a beaucoup de train à toutes les allures; il est toujours maître de son élan, si parfaitement maître même, qu'on le voit s'arrêter pendant le saut sur la cime d'un mur ou sur des crêtes de fossés pour se laisser glisser en bas, tomber même en appuyant le front contre terre, le cavalier restant en selle. Comme la plupart des produits de nos vieilles races, il est dur dans ses actions et si vigoureux qu'un bon cavalier seul peut en tirer un grand parti. »

De son côté, M. de Montendre cherche à expliquer la dureté des actions, qui est notoire. Il dit que cela tient à ce que ce cheval « part des quatre jambes à la fois; lorsqu'il est parvenu à l'extrémité supérieure de l'objet à franchir, ses jambes de derrière sont entièrement retroussées sous lui, et quand il descend, ses quatre jambes se posent sur le sol ensemble et en même temps. Il suit de là, ajoute le même auteur, une extrême difficulté qui n'existe pas au même degré pour les chevaux anglais, puisque le cavalier trouve dans leur manière de sauter une souplesse et une douceur de mouvement dont le saut du cheval irlandais n'a pas les avantages. »

A cela nous joindrons une remarque relative à la disposition toute spéciale de ces chevaux pour recevoir la selle,
par la hauteur qu'on trouve dans le devant, par la beauté
de conformation du garrot résultant d'une bonne inclinaison de l'épaule.

En ce qui concerne les chevaux du Norfolk, l'auteur cité
ci-dessus nous fournit d'excellentes indications sur la méthode compliquée que comporte leur reproduction, et on
peut y avoir entièrement foi, étant donné les conditions
spéciales où il se trouvait relativement à la connaissance
complète de leurs pedigrees.

« Les trotteurs de Norfolk sont, dit-il, le produit de
métissages très divers. Ceux qui les produisent s'y
prennent avec art et réussissent sans trop suivre la même
route. Ils sont le résultat d'intelligentes combinaisons
pratiques entre l'étalon de pur sang et diverses variétés
carrossières, de chasse ou de trait, améliorées par des
alliances antérieures. En étudiant leurs généalogies, qu'on
établit toujours avec soin, on y découvre des traces de
sang, mais rien de régulier, rien de fixe, ni quant à la
dose, ni quant à la génération à laquelle se rapporte son
introduction ; c'est la manière de faire des Anglais ; ils ne
s'astreignent point à des règles invariables, à des théories
rigides ou préconçues ; ils observent et conforment leurs
pratiques d'une part aux éléments qu'ils mettent en
œuvre, et d'autre part au résultat qu'ils entendent réaliser.
Ils savent toujours ce qu'ils veulent ; là est leur véritable
force. Ils opèrent leur mélange en toute connaissance de
cause, sachant mieux que vous ce que doit leur donner
l'union réfléchie de tel étalon avec telle poulinière. Voilà
comment ils obtiennent un produit égal, ayant même
conformation et mêmes aptitudes, en mariant un reproducteur de pur sang ou d'un degré de sang quelconque,
tantôt avec une carrossière, tantôt avec une jument de
chasse ou bien avec une jument de trait, *no blood*, ou déjà
améliorée par un premier croisement.

« ... C'est un excellent serviteur, un ouvrier capable, toujours prêt et dur à la fatigue, sans trop d'exigences, ni sous le rapport des soins, ni sous celui de la nourriture. Comme père, il donne plus de gros que de distinction : à ce point de vue, il se répète, il transmet sa bonne et solide structure, mais il n'est pas assez confirmé dans sa propre nature pour se soutenir à sa hauteur sans le secours d'une femelle d'élite. C'est un modèle excellent à reproduire en ce sens qu'il est bon à tout, qu'il attelle aussi bien la voiture du riche que la charrette du fermier... »

On sait que certains chevaux du Norfolk ont eu une influence réelle dans la formation des trotteurs normands, et pour en donner une idée il suffit de rappeler les noms de Y. Rattler et Norfolk-Phœnomenon. En général cependant, ce genre de postiers ou de petits carrossiers n'a pas d'aussi hautes qualités de nature, à en juger par les assez nombreux exemples qu'il nous a été donné d'examiner.

Aujourd'hui ces chevaux sont classés dans un stud book; voici quels sont les caractères distinctifs des individualités assez nombreuses que nous avons pu analyser :

Les Norfolk sont, en général, de petite taille, — ceux qu'on voit dans les écuries de l'administration des haras sont choisis parmi les plus grands, — tous présentent un certain manque de rigidité dans le dessus, ce qui favorise le relèvement de l'encolure et le port de la queue. Ils ont tous une grande ampleur dans le corsage et dans les quartiers de devant et de derrière. Ce dernier caractère est encore accentué, rendu plus apparent, en ce qui concerne la croupe, par le raccourcissement porté à ses dernières limites du tronçon de la queue et des crins.

En plus, il y a bien aussi un peu de relèvement dans l'épaule et dans la croupe, qui amène de l'allongement dans le dessus, ou plutôt, qui le fait paraître plus long; mais ce qui domine la caractéristique de ce type, c'est le relèvement excessif des allures, obtenu, au dire de certains, par le dressage. A l'encontre de cette dernière opinion,

nous pensons que la direction de l'os du bras, le redressement de l'encolure et la moindre horizontalité de l'épaule
jouent ici le plus grand rôle (voir p. 153).

MÉTIS ALLEMANDS

PROVENANT DU PUR SANG ANGLAIS

Nous avons un document très intéressant sur les conditions hippiques de l'Allemagne et du Danemark en 1841,
consistant dans un rapport de Riquet, vétérinaire principal
de l'armée française, qui y accompagna une commission
de remonte.

« Tous ces chevaux, en général, écrit-il, sont des carrossiers de haute taille, plutôt communs que distingués, à
forte charpente, à formes empâtées, à pieds volumineux et
plats; cette espèce de dégénération de l'espèce tient à la
nature des pâturages, au genre d'alimentation et à la préférence que les paysans accordent à ce genre d'élèves et à
la quantité de bestiaux qui vivent dans les vastes prairies
de cette contrée.

« La haute taille et l'embonpoint des chevaux de la
Marche d'Oldenbourg tiennent donc à la qualité substantielle des pâturages, qui, comme tous ceux des prairies
d'embouchure, contiennent beaucoup de principes nutritifs
sur un volume donné, et disposent singulièrement à l'empâtement des formes, plutôt qu'à l'énergie et à la distinction... La race oldenbourgeoise, qui est propre à la selle,
est plus légère, meilleure et moins haute de taille que la
race carrossière; ses formes sont moins communes, mais
elle est beaucoup plus rare.

« La race hanovrienne proprement dite, répandue dans
plusieurs parties du royaume, a, dit-il, totalement disparu
dans quelques contrées. (Il faut voir là, comme le montrent
les lignes suivantes, que le croisement avec le pur sang
anglais était déjà très usité). La taille est plutôt moyenne
que grande; elle est assez distinguée; sa tête est légère,

parfois un peu busquée, l'œil petit, haut placé, ce qui donne à la bête une expression particulière (*tête d'oiseau*).

« On est dans l'habitude, en Hanovre, de présenter les poulinières aux étalons neuf jours après la mise-bas. Il est rare qu'après la deuxième saillie elles ne soient pas fécondées. La statistique hippique du Hanovre porte le chiffre des saillies par les étalons du haras de Lapshorn, ceux du haras de Celle, des écuries du roi et de ceux des propriétaires qui possèdent des étalons approuvés, à 20 000 saillies environ. Les avortements sont rares, ainsi que la mortalité des poulinières et de leurs poulains.

« Quelques jours après la mise-bas des poulinières, ces bêtes reprennent graduellement le cours ordinaire de leurs travaux; elles sont accompagnées aux champs par leurs jeunes poulains. On ajoute, à la nourriture qu'ils prennent de la mère, du pain, beaucoup de lait de vache dans lequel on met de la farine; plus tard des herbes tendres leur sont présentées.

« Comparés aux chevaux normands, avec lesquels ils ont de la ressemblance, les chevaux de Mecklembourg sont plus agiles et plus vifs; leur cadre est parfois trop long, leur système musculaire et leur charpente osseuse plus en relief; les formes sont plus anguleuses qu'arrondies; la croupe est horizontale; la couleur dominante des robes est le bai et le bai brun plus ou moins foncés, souvent zains. »

Après une longue description où l'étude des formes est reprise en détail, le même auteur ajoute que « les allures sont bonnes, trottant en retroussant. Cette race descend, dit-on, du cheval arabe et de la jument normande (?). Par l'influence du sang anglais, les formes se sont modifiées pour se rapprocher du type de ce dernier.

« Aujourd'hui, presque tous les chevaux de luxe achetés dans le Mecklembourg sont exportés comme chevaux venant d'Angleterre...

« Tous les poulains mecklembourgeois et ceux qui sont

importés du Holstein et du Hanovre commencent à travailler dès l'âge de dix-huit mois à deux ans, afin de leur faire gagner par un léger service leur nourriture.

« Depuis leur naissance jusqu'à leur sevrage, les poulains suivent leurs mères au travail ; à un an, ils sont progressivement soumis au régime sec ; les fourrages des prairies naturelles et artificielles, l'avoine, le froment, quelques autres graines et beaucoup de paille hachée, sont les bases de l'alimentation à l'écurie. »

Il semble résulter, ou au moins il peut être admissible, d'après les données précédentes, que c'est au climat et à leur genre d'utilisation dans le jeune âge que le type germanique doit son rapprochement du genre carrossier. Pourtant, une autre raison au moins aussi probante peut également être invoquée : nous voulons parler de l'influence exercée sur la sélection par la vente plus facile et plus rémunératrice du carrossier. Ce qu'il y a de certain, c'est que, encore actuellement, les éleveurs de tous les pays cherchent à se rapprocher de la forme propre au cheval d'attelage au détriment du cheval de selle, et c'est surtout en arrêtant l'impulsion dans ce sens que les courses au trot ont contribué à améliorer le cheval de guerre.

Avant de terminer, faisons encore remarquer que si, comme en France, certaines provinces, le Sleswig-Holstein, le Hanovre, le Oldenbourg et le Mecklembourg spécialement, sont les principaux centres d'élevage, le cheval de demi-sang se trouve en même temps à peu près partout dans le Danemark et l'Allemagne du Nord. Depuis quelque temps, au haras de Trakenen (Prusse) la population, primitivement composée de chevaux arabes, a été croisée avec le pur sang anglais [1].

---

1. Nous renvoyons à la *Zootechnie générale* de Ch. Cornevin, (p. 1070 et suiv.) pour l'historique de l'implantation du pur sang anglais dans les autres pays, où il ne semble pas d'ailleurs avoir donné des résultats bien intéressants, excepté peut-être au haras de Mézochegyés (Hongrie) où, ou perpétue la famille des petits et des grands *Nonius*, étalon normand importé en 1815, lors de l'invasion.

NOTES COMPLÉMENTAIRES

En ce qui concerne l'étude de la conformation, dans la crainte de paraître incomplet, autant que pour attaquer les erreurs d'appréciation qui ont cours, il m'a paru un peu prématuré de me servir de la méthode d'exposition qui ne tardera pas à être définitivement adoptée : l'examen d'ensemble, donnant les axes dans leurs rapports réciproques.

Dans le tronc, on a alors à étudier :

a. Les modifications des longueurs des axes dans leurs variations *générales* (triples canons), en vue des adaptations aux modes de force on de vitesse et dans leurs variations *relatives*, subordonnées aux adaptations moins étendues, services et allures (*anamorphose*).

b. Les procédés suivant lesquels la longueur du corps est réalisée : avec le redressement de l'épaule et de la croupe ou leur horizontalité plus ou moins accentuée. Ici encore, on trouvera des adaptations *générales*, telles que celle qui donne l'assimilation avec le support vertical (style ogival), la résistance latérale (style en voûte surbaissée), etc., et des adaptations *relatives* ou limitées, par exemple la longueur de la hanche chez les chevaux de galop et son extrême inclinaison pour le cheval de trait. La musculature sera d'ailleurs en grande partie subordonnée à la direction des os (p. 61) (*alloïdisme*).

A cet égard, je propose la figure suivante, à la place de la figure 18, parce qu'elle paraît mieux mettre en évidence les variations qui peuvent survenir dans les dimensions de

la ligne de dessus, quand l'obliquité de la hanche et de
l'épaule varie.

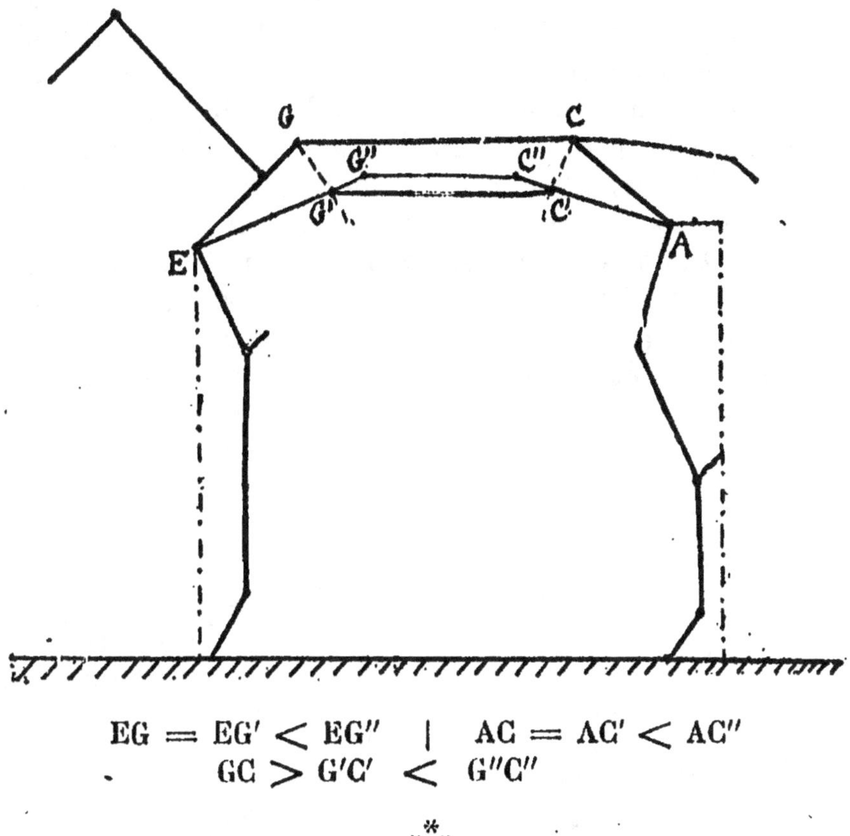

$$EG = EG' < EG'' \quad | \quad AC = AC' < AC''$$
$$GC > G'C' \quad < \quad G''C''$$

***

Pour les membres, on retrouve les mêmes chefs d'appréciation : les dimensions des axes et leurs directions.

a. Relativement aux dimensions, à part celles qui assurent la solidité constitutionnelle, c'est-à-dire en dehors de
l'état de l'innervation qui a été l'objet d'un chapitre spécial, et de l'ampleur des formes, dont la notion pourrait se
rapprocher de celle des tares, il y a encore à prendre en
considération les variations *générales* dans la longueur des
rayons (canons hippiques) et les dimensions *relatives* ou
adaptations plus limitées, correspondant aux allures et aux

services (*anamorphose*), le tout se saisissant encore mieux dans une comparaison d'ensemble.

b. Par la figure ci-contre, on pourra acquérir une idée du résultat des variations d'inclinaison des axes qui dominent celles qui surviennent dans la musculature (*alloïdisme*). On observera que, pour plus de simplicité, les changements d'obliquité des paturons sont négligés. Ainsi que cela a été indiqué (p. 131) pour les membres, les adaptations aux allures et aux services ont une valeur prépondérante, sans cependant que la relation harmonique établie dans ce sens soit complètement détruite, comme le prouvent les tendances que l'on retrouve vers cette orientation, lesquelles sont figurées par la plupart des vices d'aplombs, si elle sont exagérées.

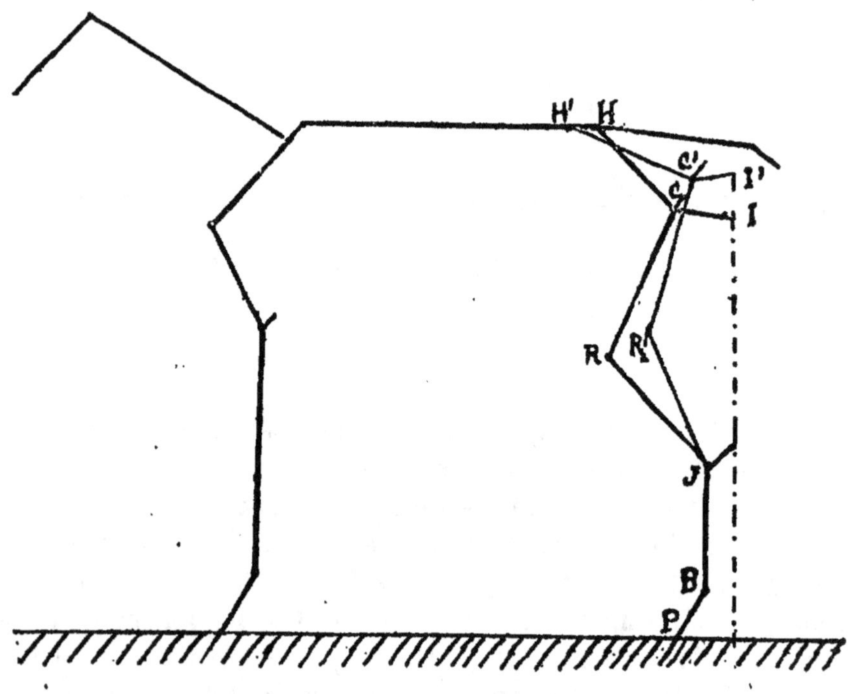

$$RC = RC' \quad | \quad JR = JR'$$
$$CH < CH' \quad | \quad CI < C'I'$$

CONCLUSION

APPRÉCIATION GÉNÉRALE

L'application raisonnée des pratiques d'alimentation, de gymnastique et de soins hygiéniques spéciaux, mentionnés dans les pages précédentes, a conduit à un résultat véritablement extraordinaire : la formation d'une race d'équidés.

Les zootechnistes partisans de la doctrine du créationisme polygéniste (*école jordanienne*) n'ont pas encore souscrit à ce genre d'interprétation, loin de là, nous le savons du reste. Mais si, sans envisager la question au point de vue zoologique, dans lequel on courrait grand risque de n'aboutir à rien, on s'en tient à l'examen des faits pratiques, beaucoup plus intéressant, la déduction n'est pas douteuse : les caractères acquis se transmettent avec une persistance au moins égale à celle qui caractérise l'hérédité des formes données et reconnues de tous comme d'une ancienneté indiscutable.

Bien qu'on ne soit pas absolument d'accord sur le résultat obtenu au point de vue scientifique général, il est donc au moins admis qu'il y a là quelque chose de véritablement remarquable, comme mutation organique. En ce qui concerne le bénéfice économique offert par la transformation réalisée, les contradictions sont beaucoup plus profondes et plus inconciliables ; quelques zootechnistes verraient sans aucun regret la race de course disparaître pour toujours, s'ils n'en manifestaient pas une grande joie !

On conçoit, dès lors, l'intérêt que doit présenter l'analyse de l'argumentation contradictoire qui a été émise à ce sujet.

***

En premier lieu, le cheval de pur sang anglais a été d'une utilité incontestable dans la formation du demi-sang, tout le monde l'admet, à notre connaissance, à l'heure actuelle.

Il n'en a cependant pas toujours été ainsi, car on s'est plu à supputer les déchets obtenus à l'origine, et inséparables d'une telle opération. Aujourd'hui, nous le répétons, chacun s'incline devant le succès chaque jour croissant. Car si quelques non-valeurs sont encore créées, si même, en poussant les choses à l'extrême, beaucoup de non-valeurs sont encore obtenues, il est visible qu'il en est ainsi pour la reproduction de tous les types, sans qu'il y ait d'exception pour les races les plus anciennes. Ce qu'il faut voir, c'est que la moyenne de la population nouvelle est infiniment supérieure à la souche originelle : c'est là la seule véritable caractéristique du progrès réalisé.

En dehors de cette observation, aucune comparaison n'est possible entre cette production et celle des autres races, et moins encore avec les bovidés, car, de par la nature des conditions mésologiques, la substitution est le plus souvent impossible. La même impossibilité se présente vis-à-vis des conditions du marché ; nous avons avantage à ne pas être tributaires de l'étranger, tout calcul bien établi le prouve indubitablement.

Avant de critiquer les sacrifices faits par l'État pour la remonte de son armée, il faudrait compter avec impartialité ce que coûteraient les chevaux pris hors de chez nous si, comme cela est visible, la production nationale ne pouvait se poursuivre par ses seules forces. Le critérium, en tout cela, c'est que tous les gouvernements, celui de l'Angleterre [1] excepté, font autant de dépenses que nous, et, devant un tel accord dans le but poursuivi, il est sage de ne pas manifester des tendances modificatrices sans s'appuyer sur des données positives, ce à quoi on n'a jamais pris garde.

Il reste à examiner la question de la dégénération du pur sang dont certains auteurs ont tant parlé, et le plus souvent avec si peu d'à-propos.

Si on tient compte des études antérieures, on pressent qu'il pourrait naître de ce côté, non pas de la décadence organique absolue, ni un manque de fonds (?), comme on l'a écrit, mais au moins une adaptation exagérée. En effet, à mesure que les poids supportés ont diminué, on est arrivé à créer un type organique d'une nature particulière, tenant presque la limite extrême en ce genre, donnant le maximum de vitesse avec le minimum de force.

D'après ce qui a été dit, on connaît parfaitement les dispositions morphologiques ainsi obtenues : l'allongement général et la diminution des axes latéraux — surtout la largeur, — tout cela joint à l'aplatissement des côtes à un poids minimum, avec une taille suffisante, et enfin, comme conditions dominantes, en parties subordonnées, l'activité de la circulation sanguine et une nervosité excessive.

Ces modifications ont été suivies pas à pas. On doit encore avoir présent à la mémoire ce qui a été dit du raccourcissement du rein, de la hauteur et de la profondeur du thorax, d'où dérive la force du dessus. On se rappelle également le mode d'expansion de la ventilation pulmonaire, et l'allongement des membres se faisant d'une façon particulière : surtout vers les extrémités, où la ré-

---

1. Dans cette puissance, la richesse de la grande propriété crée des conditions toutes particulières.

sistance est plus facile à obtenir par une augmentation peu marquée des tissus passifs qui les forment.

Dans ces transformations, on se le rappelle, certains points sont réellement devenus faibles : par exemple, le dessus manque nécessairement de largeur et le rein d'épaisseur. Ces conditions qui suffisent pour un cheval de selle, surtout lorsqu'il porte un jockey de 54 à 56 kilogrammes, sont des défectuosités graves quand l'animal ainsi fait est destiné à l'amélioration des races pour les services économiques ordinaires.

Il y aurait également à faire observer que chez le pur sang anglais et aussi chez ses dérivés, l'adaptation en vue de la vitesse a détruit la régularité de l'équilibre ; les machines ainsi formées sont faites pour marcher en avant, souvent au détriment de la solidité, et les mouvements latéraux y sont difficiles à moins de tout modifier par une longue préparation.

Sans vouloir nier les inconvénients d'une adaptation trop spéciale à l'allure du galop et à l'extrême vitesse, sans chercher à dissimuler les mauvais effets d'une nervosité excessive, qu'on doit généralement s'étudier à modérer ensuite à tous les points de vue, sans chercher aussi les effets désastreux qui résultent de l'impressionnabilité par trop grande vis-à-vis des agents extérieurs, surtout par rapport au froid, créant des besoins par trop considérables, il est certain que toutes ces dispositions et prédispositions maladives exagérées peuvent encore assez facilement s'atténuer par des croisements bien entendus.

C'est un fait qui nous a paru, avouons-le, très embarrassant, quand nous avons entrepris l'étude des formes adaptées aux services économiques, que cette facilité de transformation obtenue par les croisements et l'entraînement dirigé vers un but nouveau : il semble que ces conditions d'existence nouvelles poussent en grande partie le produit dans le sens de la gymnastique qui lui est imposée, établissant ainsi une forme spéciale de l'hérédité où le tempérament est transmis, avec la conservation presque absolue des aptitudes.

Après tout, nous y revenons encore une fois, ce qu'il y a de plus général dans la distinction des individualités adaptées au galop et au trot, c'est surtout la *direction des lignes* ou axes des rayons osseux, aussi comprend-on encore assez facilement que cet état de choses soit modifié par deux ou trois générations d'entraînement.

D'ailleurs, quand on a médité suffisamment sur l'importance énorme des changements obtenus dans le pur sang anglais pendant une aussi courte période que celle de sa formation, on a l'esprit bien moins disposé à l'étonnement!

Maintenant que les effets de l'adaptation trop spéciale dont est menacé le pur sang anglais ont été mis en évidence, il reste à rechercher les moyens propres à assurer une juste pondération dans l'emploi des aptitudes créées dans ce genre de moteurs, par la gymnatique intensive et la sélection.

Nous avons déjà cité au nombre des principaux éléments étiologiques la diminution de l'importance des épreuves.

A cela, il suffit d'opposer une modification pure et simple des règlements des courses, ce qui s'obtiendrait facilement avec un peu de bonne volonté.

Un autre point duquel nous n'avons pas encore parlé, et où il y aura plus de difficulté à s'entendre, est relatif à l'âge auquel les chevaux paraissent sur les hippodromes.

Les partisans des courses hâtives ont de bonnes raisons à faire valoir. Ils prétendent que le mode d'élevage propre au *race horse* est extrêmement onéreux, et que peu de propriétaires voudraient s'y livrer s'ils n'espéraient entrer relativement vite au moins dans l'intérêt des capitaux engagés. D'autre part, on prétend qu'en demandant un travail intensif aux poulains, on favorise leur développement et que cela force à les mieux nourrir.

La plupart de ces raisons seraient excellentes si on ne poussait à l'extrême les moyens employés. Par amour-propre, encore plus que par besoin de rémunération, on abuse presque toujours des élèves, et avant même d'être développés, ils sont dans la majorité des cas tarés et usés.

La question des tares et de la destruction organique générale provoquée par l'exagération de l'application des moyens de perfectionnement mérite aussi d'être sérieusement examinée. Ne pourrait-on pas interdire l'entrée des champs de course aux chevaux tarés, que l'on ne peut plus compter comme des reproducteurs pour l'avenir? A notre avis, il y a là un intérêt capital en jeu. Ce n'est même pas chez le cheval de course qu'on mesure bien l'impor-tance que peuvent avoir les lésions organiques; sans doute à cause de sa nature nerveuse, il marche encore quoique taré. Au contraire, pour le demi-sang les altéra-tions de ce genre ont des effets désastreux, dont on ne saurait trop étudier l'importance, surtout en vue d'apprendre à tenir compte des moyens employés pour les prévenir.

Du reste, s'il y a des desiderata à établir dans l'applica-tion des procédés de préparation du pur sang anglais en vue des courses, on exagérerait beaucoup l'importance de ces faits si on se bornait à examiner les coursiers sur le turf. Alors, en effet, le développement est généralement incom-plet, par suite de l'âge auquel les luttes ont lieu, et en outre l'état spécial qui résulte de l'élimination des ré-serves adipeuses et de tous les tissus blancs fait voir les choses du plus mauvais côté.

Notre attention s'est bien souvent arrêtée sur la valeur de cette considération. Lorsque, au début de notre carrière, nous avons pu voir, rapprochés les uns des autres, les vieux et les jeunes étalons de la race de course, nous étions effrayé de la rapidité supposée de la décadence. Depuis cette opi-nion a dû être modifiée fortement, quand nous avons vu

ces reproducteurs prendre des os et de la carrure à mesure que leur développement se parachevait.

***

Avant de clore l'examen de l'élevage du demi-sang,
nous devons aussi envisager quelque peu son avenir, et
surtout l'influence des courses au trot sur ce genre de
production.

Nous ne parlerons pas des débuts difficiles de cette
institution, de son rejet par l'Administration lorsque
M. Houel en émit l'idée (1834); elle eut probablement à
compter avec les craintes plus ou moins fondées des partisans des courses au galop. Quoi qu'il en soit, l'instigateur
et défenseur de cette proposition eut assez vite gain de
cause en s'adressant aux conseils départementaux. Des
épreuves de ce genre furent ainsi établies à Cherbourg
(1836), à Caen (1835), à Saint-Lô (1838), puis le nombre s'en
accrut chaque année.

Devant les appels réitérés de quelques écrivains de talent,
surtout en face du succès obtenu, le Gouvernement d'alors,
comprenant enfin l'utilité de ce nouveau procédé d'essai
des chevaux, l'aida de ses subsides (1846). Il n'y avait là
qu'une forme particulière des vues indiquées par l'Ency-
clopédie de 1755, qui proposait de soumettre les étalons à
des épreuves spéciales suivant le service auquel ils sont
propres. Les détracteurs du procédé revenus à la charge
obtinrent cependant encore un moment gain de cause,
les encouragements accordés par l'État furent supprimés
pendant quelques années (1850).

Le rétablissement des subventions allouées au trotting
effectué par l'empereur (1860) et la création de la Société
d'encouragement pour l'amélioration du cheval de demi-
sang (1864) marquent le triomphe définitif des courses au
trot, dont la vogue n'a fait qu'augmenter constamment
depuis lors.

Aujourd'hui, l'effet bienfaisant offert par les courses à l'allure du trot n'est plus contestable, car, ainsi qu'on l'a remarqué, outre qu'elles font naître le goût du cheval et l'habileté à le dresser, elles font mieux nourrir, et exercer convenablement les demi-sang destinés à devenir des étalons, ainsi que quelques bonnes poulinières. En plus, et à cet égard elles ne sont pas moins intéressantes, il y a par ce fait une adaptation spéciale à l'allure du trot qui est, comme chacun le sait, plus en rapport avec les nouveaux besoins économiques créés par l'extension des voies de communication.

C'est bien précisément la cause qui a inspiré des craintes aux amateurs du pur sang anglais, au moins autant que la vulgarisation et la dépréciation consécutives qu'ils ont vues dans la multiplication des hippodromes. Et, en effet, on a pu se demander très sérieusement si le pur sang anglais est, ou au moins sera longtemps, non pas nécessaire, mais seulement utile à la production du demi-sang. C'est là une question des plus intéressantes et qui mérite aussi d'être discutée.

Pour défendre le pouvoir améliorateur de la sélection, on a cité l'exemple des trotteurs américains : des six trotteurs les plus rapides de l'Amérique, Maud S (1′ 20″), Saint-Julien, Rarus, Goldsmith Maid, Trinket, Elingstone, trois — Maud S, Trinket et Elingstone, un cheval hongre et deux juments — sont seuls reconnus comme ayant du croisement avec le pur sang dans leurs ascendants, outre leur ascendance originelle, tandis que les trois autres — deux hongres et une jument — n'en présentent nullement qu'on sache. A cela on a opposé le manque de distinction et la laideur même de ces chevaux, et on a fait observer que la longueur du parcours était remarquablement restreinte, que la course se fait dans des conditions différentes, à la voiture.

Il y a quelque chose de vrai de part et d'autre. Aujourd'hui où on demande une certaine vitesse à tous les étalons achetés par l'administration des haras, et où tous à peu près ont des trotteurs dans leur pedigree, en remarque que la beauté extérieure a diminué, au moins dans le sens où on la concevait il y a quelques années : les lignes sont moins horizontales et l'ensemble couvre moins de terrain.

La perte de l'aptitude à galoper est donc, quant à l'élevage du cheval de selle, un écueil à éviter lorsqu'on prend le trotteur comme améliorateur du demi-sang. Ajoutons même que la beauté de l'allure et sa régularité ne doivent également jamais être l'objet d'une appréciation superficielle. Mais, à côté de cela, avouons que, même dans les services dont il est question, le cheval d'autrefois était souvent par trop « le cheval tableau », qu'il ne fallait voir qu'arrêté.

Les remontes militaires n'auront pas à se plaindre de la transformation apportée dans le demi-sang par les courses au trot. Car, indépendamment de la vitesse au trot, il y a pour cette forme d'utilisation l'adaptation au service de la selle qui est plus parfaite, et la mise en service moins difficile, et moins onéreuse, par la diminution des causes d'usure prématurée.

D'ailleurs, par un dressage bien entendu, et appliqué pendant la période de développement, on pourra rendre en partie l'aptitude au galop, une adaptation moins exclusive, plus utile pour le cheval de guerre (p. 308).

Cependant, comme en tout, il ne faut aller ni trop vite ni trop loin, suivant le dicton vulgaire : *le mieux pourrait être l'ennemi du bien.* On ne peut oublier que la vitesse n'est pas tout, qu'il faut en même temps les qualités de conformation qui assurent la résistance, la régularité des allures et l'absence de lymphatisme, défaut qu'on a vu être transmis par des trotteurs de première valeur.

Ne perdons pas de vue non plus que l'on a, dans la gymnastique que constituent les courses au trot et dans la nourriture comportant une forte ration d'avoine qui en est la conséquence, tous les éléments d'amélioration qui ont agi dans la constitution du cheval de course.

Nous ne répéterons pas les observations indiquées à propos des courses au galop et absolument applicables ici.

En ce qui concerne les distances, on tend déjà à sortir des bonnes limites, ainsi que le prouvent les chiffres adoptés pour les principales courses : le derby des trotteurs (Rouen) 3 200 mètres, le Saint-Léger du demi-sang (Caen) 4 000 mètres, le grand championnat de France (Lyon) 2 500 mètres.

Doit-il être ajouté que dans l'état actuel, pour les chevaux trotteurs présentant un tempérament commun, les croisements avec le cheval anglais semblent encore indiqués, et que ce que nous avons fait observer à propos de l'adaptation des produits de ce genre, en nous fondant sur des remarques faites dans les cas fournis par la pratique, justifie entièrement les croisements de cet ordre ?

APPENDICE

CONDITIONS SECONDAIRES DE L'HYGIÈNE

I. — SOINS HYGIÉNIQUES

I. — Précautions à prendre lors de la rentrée du travail.

Les entraîneurs ont soin de ne rentrer leurs chevaux que lorsqu'ils sont secs et que la respiration est calmée : qu'ils sont *refroidis*, comme on dit en langage ordinaire. A cet effet, après avoir au besoin débarrassé la peau de la sueur, à l'aide du *couteau de chaleur* et des bouchonnages effectués le plus souvent avec des serviettes, il est établi, dans une courte promenade, un exercice proportionné à l'état dans lequel sont les animaux. C'est là une excellente mesure hygiénique qu'on a tout avantage à imiter dans tous les genres d'emploi.

Trop souvent il n'en est pas ainsi chez les chevaux de service, pour lesquels il serait cependant facile de diminuer progressivement le travail, au moment où la tâche qui leur est imposée tend à prendre fin. A la rentrée à l'écurie, on fait encore généralement ce qu'on peut pour sécher la peau, et empêcher un transport interne du sang, qui aurait d'autant plus de tendance à se produire que les locaux habités par les chevaux sont souvent froids, et que les organes respiratoires sont surexcités. Malheureusement, outre que les membres ne bénéficient pas de ces pratiques, il arrive le plus souvent que la transpiration reparaît, à moins de prolonger les bouchonnages.

Les conséquences de cette manière de faire sont désastreuses, car les poils restent imbibés de sueur seuls ou avec les couvertures, si elles n'ont pas été éloignées par une couche de paille que l'on fait ensuite tomber. Dans tous les cas, la température de l'écurie intervient alors d'une façon des plus défavorables, aussi bien si elle est basse, en occasionnant des refroidissements, que lorsqu'elle est chaude par la prolongation de l'état de transpiration, qui devient une cause d'affaiblissement considérable.

Lorsque les membres et le ventre ont été souillés par la boue et les détritus qui sont venus adhérer à la robe mouillée, il est toujours avantageux de les laver avec une éponge humide. On débarrasse ainsi la peau d'une cause d'irritation assez grave, et si on a la précaution de faire sécher ensuite, à l'aide des moyens ordinaires, il est notoire que ce refroidissement, quoique plus intime, mais qu'atténue la réaction qui se produit toujours consécutivement, est d'une action bien moins nuisible que l'abaissement de température lent et durable qui se produit par l'action de la boue.

II. — Soins hygiéniques appliqués aux membres.

Parmi les soins appliqués aux membres, les *lotions à l'eau chaude* doivent être placées, en première ligne, dans le nombre des moyens dont l'efficacité a été reconnue de tous. E. Gayot les préconise dans des termes qui ne laissent pas d'équivoque sur l'importance qu'il accorde à cette pratique : « L'eau chaude ainsi appliquée, dit-il, assouplit tous les tissus, facilite la circulation, et concourt au rétablissement de l'équilibre général un peu violenté. Les bandes de flanelle dont on entoure les canons sèchent entièrement la peau, et soutiennent et affermissent les tendons. On ne les laisse que deux heures ; en les enlevant on frictionne vigoureusement les membres. » Ce qui veut dire, en résumé, que l'effet des lotions tièdes est un peu comparable à celui qu'a un cataplasme sur les parties tuméfiées à la suite d'une contusion ou d'un effort, les deux ordres de violences organiques existant ici, moins fortes et plus répétées.

L'usage des *flanelles* pour l'extrémité inférieure des membres est d'une application courante dans l'entraînement, où elles sont mises avec une précision et une régularité tout à fait remarquables, mais les avis ne sont pas unanimes sur les résultats qu'il faut en attendre. L'action compressive qu'elles exercent, qui doit être régulière et jamais exagérée, pourrait surtout être utile dans les cas où on ne ménage pas assez les transitions dans la diminution du travail, en entravant la descente du sang vers les extrémités des membres. Leur action la plus apparente est de maintenir la chaleur aux extrémités et par ce moyen d'y faciliter la circulation.

Les frictions ou *massages* portant sur les tendons et les boulets, sont aussi regardés comme donnant de très bons résultats. Leur intervention s'explique par l'activité communiquée au cours du sang dans ces régions et comme conséquence par l'élimination des produits de déchets qui y sont accumulés, ce qui explique la disparition de la sensation de fatigue. Il va de soi que c'est toujours une excellente chose que d'augmenter l'étendue de la circulation dans un point où le fonctionnement organique a l'importance qu'il présente vers l'extrémité des membres. Ces actions doivent être plutôt répétées que d'une longue durée.

On accentue souvent l'action des frictions en y joignant l'effet spécial de l'alcool, du camphre et même de l'essence de térébenthine, combinés dans des mélanges appropriés. Le *liniment embrocation*, si employé, doit être un mélange d'alcool camphré et d'essence de térébenthine. Les *douches* agissent aussi un peu dans le même sens que les massages et en plus il s'établit une réaction contre l'impression de froid produite par la température de l'eau.

En tout cela, il y a, comme partout, une manière de faire qui n'est rationnelle que si elle est directement en rapport avec les cas particuliers qui se présentent, Avant de s'arrêter à tel ou tel moyen, il faut se rendre compte de l'état organique existant, et du degré de sensibilité des tissus. La pierre de touche fondamentale ne change pas ; il est toujours indiqué d'aller des degrés les plus faibles aux plus élevés, par gradations. Et, dans l'application des degrés, il faut tenir compte non seulement de l'activité, mais aussi de la durée de l'emploi, de la fréquence du renouvellement : voir l'état de la peau, pour déterminer la possibilité de continuer l'usage du moyen mis en pratique. C'est ainsi qu'on s'assure que les frictions excitantes doivent être suspendues par suite de l'apparition d'un suintement, signe de la disparition de l'épiderme, et qu'on s'aperçoit que les douches appliquées pendant un court espace de temps produisent un massage et une réaction, tandis qu'avec plus de durée, le second élément est remplacé par une véritable action astringente ou au moins hyposthénisante.

A côté de ces moyens hygiéniques, avec de simples différences d'intensité, sans délimitation essentielle, on trouve employés divers agents médicamenteux proprement dits, qu'on est forcé de faire intervenir dès qu'un désordre organique est nettement dessiné. Dans les cas peu graves, ce peut être simplement les frictions de teinture d'iode ou de pommade d'iodure de potassium iodurée. Puis on a besoin de moyens plus violents : l'onguent de biiodure, le mélange d'onguent vésicatoire et d'onguent mercuriel simple, les divers feux volants ou même la cautérisation véritable au fer rouge, suivant les divers procédés que comporte son application.

En règle générale, avec une lésion un peu sérieuse des membres, surtout si elle a son siège dans la région tendineuse ou au boulet, l'entraînement ne peut être continué ; la plupart du temps même, le cheval d'hippodrome qui est dans cet état passe dans les écuries de steeple, aussi est-ce surtout dans ce dernier genre de préparation qu'on voit les membres être l'objet de soins tout particuliers et incessamment continués.

III. — Soins hygiéniques généraux.

Pansage.

Autant que possible, il est préférable de faire le pansage, dehors, mais il est évident que cela dépend de la température extérieure. Toutes les fois que le temps est beau, s'il ne fait pas froid, il vaut mieux sortir les chevaux pour les panser. On est ainsi plus à l'aise pour tourner autour d'eux, le cheval respire un air plus pur, et les poussières qui s'enlèvent ne souillent pas les écuries.

Le plus souvent on ne peut faire usage de l'étrille pour les chevaux fins ; il arrive même que le bouchon de paille ordinaire ne peut être employé. En ce qui concerne l'emploi de la brosse en chiendent, il faut savoir mesurer jusqu'à quel point on peut s'en servir, car souvent elle est mal supportée et amène une irritabilité excessive, surtout chez les juments, qu'on rendrait assez facilement chatouilleuses et même pisseuses, si on allait trop loin. Dans la mesure à conserver, il y a donc une limite, en deçà de laquelle il faut se tenir, si l'on veut éviter des résultats désastreux pour l'avenir des poulains, non seulement par rapport au travail proprement dit, mais encore en ayant égard à l'allaitement, quand les pouliches deviendront mères à leur tour.

La brosse ne doit s'employer que pour décoller les poils, dans les régions peu sensibles, et être maniée avec précaution. On ne porte jamais son action sur les parties où la peau recouvre directement les os, comme à la tête, sur le dos, les hanches et les articulations de l'extrémité inférieure des membres. Jamais non plus, elle ne peut être approchée des endroits où la peau est fine et d'une sensibilité excessive, surtout vers le flanc et le ventre, car on provoquerait immédiatement des défenses, et une irritation inutile, et, je le répète, très nuisible dans bien des cas.

Consécutivement à l'usage de la brosse en chiendent, on se sert de l'époussette; on la promène sur toute la surface du corps, avec les précautions nécessaires, bien entendu, en faisant tomber les corps étrangers qui ont été détachés.

La brosse en crin, que l'on emploie ensuite, est généralement sans inconvénient; on s'en sert de la main droite à droite et réciproquement, en frottant d'abord à contre-poils, puis dans leur sens, en nettoyant chaque fois la brosse sur l'étrille tenue de la main libre.

L'usage de la brosse ayant été suffisamment continué, on arrive au moment de peigner la crinière, après l'avoir brossée à fond, en écartant les crins.

Il ne reste plus alors qu'à se servir du cure-pied et de l'éponge.

Les yeux, les naseaux, l'anus et les organes génitaux doivent être lavés soigneusement ainsi que l'extrémité des membres et les sabots, et on en profite pour examiner l'état de la ferrure.

Certains chevaux nerveux supportent difficilement le pansage, aussi dans la pratique est-on obligé de les nettoyer par des frictions au foin humide, bien égoutté, à l'aide duquel on pratique les massages ordinaires.

Dans les écuries d'entraînement, on ne se sert pas encore des machines à panser les chevaux; elles n'offrent d'avantages que pour l'exploitation des chevaux plus communs, surtout là où il y a une grande quantité de têtes, comme dans certaines grandes administrations, et encore faudra-t-il attendre qu'elles soient mieux appropriées, car celles acquises par la Compagnie des omnibus de Paris ont laissé beaucoup à désirer.

Le pansage a pour premier effet de débarrasser la peau des débris desséchés de la couche superficielle de l'épiderme et des résidus laissés par l'évaporation de la sueur, joints aux corps étrangers, qui se sont fixés aux poils et les agglutinent. Il facilite ainsi la fonction spéciale des téguments, particulièrement leur rôle de dépuration et leur sensibilité. En dehors de cela, cette pratique, par son action mécanique, agit comme toutes les frictions. Elle attire le sang dans les parties sous-cutanées, et contribue à développer la circulation périphérique qui domine aussi les fonctions tégumentaires. Enfin, ce massage méthodique, en activant la marche du sang veineux et l'élargissement des capillaires, concourt au développement des organes superficiels, qui sont surtout des muscles, et facilite l'élimination des produits de déchet.

En activant les fonctions cutanées, et surtout la sensibilité, le pansage augmente l'appétit et accroît les déperditions nutritives, c'est pourquoi de longues discussions se sont établies au sujet de la limite à laquelle il convient de le prolonger et de le répéter. Dans l'armée les chevaux sont peu nourris, et on comprend qu'un telle question ait pu être soulevée par la commission d'hygiène hippique, pour ce cas spécial. Une activité plus grande du mouvement vital en général est incontestablement la conséquence de la sensibilité périphérique à l'action du froid, bien que, il ne faut pas l'oublier, les questions concomitantes de volume et de surface extérieure du corps sont surtout dominantes à cet égard, et absolument indépendantes de l'état de la surface de la peau.

Relativement aux chevaux de course, cette suractivité du processus vital ne saurait être effrayante ; au contraire, on cherche à en provoquer la naissance par tous les moyens possibles, aussi abuse-t-on des massages. Il est même admis par les entraîneurs, qui sont à cet égard les meilleurs juges, qu'un pansage prolongé peut en partie remplacer l'exercice lorsque le temps empêche de sortir les chevaux.

Certaines données d'hygiène générale, telles que la tenue des écuries et la propreté des mangeoires, bien que se rattachant un peu à la pratique du pansage, ne seraient pas à leur place ici. Il en est de même de la description de l'emploi des ciseaux, du peigne et de la griffe pour diminuer l'épaisseur de la crinière et de la queue, ou pour raser les longs poils que l'on trouve au niveau des tendons, dans l'auge et les oreilles des chevaux communs ; ces particularités ne se montrent guère dans la race de pur sang, au moins à un degré suffisant pour qu'il soit utile d'intervenir.

Hydrothérapie.

Les effets des bains locaux et généraux sont sur beaucoup de points analogues à ceux du pansage. Le premier résultat est que la peau se trouve nettoyée. Il se produit aussi, si l'action n'en est pas prolongée plus de 10 à 15 minutes, une réaction qui amène la dilatation des vaisseaux sanguins périphériques, et comme conséquence l'augmentation des fonctions tégumentaires.

Dans certains cas l'action des *bains* est préférable à celle du pansage ou plutôt s'obtient sans les inconvénients qu'ont les massages cutanés dans ces circonstances particulières : c'est quand les animaux ont été longtemps soumis à une chaleur intense. Alors, en effet, la sueur et les corps étrangers ont réuni les poils d'une manière assez intime, et pour les séparer des actions mécaniques sont nécessaires ; il en résulte une irritation de la peau qui fait souffrir les animaux, et que l'eau ne présente pas. En imbibant la couche épidermique desséchée, les liquides calment même l'excitation dont les papilles nerveuses sont le siège.

Pour faire prendre des bains, plusieurs précautions sont indispensables.

D'abord, il est évident que ce sera surtout en été, par les temps chauds et secs, qu'ils offriront le plus d'avantages. Si l'atmosphère est humide, le ciel couvert et la température extérieure froide, non seulement ils ne sont plus aussi utiles, mais ils peuvent être nuisibles, surtout quand leur application n'est pas l'objet d'une grande surveillance.

D'un autre côté, afin que la réaction qui est la conséquence des bains et des lotions ne causent pàs de troubles graves, il faut que ces opérations ne soient pas pratiquées avant que la digestion soit déjà assez avancée. De même, la réaction se produira mieux à un moment pas trop froid de la journée, et quand l'exercice succède immédiatement à l'immersion. Si un peu d'indisposition se manifeste au sortir de l'eau, que des tremblements montrent une certaine difficulté dans l'apparition de la réaction, on agit par un raclement avec le couteau de chaleur, et des bouchonnements, afin de faciliter le retour du sang vers les organes externes.

On conçoit toute l'importance que peut avoir l'état du sol dans les endroits où les bains sont pris, puisque des irrégularités peuvent causer des chutes et des blessures souvent graves. L'existence de grosses pierres, de fragments de bois et de corps tranchants, comme les débris de poteries, et les tessons de bouteilles, sont encore plus à craindre. Les accidents qui peuvent provenir de lieux dangereux par leur profondeur ou les courants d'eau, font comprendre les avantages qu'il y a à limiter l'étendue où les chevaux doivent se maintenir. S'il n'en est pas ainsi, qu'un cheval menace de se noyer, le meilleur moyen est souvent de l'abandonner à son instinct, sans trop le gêner dans ses mouvements en essayant de lui venir en aide.

Lorsqu'on veut utiliser la réaction produite par les

lotions d'eau froide, il est utile d'employer une quantité suffisante d'eau pour provoquer un refroidissement marqué de la peau. On verse sur le corps et sur les membres quatre à cinq seaux d'eau froide, qui le mouillent instantanément. Aussitôt deux aides placés de chaque côté du cheval raclent le mieux possible, à l'aide du couteau de chaleur. Après, on achève de sécher par des bouchonnages, et il ne reste plus qu'à mettre plusieurs couvertures pour aider l'apparition de la réaction, en plaçant une couche de paille sous la première.

A cause de l'action isolante des poils, on préfère les *douches* à la pratique précédente. Le jet doit autant que possible être dirigé à rebrousse-poil. L'immersion est commencée par les membres, en allant de bas en haut, puis on mouille la tête et enfin le corps en dernier lieu. Il est indiqué d'insister sur les régions peu pourvues de poils, au périnée, sur le fourreau, les testicules, la face inférieure du corps et la face interne des membres. L'opération doit durer cinq à six minutes au plus et employer deux à trois cents litres d'eau.

Le desséchement de la peau s'obtient par les procédés ordinaires. Ensuite on applique sur le corps trois couvertures de laine chauffées à 30 ou 40 degrés, assez grandes pour porter sur l'encolure et le tronc, et y être étroitement appliquées, la tête étant recouverte d'un camail. Au besoin on ajoute encore d'autres couvertures également chauffées de façon à faire autour du corps comme une espèce d'étuve l'enveloppant tout entier.

Tondage.

Depuis quelques années on a pris l'habitude de tondre certains chevaux de pur sang, et pour les trotteurs c'est là une opération hygiénique absolument recommandable. Pour quiconque est au courant des longues discussions dont la pratique du tondage a été l'objet, les bénéfices offerts par cette opération hygiénique peuvent paraître très problématiques.

En réalité, dans ce cas encore, rien n'est absolu, il y a du pour et du contre, tout dépend des conditions où on est placé ; d'ailleurs, tout le monde paraît d'accord sur certains points.

Il est généralement admis que la tonte, en facilitant les fonctions cutanées et *en arrêtant la sudation* (v. *Suées*), agit d'une façon bienfaisante sur le mouvement vital. Pour ceux qui sont habitués à se servir des chevaux, l'énergie et la gaieté qui succèdent à la suppression d'une robe épaisse sont hors de toute contestation. Il reste, il est vrai, que la peau des chevaux tondus est plus sensible à l'action des intempéries, et que ces animaux ont besoin d'une nourriture intensive pour combattre l'abaissement de leur température interne, mais ce ne sont pas là de véritables inconvénients dans le cas spécial des chevaux de course.

Donc, si on s'explique la crainte des effets du tondage dans l'armée, et même dans les services ordinaires, quand les chevaux sont peu exercés, mal nourris et ne reçoivent pas des soins suffisants, il ne peut en être ainsi quand on possède tous les moyens possibles de protection contre les agents extérieurs, et une nourriture aussi abondante qu'on peut le désirer.

Suées.

Parmi les pratiques hygiéniques accessoires, celle des suées a une action des plus remarquables. Elle permet de modifier très rapidement l'état d'embonpoint, et par suite en partie l'état d'entraînement, puisque la circulation acquiert, de ce fait, une bien plus grande facilité. Mais, il ne faut pas s'y tromper, c'est là un moyen à intervention violente, dont l'emploi n'est pas sans inconvénient lorsqu'on ne sait pas en user sagement, c'est-à-dire l'appliquer avec la modération nécessaire, de façon à ne pas amener un amaigrissement trop rapide.

Puisque dans certains cas on a à tirer parti de l'élimination de la graisse par une sudation abondante, il est indispensable qu'il soit donné quelques renseignements sur les moyens de l'obtenir. A cet effet, on recouvre le cheval d'une couverture, d'un camail et de pièces de poitrail et de croupe, et on y ajoute la selle et son tapis comme à l'ordinaire, puis on fait galoper sur une distance variable suivant l'âge des poulains et leur état d'entraînement. — 3 000, 4 000, 4 800 ou 6 000 mètres — après avoir commencé par faire marcher au pas pour permettre à la circulation de s'établir progressivement, et aux organes digestifs de se vider. On a la précaution d'avoir, sur la place où on opère, un boxe spécial près duquel finit l'exercice et destiné à recevoir le cheval pendant la fin de l'opération, qui consiste dans l'enlèvement de la sueur pour empêcher sa résorption.

Lorsque le moment en est venu, quand la sueur coule abondamment, sur un ordre du chef d'écurie, le camail est enlevé et aussi la bride, si le sujet dont on se sert est sage, puis la tête est séchée, ainsi que l'encolure et le poitrail. Le cheval étant au besoin rebridé et maintenu, les couvertures sont repoussées progressivement vers l'arrière-main, et plusieurs palefreniers, jusqu'à quatre, peuvent être employés à la fois, agissant successivement avec le couteau de chaleur et des flanelles ou des serviettes. Ensuite, on remet les couvertures et le cheval est promené en prenant garde qu'il ne soit saisi par le froid, en lui donnant un court galop à l'occasion, ce qui est évidemment préférable à la mise à l'écurie qui ferait réapparaître, comme cela a été dit, la sueur si elle est chaude, et pourrait amener des refroidissements dans le cas contraire.

Quelquefois, certaines régions étant plus particulièrement surchargées de tissu adipeux, on s'applique à les faire transpirer, en y mettant un supplément de revêtement. Si la sueur tarde à se montrer, à la suite de l'exercice, il peut être utile d'ajouter une ou deux couvertures supplémentaires et souvent plus. Il arrive que la peau mouille très vite, d'autres fois il faut attendre dix, vingt et jusqu'à trente minutes. C'est surtout par la main passée au niveau du poitrail qu'on sent bien l'état de la peau. Surtout, lorsque la sudation est lente à se montrer, on doit éviter d'essuyer les oreilles et les yeux, car cela amènerait un refroidissement général qu'il importe justement d'éviter.

Quelques accidents survenus dans l'application de l'hydrothérapie consécutivement à un travail forcé, le cheval étant encore en pleine transpiration, font qu'on n'en use pas pour obtenir l'accentuation des suées[1]. Il n'y a pas trop à blâmer cette prudence, mais il est certain que dans les cas que l'on cite de chevaux venant de fournir une course, l'organisme était poussé à sa limite extrême de résistance, et il a pu survenir des désordres mortels sans que cela soit une preuve absolue de nocuité du procédé ; d'autre part, il faut aussi avouer qu'il n'y a guère d'inconvénient à se passer de ce complément dangereux d'action. Si on avait à essayer de nouveau l'emploi de l'eau froide, il faudrait le faire dans des conditions mieux appropriées, après un exercice peu forcé, et surtout, en mesurant exactement, comme quantité et comme durée, le point où est poussée l'action réfrigérante.

Au point de vue de l'utilité du renouvellement des suées, on accorde beaucoup d'importance à la qualité du liquide exsudé par la peau : s'il est épais et mousseux, c'est que l'état de graisse est encore très haut; au contraire, avec la limpidité on reconnaît que le but est atteint.

---

1. Quoique apparaissant par un procédé différent, on doit rapprocher du résultat du refroidissement avec réaction consécutive, produit par les lotions et les douches, les sueurs qui se manifestent quelque temps après qu'un cheval, à la suite du travail, a été mis dans une écurie froide.

PROTECTION CONTRE LES AGENTS EXTÉRIEURS

Le climat, les localités et les saisons, par les modifications brusques de leur influence — les vents, les pluies, etc., — ou par leurs conditions excessives — la chaleur, le froid, l'humidité et l'état miasmatique des localités marécageuses, — peuvent, dans certaines circonstances, occasionner des troubles organiques. L'homme, après avoir appris à se protéger contre ces influences, a employé les mêmes procédés pour conserver les animaux domestiques dans des conditions plus favorables à l'exécution de leur rôle : c'est de cette façon que les habitations et les vêtements ont été employés dans l'exploitation des animaux.

1. — Habitations.

Tout ce qui concerne le choix de l'emplacement, l'orientation, la disposition intérieure des locaux habités, et même les dimensions à leur donner, ne serait guère à sa place ici. Ces considérations sont plutôt du domaine de la zootechnie générale, aussi pensons-nous devoir seulement nous appesantir un peu sur ce qui est relatif au meilleur genre d'écurie à adopter, et sur l'aération et l'entretien de ces logements.

Comme dans l'élevage du pur sang on dispose généralement de gros capitaux, la poursuite du résultat à obtenir ne peut être trop arrêtée par la considération des frais généraux sans s'exposer à une lutte inégale. Dans cet état de choses, l'idéal des locaux à offrir est certainement donné par des boxes spacieux, avec les fenêtres hautes, opposées à la mangeoire, s'ouvrant par en haut, et disposés de façon que les chevaux puissent se voir.

Alors l'aération peut être large, en évitant les courants d'air, en même temps que l'air froid ne peut venir agir directement sur les animaux. Afin de pouvoir, par les chaleurs excessives, entraver l'action directe du soleil, on dispose des stores ou des écrans quelconques en face des fenêtres. Ce moyen est également utile pour diminuer l'accès de la lumière trop intense, qui agit défavorablement sur les chevaux toujours plus ou moins surexcités quand ils rentrent du travail, et ainsi dans de mauvaises conditions pour prendre du repos.

La nécessité du renouvellement de l'air, il est assez utile d'insister sur ce point, ne réside pas seulement dans les modifications qui surviennent dans les proportions d'oxygène et d'acide carbonique, car il ne faut pas perdre de vue que l'air expiré devient également pernicieux par l'accumulation de produits organiques analogues aux miasmes (*ptomaïnes*), dont on a trouvé la présence dans l'air expiré. Ceci réduit considérablement la portée des recherches relatives à l'influence de l'épaisseur des parois des murs et à la nature des matériaux qui entrent dans leur construction, car les données établies par Pettenkofer, et appliquées dans l'architecture des logements des animaux par Max Maercker, ne donnent aucune indication étrangère à la détermination des modifications survenant dans les proportions des gaz dont il vient d'être parlé.

La tenue des écuries comprend l'approprissement des murs et des plafonds, le lavage des mangeoires, et surtout les soins donnés à la litière.

Bien trop fréquemment les soins appliqués à la litière sont irrationnels; à force de vouloir mettre trop de propreté, on perd de vue quelques-unes des conditions hygiéniques essentielles dans lesquelles réside la raison d'être de son emploi. Qu'on enlève les excréments solides, le plus souvent possible, en cela il n'y a rien à critiquer; mais il n'en est plus de même quand on jette la paille au fumier dès qu'elle présente un peu d'humidité. De cette façon, à moins de s'engager dans des dépenses excessives, le lit de repos offert aux animaux manque d'épaisseur et on aboutit à un résultat opposé à celui que l'on cherche, puisque la couche profonde de la litière, bien que légèrement mouillée par des déjections liquides — ou plutôt parce qu'elle est dans cet état, — a la propriété d'empêcher les gaz ammoniacaux de se répandre dans l'air et d'être une cause d'infection.

La conservation des vieilles pailles que nous préconisons n'est pas applicable aux chevaux attachés. Alors, en effet, il arrive que les animaux prennent le plus souvent l'habitude de gratter avec les pieds de devant et de repousser la litière vers l'arrière-main. Outre que les pailles humectées d'urine se trouve ainsi exposées à l'air, le train postérieur est élevée, d'où une grande fatigue dans le train antérieur, les reins et les jarrets, et aussi, le plus souvent, une destruction plus ou moins accentuée des aplombs.

La station sur la paille sèche, pendant au moins vingt heures sur vingt-quatre, a pour conséquence le dessèchement de la corne, qui amène de la souffrance dans les pieds et surtout leur rétrécissement.

Aujourd'hui on a un excellent moyen pour combattre ce fâcheux résultat : on met en liberté, pendant la journée, sur une litière de tourbe, les chevaux dont les pieds sont douloureux ou déformés.

2. — Vêtements.

Les vêtements des animaux sont, comme ceux de l'homme, appropriés à la saison : il y a des vêtements en laine ou *couvertures d'hiver*, et des vêtements en fil ou *couvertures d'été*. Les vêtements d'été seraient peu utiles si on n'avait pas à écarter des animaux les poussières et surtout les mouches, mais cette dernière raison est par elle-même importante, car le cheval qui reste à l'écurie pendant le jour se repose mal quand il n'est pas protégé contre cette incommodité. On complète d'ailleurs l'action des couvertures relativement aux insectes ailés, en établissant une demi-obscurité.

L e vêtement le moins compliqué est la *couverture simple* ou *couverte*. Cette enveloppe peut être complétée par des prolongements antérieurs dont les extrémités se réunissent à l'aide de deux boucles, et qu'on appelle *faux-poitrail*, lesquels offrent aussi l'avantage de maintenir la couverture. Il y a encore le *poitrail*, large pièce d'étoffe qui se fixe au garrot. Une autre partie du vêtement encore bien plus utile et très communément employée se nomme *camail;* elle enveloppe l'encolure et la tête, en présentant des ouvertures pour les yeux ou *œillères* et des étuis pour recevoir les oreilles. Enfin, comme élément accessoire, il faut aussi citer le *cordon de derrière*, appliqué sur les fesses et destiné à empêcher le déplacement de la partie postérieure de la couverture en avant.

Les couvertures sont maintenues au moyen du *surfaix* dont il faut surveiller l'état des petits panneaux qui s'appliquent de chaque côté du garrot, en raison de la gravité des blessures qui naissent dans cette région. Lorsque les chevaux ont l'habitude de déchirer leurs couvertures, ce qui pourrait devenir très onéreux, on les en empêche par l'usage du *bâton de surfaix*, barre de bois arrondie que l'on fixe au surfaix et au licol, d'un seul côté, et qui suffit pour limiter les mouvements de l'encolure.

Les couvertures d'hiver ne sont employées que pendant le jour, quand on pratique une large aération. Elles ont alors l'avantage d'éliminer la souffrance que produit l'air froid, et aussi d'améliorer l'état de la robe. On reproche à la couverture de laine de dévier les poils, de les hérisser, comme on dit généralement, et pour parer à cet inconvénient on la met souvent par-dessus une couverture de toile. Le camail ne se porte que dehors, à moins d'un état maladif, par exemple dans les gourmes siégeant sur les premières voies respiratoires.

Au travail, les couvertures de fil seraient elles-mêmes trop chaudes; quand les insectes sont par trop gênants, on emploie souvent une large enveloppe en filet qui reçoit

le nom de *chasse-mouches* ou d'*émouchettes*, dont les fils,
en remuant, écartent les mouches. Les émouchettes peuvent encore être remplacées par de longues franges qui
tombent sur les parties les plus sensibles du corps, sur
les flancs, le ventre, la base de l'encolure, le poitrail et la
région inférieure de la poitrine.

Contre les autres parasites externes ou *épizoaires* et pour
les parasites internes ou *entozoaires*, on est obligé d'avoir
recours aux moyens médicamenteux proprement dits;
mais il ne faut pas négliger de s'en occuper dès que l'on
voit les animaux maigrir, ou présenter quelque symptôme
d'une affection de ce genre, car il peut en résulter des
inconvénients graves, des coliques mortelles par exemple,
tout au moins un arrêt marqué dans le développement.

3. — Harnais.

Les harnais comprennent :

1° Les *harnais d'attache*, destinés à maintenir les animaux, tels que licols, colliers, bridons, caveçons auxquels
s'adaptent une longe ou une chaîne.

2° Les *harnais de travail*, comprenant, chez le cheval de
selle, la bride, la selle, et les tapis de selle avec leurs
accessoires.

Ces parties doivent présenter, comme conditions indispensables, la *solidité* et la *légèreté*, un *parfait ajustement*
en rapport avec les particularités anatomiques sur lesquelles elles portent et une *grande propreté*. Les premières
conditions étant plutôt du domaine de l'équitation, nous
retenons seulement la dernière, pour en dire quelques
mots, et à cet effet nous trouvons une excellente description de M. Neumann que, suivant l'usage adopté antérieurement, nous reproduisons textuellement :

« La propreté des harnais n'est pas seulement une
question de luxe ou de parade; c'est encore et surtout
une des conditions les plus avantageuses à l'animal de

travail. Toutes les pièces de harnachement sont exposées à être souillées par des impuretés de diverses natures. Le mors qui a servi reste souvent couvert de salive et d'écume, qui se dessèchent à sa surface; les pièces métalliques sont attaquées par la rouille et le vert-de-gris; le cuir et les étoffes sont mouillés par la sueur, imprégnés de la crasse et des poils qui se détachent de la peau, et salis par la boue et par la poussière. Si l'on ne prenait pas le soin de débarrasser les harnais de toutes les souillures, leur conservation serait compromise : ils dureraient peu de temps, et, de plus, on les verrait souvent se briser et se déchirer au moment d'utiliser l'animal à son service. Mais là ne se borneraient pas les inconvénients d'une semblable négligence. Le mors que l'on remet dans la bouche du cheval, sans l'avoir lavé et nettoyé, lui impose une sensation désagréable qu'il est bon de lui épargner ; les courroies jouent difficilement dans les boucles qui sont rouillées ou rongées par le vert-de-gris[1]. »

1. J.-H. MAGNE et C. BAILLET, *loc. cit.*, page 677.

ERRATA ET ADDENDA

Page 12, *lisez :* aux allures, galactopoïétiques...

Page 14, *lisez :* la forme cellulaire la plus simple.

Page 20, *lisez :* 500 centimètres, *au lieu de* 400.

Page 36, *lisez :* offrent [à un certain degré] la même particularité.

Page 39, *lisez :* qu'il appelle invariablement *croisement*, donnant à ce mot le sens qui correspond à *conjugaisons sexuelles*.

Page 73, *lisez :* Fick au lieu de Fich.

Page 112, *lisez :* C'est aussi une remarque de ce genre faite dans l'utilisation journalière... disposition. Cependant il y a en plus à considérer que cette construction est à un certain degré nécessaire pour permettre les mouvements de tourner et, à elle seule, cette dernière condition eût conduit à cette coutume.

Page 112, *lisez :* Encore y a-t-il une raison pour que le cheval de gros trait soit [moins long] dans le tronc... impulsifs. La disposition observée est la longueur relativement aux membres et la brièveté dans les rapports établis avec le poids général.

Page 122, *lisez :* dans la figure : V correspond au milieu de *eg*; figure 22, rayons sous-coxaux mal placés.

Page 131. *lisez :* on au lieu de ont.

Page 135, *lisez :* rayons sous-coxaux mal disposés dans la figure.

Page 146, *lisez :* Les muscles extrinsèques de l'épaule, particulièrement les pectoraux et le mastoïdo-huméral, ont surtout de l'importance au point de vue de l'action locomotrice incontestable qu'exercent les membres de devant (P. Le Hello, *note de l'Académie des sciences,* mai 1897).

Page 182, *lisez :* dans lequel P est la masse ou poids, *l*, l'espace parcouru et K le coefficient de frottement, augmenté de l'effort nécessité par le tirage. Ce dernier élément correspond à la résistance au roulement; nous en avons étudié le rôle dans un travail publié dans le Journal *l'Anatomie,* n° de janvier 1893. Il a du reste été constaté expérimentalement que l'on trouve des variations suivant le diamètre des roues et en raison directe de la vitesse (général Morin).

Page 182, *lisez :* La formule $T = (P + p) \times l$ ne peut en tout cas donner des indications que s'il s'agit d'animaux du même poids et du même type, marchant une allure déterminée.

Page 194, *lisez :* adopté par nos ancêtres! ce qui semblerait cependant, il faut l'avouer, une conception par trop simple pour un phénomène aussi considérable. On remarquera toutefois que tous les animaux granivores sont doués d'une intelligence très vive.

Page 195, *lisez :* qui défie véritablement les tentatives de substitutions alimentaires qu'on a essayé de réaliser, au moins pour les moteurs en mode de vitesse.

Page 197, *lisez :* relation nutritive (Haubner, Wolff, Henneberg, Stohmann).

Page 212, *lisez :* kilogr. au lieu de gr. dans les quantités de protéine correspondant à 1 000 000 de kilogrammètres.

Page 213, *lisez :* citation de M. Baron empruntée à Crevat.

Page 212, *lisez :* pour le général Morin.

Page 234, *lisez :* Fra Diavolo par Trocadero et Orpheline.

Page 250, *lisez :* les expériences de Haubner relatées par M. Sanson.

Page 269, *lisez :* se reproduisent avec une fixité suffisante pendant un temps assez prolongé.

Page 271, *lisez :* constaté spécialement chez le cheval et aussi de ceux...

Page 270, *lisez :* Les mots affinité et potentialité servent en somme à masquer notre ignorance sur la nature de certains phénomènes.

Page 270, *lisez :* On a fort bien constaté, au contraire, que les reproducteurs anglo-arabes ne donnent pas [immédiatement] dans le Midi.

Page 284, *lisez :* Kapirat, au lieu de Kopirat, Fuschia au lieu de Fuchsia.

TABLE DES MATIÈRES

PREMIÈRE PARTIE

FONCTIONNEMENT ORGANIQUE CONSIDÉRÉ COMME AGENT PRIMORDIAL DE L'UTILISATION DES CHEVAUX DE VITESSE

CHAPITRE PREMIER

ÉVOLUTILITÉ

CHAPITRE II

MOUVEMENTS

CHAPITRE III

NUTRITION

CHAPITRE IV

DES MOYENS DE LA NUTRITION

CHAPITRE V

INNERVATION

DEUXIÈME PARTIE

UTILISATION DU CHEVAL SOUS FORME DE MOTEURS EN MODE DE VITESSE

CHAPITRE PREMIER

ÉTUDE DE LA CONFORMATION ET ESSAI DU CHEVAL DANS LE SERVICE AUQUEL ON LE DESTINE

CHAPITRE II

TRAVAIL, ALIMENTATION ET REPOS

CHAPITRE III

PRODUCTION ET ÉLEVAGE DES CHEVAUX DE SANG

TROISIÈME PARTIE

CHEVAUX DÉRIVÉS DU PUR SANG PAR LE CROISEMENT

Paris. — Typ. Chamerot et Renouard, 19, rue des Saints-Pères. — 31200.